300 Keywords Soz

Oliver Bendel

300 Keywords Soziale Robotik

Soziale Roboter aus technischer, wirtschaftlicher und ethischer Perspektive

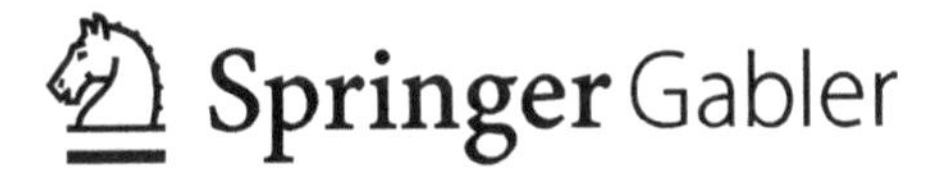

Oliver Bendel
Hochschule für Wirtschaft
Fachhochschule Nordwestschweiz
Zürich, Schweiz

ISBN 978-3-658-34832-8 ISBN 978-3-658-34833-5 (eBook)
https://doi.org/10.1007/978-3-658-34833-5

Die Deutsche Nationalbibliothek verzeichnet diese Publikation in der Deutschen Nationalbibliografie; detaillierte bibliografische Daten sind im Internet über http://dnb.d-nb.de abrufbar.

Planung/Lektorat: Carina Reibold
Springer Gabler ist ein Imprint der eingetragenen Gesellschaft Springer Fachmedien Wiesbaden GmbH und ist ein Teil von Springer Nature.
Die Anschrift der Gesellschaft ist: Abraham-Lincoln-Str. 46, 65189 Wiesbaden, Germany

Vorwort zur 1. Auflage

Soziale Roboter sind sensomotorische Maschinen, die für den Umgang mit Menschen und Tieren geschaffen wurden und sich mit Hilfe von fünf Dimensionen bestimmen lassen. Welche das sind, erfährt man im vorliegenden Buch. Man erfährt natürlich auch etwas zur Disziplin, die die besonderen Maschinen erforscht und hervorbringt. Insgesamt sind weit über 300 Einträge in diesem Themenfeld vorhanden. Nach der Lektüre sollte man dem Diskurs zur Sozialen Robotik (der Name wird hier durchgehend großgeschrieben) folgen oder sogar selbst an ihm teilnehmen können – wenn man das will.

Ein Lexikon zur Sozialen Robotik, das von einer Person stammt? In Zeiten von Web 2.0 und Wikipedia? Und von Fachlexika mit hunderten Autorinnen und Autoren? Natürlich hat das Nachteile. Es ist schwierig, ein so weites Feld abzudecken und jeden neuen Begriff zu berücksichtigen. Es hat aber auch Vorteile. Alles ist aus einem Guss, alles wird aus der einen oder anderen festgelegten Perspektive angegangen, in diesem Fall aus der technischen, wirtschaftlichen und ethischen – was mit meinem Studium der Philosophie und der Informationswissenschaft an der Universität Konstanz sowie der

Promotion in der Wirtschaftsinformatik an der Universität St. Gallen korreliert.

„300 Keywords Soziale Robotik" hat mehrere Ursprünge. Seit über 20 Jahren verfasse ich Lexika und Glossare, seit fast 10 Jahren schreibe ich für das Gabler Wirtschaftslexikon. 2019 sind die „400 Keywords Informationsethik" in der zweiten Auflage auf den Markt gekommen, im selben Jahr die „350 Keywords Digitalisierung" in der ersten. Mit Leidenschaft betreibe ich die Plattformen informationsethik.net (seit 2012), maschinenethik.net (seit 2013) und robophilosophy.com (seit 2019). Aus all diesen Quellen habe ich Stücke entliehen, sie ein- und ausgebaut. Dennoch ist wieder etwas ganz Neues entstanden.

Bei diesem Thema lag es nahe, einige soziale Roboter, Serviceroboter, Sprachassistenten und Hologramme namentlich zu erwähnen und kurz zu erklären. Ich bitte um Verständnis dafür, dass es bei der Fülle von realen und fiktionalen Figuren nur um eine kleine Auswahl gehen kann (mit dem Fokus auf berühmten und einflussreichen). Gerne nehme ich Hinweise zu allen Einträgen entgegen und prüfe sie für die nächste Auflage. Zunächst wünsche ich aber vor allem viel Freude beim Stöbern und Lesen.

Zürich
1. Juli 2021

Oliver Bendel

Inhaltsverzeichnis

A

Adaptivität

Adaptivität ist die Fähigkeit und Eigenschaft eines Systems, sich an eine veränderte Umwelt bzw. neue Bedingungen und Anforderungen selbst anzupassen. Bei Informations- und Kommunikationstechnologien und Informationssystemen bedeutet sie u. a. die Option der Personalisierung und damit der Orientierung an Aufgaben und Bedürfnissen des Benutzers. Auch die automatische Einstellung auf Netzwerkverbindungen oder Stromquellen fällt unter den Begriff.

Merk- und lernfähige Bots und soziale Roboter haben ebenfalls Möglichkeiten der Adaptivität und ändern beispielsweise ihr Aussehen oder Verhalten je nach Handlungen und Äußerungen ihres menschlichen Gegenübers oder je nach Situation und Umgebung, in die sie geraten. Die Maschinenethik befasst sich als Gestaltungsdisziplin mit der Adaptivität von (teil-)autonomen Systemen und benutzt in diesem Zusammenhang auch Machine Learning.

O. Bendel, *300 Keywords Soziale Robotik*,
https://doi.org/10.1007/978-3-658-34833-5_1

Agent

Im englischen Sprachgebrauch ist ein Agent („agent“) ein Stellvertreter, ein Vertreter oder ein Handelnder (ein Akteur). Das Subjekt der Moral, von dem moralische Handlungen ausgehen, ist der „moral agent“, das Objekt der Moral, das von moralischen Handlungen betroffen ist, der „moral patient“ (wobei die englischen Begriffe die deutschen nicht ganz genau erfassen). Nach Ansicht der Maschinenethik können Maschinen ganz spezielle „moral agents“ sein; sie werden dann moralische Maschinen genannt. Manche Roboterethiker glauben, dass bestimmte Maschinen auch „moral patients“ sein können – dagegen spricht, dass selbst hochentwickelte Systeme nicht empfinden und nicht leiden können, kein Bewusstsein und kein Selbstbewusstsein als mentale Zustände und keinen Lebenswillen haben.

Agenten im Sinne von Softwareagenten sind Computerprogramme, die bei Anforderungen und Aufgaben assistieren und dabei autonom und zielorientiert agieren sowie eine gewisse Intelligenz aufweisen. Sie werden für das Sammeln und Auswerten von Daten und Informationen, in der Verwaltung von Netzwerken und für Benutzerschnittstellen benötigt. In manchen Umgebungen sind sie anthropomorph umgesetzt, wie in der Kombination mit Avataren bzw. in der Form von Chatbots, sodass sie wie Menschen aussehen und sprechen. Für die Maschinenethik ergeben sich in diesen Fällen besondere Fragestellungen, insofern die Agenten damit auch die Unwahrheit sagen, jemanden in seiner Würde verletzen und in einer Notsituation als Gesprächspartner scheitern können.

Agilität

Agilität ist die Gewandtheit, Wendigkeit oder Beweglichkeit von Organisationen und Personen bzw. in Strukturen und Prozessen. Man reagiert flexibel auf unvorhergesehene Ereignisse und neue Anforderungen. Man ist, etwa in Bezug auf Veränderungen, nicht nur reaktiv, sondern auch proaktiv.

In Unternehmen ist man oft auf festgelegte Prozesse und im Detail geplante Projekte fokussiert. Agilität kann hier bedeuten, dass Prozesse unterbrochen und angepasst sowie Projekte wiederholt neu aufgesetzt werden, etwa mit Blick auf veränderte Kundenwünsche und Marktanforderungen. Sie kann zudem den Wunsch beinhalten, Prozesse und Projekte in gewisser Weise abzuschaffen. Agile Unternehmen bevorzugen ein iteratives Vorgehen und eine inkrementelle Lieferung.

Bei der agilen Softwareentwicklung sind, gemäß dem Agilen Manifest von 2001, die Individuen und Interaktionen den Prozessen und Tools übergeordnet. Funktionierende Software steht über einer umfassenden Dokumentation, die Zusammenarbeit mit dem Kunden über der Vertragsverhandlung, das Reagieren auf Veränderung über dem Befolgen eines Plans. Die inkrementelle Lieferung von Resultaten ermöglicht Feedback und Korrektur.

Agilität, etwa im Sinne agiler Unternehmen und agiler Softwareentwicklung, scheint die richtige Antwort auf das eine oder andere individuelle Mindset, ein dynamisches Umfeld, disruptive Technologien und globale Entwicklungen zu sein. Im Einzelfall mag allerdings die Qualität leiden, und Qualitätsmanagement in seiner klassischen Ausprägung ist prozessorientiert, kann also agile Ansätze nicht ausreichend berücksichtigen. Eine Weiterentwicklung des Qualitätsmanagements wie der agilen Ansätze scheint geboten.

AIBO

AIBO ist ein animaloider Spielzeug- und Unterhaltungsroboter von Sony. Er ist einem kleinen bzw. jungen Hund nachempfunden, allerdings nicht in realistischer, sondern in karikaturenhafter Weise. Die erste mehrerer Produktreihen kam 1999 auf den Markt, nach weiteren 2018 die bisher letzte, wobei AIBO nun abgerundeter und gefälliger ist. Er verfügt über Kameras, Mikrofone und Berührungssensoren, gibt Töne von sich und zeigt Emotionen über Leuchtdioden. Bis 2007 war AIBO die Standardplattform für den RoboCup, einen jährlich stattfindenden Roboterfußballwettkampf – dann wurde er von NAO abgelöst. AIBO kann als sozialer Roboter verstanden werden.

Ai-Da

Ai-Da ist ein humanoider Roboter, der um das Jahr 2021 von Engineered Arts (Design) und der University of Oxford (Algorithmen) entwickelt wurde. Sie zeichnet Porträts nach Personen oder Fotos und hat mimische und natürlichsprachliche Fähigkeiten. Die Nachbildung einer jungen bis mittelalten Frau kann als Android betrachtet werden.

Mit ihrem Roboterarm kann Ai-Da einen Bleistift oder einen Pinsel halten. Sie steht in der Tradition des Zeichners, eines der Jaquet-Droz-Automaten aus dem 18. Jahrhundert. Benannt wurde sie nach Ada Lovelace, die mit Charles Babbage Algorithmen für dessen Analytical Engine entworfen hatte.

Akteur-Netzwerk-Theorie

Die Akteur-Netzwerk-Theorie (engl. „actor-network theory“) wendet sich gegen vorbestimmte Dichotomien wie Subjekt und Objekt bzw. deren konventionelle Zuordnung. Stattdessen werden vielfältige Entitäten zugelassen und ihre sich verändernden, in einem Netzwerk sich entwickelnden Beziehungen betrachtet. Nicht nur Menschen können handeln bzw. etwas beeinflussen, als Akteure, sondern auch Dinge (engl. „non-humans“: „Nichtmenschen“), als sogenannte Aktanten. Die Theorie ist für die Maschinenethik und die Roboterethik von Bedeutung, u. a. mit Blick auf Verantwortungsfragen und Wirtschaftszusammenhänge, zudem für die Soziale Robotik.

Akzeptanz

Akzeptanz ist die Bereitschaft, einen Sachverhalt wohlwollend hinzunehmen. Neben der zeitpunktbezogenen Akzeptanz interessiert die Veränderung der Akzeptanz im Laufe der Zeit durch Erfahrung und Lernen oder eine Änderung der (Ausgangs-)Situation. Eine Möglichkeit, Akzeptanz zu schaffen, ist die Etablierung von Anreizsystemen.

In der Sozialen Robotik und der Agentenforschung wird die Akzeptanz gegenüber dem (oft animaloiden oder humanoiden) Aussehen, gegenüber Aktionen und gegenüber Emotionen von Maschinen untersucht (wobei diese solche zeigen, aber nicht haben). Dabei muss der Uncanny-Valley-Effekt beachtet werden, der vor allem bei humanoiden Robotern entstehen kann.

Alexa

Alexa ist ein Sprachassistent (Voicebot oder Voice Assistant) oder virtueller Assistent von Amazon. Sie ist u. a. Bestandteil der smarten Echo-Lautsprecher. Sie kann auf Zuruf Musik abspielen, den Wetterbericht durchgeben und das Smart Home steuern. Aktiviert wird sie mit „Hey, Alexa".

Mithilfe eines neuen SSML-Befehls (die Abkürzung steht für „Speech Synthesis Markup Language") hat das Unternehmen Alexa das Flüstern beigebracht. Der Benutzer kann ihre Stimme anpassen, etwa männlicher, weiblicher oder kindlicher klingen lassen.

Sprachassistenten sind hinsichtlich Datenschutz und informationeller Autonomie problematisch. Die Gespräche mit ihnen oder auch Gespräche zwischen Menschen können aufgezeichnet und ausgewertet werden. Dies ist ein Thema der Informationsethik.

Algorithmenethik

Die Algorithmenethik wird teilweise als Gebiet der Maschinenethik verstanden, teilweise eher auf Suchmaschinen, Vorschlagslisten, Big Data und Systeme künstlicher Intelligenz (etwa zur Emotionserkennung und zur Krankheitsdiagnose) bezogen. Der Begriff impliziert entweder, dass man den Algorithmen eine Form von Moral beibringen soll, oder dass sie Auswirkungen auf das Wohl des Menschen haben und damit eine Frage der Moral sind, die von der Algorithmenethik zu beantworten ist. Zuweilen ist nicht die Ethik, sondern die Moral gemeint, die mit den Algorithmen zu gewährleisten wäre, ohne dass es eine zuständige Disziplin bräuchte.

Algorithmic Accountability

Algorithmic Accountability (engl. „algorithmic accountability") ist nach Maranke Wieringa eine vernetzte Rechenschaft (engl. „networked account") für ein soziotechnisches algorithmisches System. Dabei haben mehrere Akteure (etwa eine Organisation) die Verpflichtung, ihre Nutzung, Gestaltung und Entscheidungen des Systems und die nachfolgenden Auswirkungen dieses Verhaltens zu erklären und zu rechtfertigen. Sie können von verschiedenen Betroffenen oder Zuständigen (etwa anderen Stellen einer Organisation) zur Rechenschaft gezogen werden.

Algorithmus

Ein Algorithmus ist eine Anweisung oder Vorschrift zur Bewältigung einer Aufgabe bzw. Lösung eines Problems. Man kann ihn in natürlicher Sprache formulieren, wie in einem Kochrezept, oder in formaler Sprache (einer Programmiersprache) – und damit ein Computerprogramm erstellen.

Der Euklidische Algorithmus ist ein Beispiel für einen antiken mathematischen Algorithmus. Mit ihm bestimmt man den größten gemeinsamen Teiler zweier natürlicher Zahlen. Ada Lovelace und Charles Babbage entwarfen Algorithmen für dessen Analytical Engine, die er seit den 1830er-Jahren konzipiert hatte. Dieser Vorläufer eines Computers wurde allerdings nicht vollendet.

Alter

Alter ist ein humanoider Roboter von Kohei Ogawa, Itsuki Doi, Takashi Ikegami und Hiroshi Ishiguro. Gesicht und Hände sind menschenähnlich, der Schädel und der Oberkörper mit seinen Armen maschinenhaft. Es ist, als hätte man ihm hier und dort Haut hinzugefügt – oder aber Haut weggenommen, um ihn in seiner Roboternacktheit zu zeigen. Alter ist immer wieder Bestandteil von Performances und Gegenstand von Videos für Museen. Dort führt er z. B. alleine oder zusammen mit einem Gegenüber tänzerische Bewegungen aus.

Andrew

Andrew ist ein fiktionaler Roboter im Film „Bicentennial Man" (1999) von Chris Columbus. Für die deutsche Version wurde die fehlerhafte Schreibung „Der 200 Jahre Mann" gewählt. Andrew ist ein Butler in der Familie Martin. Allein die jüngste Tochter Amanda ist ihm zugeneigt.

Andrew lernt, Emotionen zu entwickeln, und hat Wünsche, etwa den, ein Mensch zu sein. Er trifft im Verlauf des Films – in der Geschichte vergehen viele Jahrzehnte – auf die Androidin Galatea, die an Pygmalions Skulptur gemahnt, und verliebt sich in die Enkelin von Amanda, Portia mit Namen, die seine Gefühle erwidert.

Damit Andrew dem Weltparlament, dem er Rede und Antwort steht, als Mensch gelten kann, verändert er seinen Körper so, dass dieser altern kann. Kurz vor der Bestätigung von offizieller Seite stirbt er an der Seite von Portia. Auch Galatea als menschengleiche Krankenschwester ist bei ihm.

Android

Ein Android (oder Androide) ist eine menschengleiche bzw. -ähnliche Maschine respektive ein künstlicher Mensch. Ein weiblicher Android wird zuweilen auch als Androidin oder als Gynoid (oder Gynoide) bezeichnet. Wenn etwas humanoid oder anthropomorph ist, ist es von menschlicher Gestalt bzw. menschenähnlich, was auch Verhalten, Mimik, Gestik und Sprache mit einschließen kann. Damit humanoide Roboter oder anthropomorphe Agenten als Androiden gelten können, müssen sie Menschen zum Verwechseln ähnlich sein. Auch die Jaquet-Droz-Automaten aus dem 18. Jahrhundert, Musikerin, Schreiber und Zeichner, werden Androiden genannt, obwohl sie deutlich als Artefakte zu erkennen sind. Ein Fembot ist ein weiblicher Chatbot oder Roboter und unter bestimmten Voraussetzungen ein Gynoid. In der Maschinenethik sind bei Androiden z. B. die natürlichsprachlichen sowie die mimischen und gestischen Fähigkeiten von Relevanz.

Animal Enhancement

Animal Enhancement ist die Erweiterung des Tiers, vor allem zu seiner scheinbaren oder tatsächlichen Verbesserung in Bezug auf seine eigenen Interessen oder diejenigen des Menschen, etwa in wirtschaftlicher oder wissenschaftlicher Hinsicht. Im Blick sind u. a. Leistungssteigerung, Erhöhung der Lebensqualität und Optimierung der Verwertung. Ausgangspunkt sind wie bei Human Enhancement kranke oder gesunde Lebewesen. Insekten sind genauso Kandidaten wie Amphibien, Reptilien und Säugetiere. Bereits die klassische Züchtung kann als Animal Enhancement angesehen werden. Wichtige neuere Methoden entstammen Pharmazeutik, Gentechnik, Elektro- und Informationstechnik sowie Prothetik.

Im 21. Jahrhundert gewinnt (informations-)technisches Animal Enhancement an Bedeutung. Das Haus- oder Nutztier wird mit einem Funkchip versehen und kann dadurch identifiziert und lokalisiert werden. Der Kontext ist die Tierhaltung, vor allem im Haushalt und in der Landwirtschaft. RoboRoach ist eine informationstechnisch erweiterte Kakerlake, die man mit dem Smartphone fernsteuern kann, also ein tierischer Cyborg. Die aufzubringende Apparatur kann man bei einem amerikanischen Unternehmen bestellen. Dieses macht geltend, dass man mit RoboRoach u. a. biologische und neuronale Prozesse besser verstehen kann, verbindet das Projekt also, mehr oder weniger überzeugend, mit Neurowissenschaft und Didaktik. Ein weiterer Zweck ist die Überwachung. Militär, Polizei und Geheimdienste sind an der einschlägigen Forschung interessiert, kann man doch mit einfachen Mitteln, ohne zu große Anstrengungen in Feinmechanik und Robotik, mobile Spione hervorbringen. Bekannt geworden sind russische Versuche, Ratten zu Cyborgs zu machen.

Eine breite Debatte über Animal Enhancement ist in der Öffentlichkeit bisher ausgeblieben. Die Zeitungs- und Zeitschriftenartikel und Medienmeldungen, in denen u. a. moralische Bedenken zu finden waren, haben allenfalls für ein kurzzeitiges Interesse gesorgt. Auch die Wissenschaft widmet sich nur punktuell dem Thema. Es scheint notwendig, Animal Enhancement einer gründlichen und kritischen Untersuchung zu unterziehen. Es müssen (informations-) technische Verfahren gesammelt, erklärt und aus Sicht von Technik- und Informationsethik sowie Tierethik bewertet werden. Damit sind neben Technik- und Moralphilosophen auch Vertreter von Disziplinen wie Biologie, Informatik, Robotik und Künstlicher Intelligenz (KI) angesprochen. Wenn es um die Verbesserung aus wirtschaftlichen Motiven geht, ist die Wirtschaftsethik gefragt, während bei der Erweiterung aus wissenschaftlichen Gründen die Wissenschaftsethik herangezogen werden kann.

Animaloide Gestaltung

Eine animaloide Gestaltung liegt vor, wenn tierische Aspekte und Merkmale übertragen werden. So können soziale Roboter einen Kopf mit Augen und Mund sowie einen Körper mit Gliedmaßen erhalten. Es kann sich um eine (mehr oder weniger) realistische Abbildung handeln, wie im Falle von Paro, oder um eine karikaturenhafte, wie im Falle von

AIBO. Ein animaloid gestalteter Roboter ist nicht zwangsläufig ein sozialer Roboter. Umgekehrt ist ein sozialer Roboter häufig animaloid oder humanoid. Die Abbildung von Aspekten von Lebewesen ist neben der Interaktion, der Kommunikation, der Nähe und dem Nutzen eine der fünf Dimensionen sozialer Roboter. Ein verwandter Begriff zu „animaloid" ist „zoomorph".

Animation

Eine Animation ist eine computergestützte Technik, mit der bewegte Bilder generiert werden, indem schnell von einem stehenden Bild auf das nächste umgeschaltet wird (bzw. das Ergebnis selbst). Es kann sich um einfache Sequenzen wie das Augenzwinkern einer Comicfigur, aber auch um komplexe Elemente virtueller Realität wie die wirklichkeitsgetreue Visualisierung von Produktionsprozessen in einer Fabrik oder der Verhaltensweisen der Dinosaurier handeln. Die Animated GIFs, bereits in den 1990er-Jahren im Web beliebt, haben in den 2010er-Jahren eine Renaissance erlebt und sind zur Kunstform geworden.

Bei sozialen Robotern, die ein Display als Gesicht haben, kann die Mimik über Animationen dargestellt werden. So verfügt Cozmo über zwei Augen, die mal groß und rechteckig, mal klein und schlitzförmig sind. Das Design stammt von ehemaligen Mitarbeitern der Pixar Animation Studios. Relay, ein Serviceroboter, gewinnt Qualitäten eines sozialen Roboters, wenn auf seinem Screen zwei runde Augen erscheinen, er diese schließt und öffnet und er Töne von sich gibt. Ein anderes Verfahren wird bei Mask-bot und Furhat gewählt. Auf die auswechselbaren Masken werden von innen Stand- und Bewegtbilder projiziert.

Anthropomorphismus

Anthropomorphismus bedeutet, dass man Entitäten – dazu können imaginierte Götter ebenso gehören wie existierende Maschinen – menschliche Eigenschaften und Fähigkeiten zuschreibt, die ihnen nicht zukommen. Man interpretiert z. B. in einfache Haushaltsroboter oder andere Serviceroboter etwas hinein und überschätzt einige soziale Roboter. Dies kann man sich wiederum zunutze machen: Man kann mit einem relativ sparsamen Design, in welcher Disziplin man sich immer befinden mag, große Effekte erzielen.

Die Behauptung, dass man moralische Maschinen oder soziale Roboter grundsätzlich anthropomorphisiere, indem man ihnen moralische oder soziale Fähigkeiten zuspreche, verdreht die Dinge. Die Richtung ist vielmehr umgekehrt: Man betrachtet vom Maschinellen aus das Menschliche, in der Absicht, dieses gleichsam ins Maschinelle zu übersetzen, mit technischen Mitteln zu übertragen. Dies gilt eben für moralische Maschinen und für soziale Roboter sowie für künstlich intelligente Systeme.

Anthropomorphismus kann auch einfach eine menschliche Eigenschaft oder Fähigkeit bei nichtmenschlichen Wesen bedeuten. Der Begriff kommt dann zusammen mit dem des Humanoiden. Die Rede davon, dass ein Softwareagent (zusammen mit seinem Avatar) oder ein sozialer Roboter anthropomorph ist, verweist auf seine humanoide Gestalt. Die konkrete Eigenschaft ist beispielsweise seine Kopfform, die unserer ähnelt, oder seine menschliche Mimik und Gestik.

Anthropozentrismus

Bei einer anthropozentrischen Haltung sieht man den Menschen im Mittelpunkt, bei einer biozentrischen die Lebewesen überhaupt. Ein anthropozentrisches Denken neigt dazu, die Interessen von Tieren zu übersehen (Speziesismus), aber auch die Möglichkeiten von Maschinen, einschließlich der Moral. Als Kohlenstoff-Wasserstoff-Chauvinismus bezeichnet ein Bioroboter in dem Buch „Der Ego-Tunnel“ (2010) von Thomas Metzinger diese Form des Anthropozentrismus. In der Maschinenethik, verstanden als Pendant zur Menschenethik, versucht man sich von einem solchen Denken zu lösen, ohne in eine technozentrische Haltung zu verfallen.

Anwendungsbereiche sozialer Roboter

Soziale Roboter werden in mehreren Anwendungsbereichen eingesetzt, etwa im Haushalt, im halböffentlichen und öffentlichen Bereich, im Bildungsbereich, im Gesundheitsbereich und im wirtschaftlichen Bereich, wobei Überschneidungen auftreten können. Im Haushalt herrschen Serviceroboter mit sozialen Funktionen vor, zudem Spielzeug- und Unterhaltungsroboter sowie Companion Robots. Allmählich finden sich auch Sexroboter. Im halböffentlichen und öffentlichen Bereich sind Bibliotheken zu nennen, mit ihren humanoiden Informations- und Beratungsrobotern, sowie humanoide Sicherheits- und Überwachungsroboter. Im Bildungsbereich schlüpfen soziale Roboter in die Rolle von Lehrkräften, Mentoren, Tutoren, Peers und Avataren. Der Gesundheitsbereich ist von Therapie- und Pflegerobotern bestimmt. Neben solchen (teil-)autonomen Robotern, die oft soziale Fähigkeiten haben, gibt es dort vom Arzt gesteuerte Operationsroboter. Im wirtschaftlichen Bereich dominieren Informations- und Beratungsroboter, die zu Produkten und Dienstleistungen mehr oder weniger kompetent Auskunft geben, etwa in Einkaufszentren.

Arbeitsprozess

Ein Arbeitsprozess ist – vor allem in Organisationen – ein mehrstufiges Verfahren zur Bewältigung festgelegter Aufgaben und zur Erreichung festgelegter Ziele unter Verwendung bestimmter Ressourcen, etwa zur Erstellung und Bereitstellung von Gütern und Dienstleistungen. Er ist in der Industrie und in der Verwaltung von Kooperation, zuweilen auch von Kollaboration geprägt. Beteiligte können Menschen gleicher und unterschiedlicher Hierarchiestufen, Systeme mit künstlicher Intelligenz und Maschinen wie Kooperations- und Kollaborationsroboter (Co-Robots oder Cobots) sein. Sie folgen bestimmten Anweisungen und Vorgaben, die in Prozessbeschreibungen festgehalten sein können. Die (Vorstufen der) Arbeitsergebnisse werden laufend oder am Ende kontrolliert.

Der individuelle Arbeitsprozess, wie er von Dichtern gekannt wird, ist eher eine Ausnahme, selbst in der Kunst. Schon Maler und Bildhauer der Antike und des Mittelalters haben sich in Werkstätten auf kooperative und kollaborative Abläufe gestützt, mit spezialisierten Arbeitskräften. Arbeitsteilung hat zudem frühe Großprojekte der Architektur ermöglicht, etwa den Bau der Chinesischen Mauer, der Pyramiden in Ägypten und von Kathedralen in Europa. Dabei hat man sich der unfreiwilligen Leistung von Lebewesen, nämlich von Tieren (für den Transport und zur Produktion von Kleidung und Nahrung) und Menschen (Sklaven), bedient und deren Verletzung und Tod in Kauf genommen. Die industrielle Revolution verlegte den Arbeitsprozess in die Manufaktur und die Fabrik. Im Taylorismus des 19. und 20. Jahrhunderts dominiert eine starke Zergliederung der Arbeitsaufgaben, die die Arbeitsbefriedigung beeinträchtigt.

Arbeiterinnen und Arbeiter sowie Angestellte in unserer Gesellschaft wird man kaum als Sklaven wahrnehmen. Dennoch sind sie einen Großteil ihrer Lebenszeit im Dienste von Einrichtungen, die über sie in einem weitgehenden Sinn verfügen. In stark arbeitsteiligen Arbeitsprozessen kommen die Abhängigkeit von anderen Arbeitskräften und die Entfremdung von der Arbeit hinzu. Die Wirtschaftsethik kann die Erwerbsarbeit dieser Ausprägung hinterfragen und an neuen Ansätzen und Modellen mitarbeiten, von New Work bis hin zum bedingungslosen Grundeinkommen oder bedingungslosen Grundeigentum. Ziel dabei kann die Veränderung des Arbeitsprozesses an sich sein, aber auch die des Kontextes, in den er eingebettet ist. Weitere relevante Disziplinen in diesem Zusammenhang, insbesondere mit Blick auf Digitalisierung und Robotisierung, sind Informationsethik und Roboterethik.

Arisa

Arisa ist ein fiktionaler humanoider Roboter in der russischen Serie „Better Than Us" (2018), gespielt von Paulina Andreeva. Nachdem sie einen Mann getötet hat, der sie als Sexroboter benutzen wollte, flüchtet sie und trifft auf das Mädchen Sonja. Ihr und ihrer Familie dient sie fortan. Der in der Geschichte einer jungen Frau nachgebildete Roboter kann als Android betrachtet werden. Auffällig ist, dass Arisa sehr menschenähnlich aussieht, aber recht maschinenhaft spricht.

Artificial Intelligence Markup Language

Die Artificial Intelligence Markup Language (AIML) ist eine Auszeichnungssprache, die bei der Entwicklung von Chatbots eingesetzt wird. Sie basiert auf der Extensible Markup Language (XML). Bei Chatbots wie A.L.I.C.E. (die Abkürzung steht für „Artificial Linguistic Internet Computer Entity") und LIEBOT wurde AIML einbezogen.

ASIMO

ASIMO ist ein humanoider Roboter von Honda. Die erste Version, P1, wurde 2000 fertiggestellt. Sie und der Nachfolger P2 verfügen noch nicht über einen menschenähnlichen Kopf auf dem ansonsten menschenähnlichen Körper, im Gegensatz zu P3. ASIMO kann sich auf zwei Beinen bewegen und in der Version P3 relativ gut mit Menschen interagieren, etwa Händchen halten, und relativ schwere Gegenstände (fast 10 kg pro Extremität) tragen. Von seiner ursprünglichen Model-Größe (mehr als 190 cm) hat er sich nach und nach verabschiedet und ist inzwischen bei 160 cm angekommen. Hinzugewonnen hat er natürlichsprachliche Fähigkeiten. P3 kann als sozialer Roboter verstanden werden.

Assistent

Technisch verstanden, ist ein Assistent eine Maschine bzw. Software, die Personen bei Anforderungen und Problemen unterstützt. Das Spektrum reicht von Telefonassistenten, die Anfragen und Aufträge entgegennehmen, über Navigationsassistenten, die Autofahrerinnen oder Webbenutzer zum gewünschten Ziel bringen, bis hin zu Agenten, die in virtuellen Umgebungen Suchaufträge durchführen oder als intelligente Hilfefunktion zur Seite stehen.

Sprachassistenten oder virtuelle Assistenten wie Google Assistant, Siri und Alexa beantworten über das Smartphone und andere Systeme unsere Fragen in natürlicher Sprache bzw. vermitteln Dienstleistungen und Produkte. Mehr und mehr werden sie in Geräten aller Art, in Fahrzeugen und in sozialen Robotern verwendet. Auch das Smart Home ist ein Anwendungsfall. Andere Begriffe in diesem Zusammenhang sind „Voicebot" und „Voice Assistant".

Audio

„Audio" (lat. „audire": „hören") bedeutet, dass Töne und Geräusche vorhanden sind und etwas akustisch wahrgenommen wird. Beispiele für Anwendungen im Bereich der Information und Kommunikation sind Telefon und Radio. Man kann sich zwar über das Telefon anschweigen und über das Radio Stille übertragen, aber das sind Extreme, wie sie im auditiven Bereich zwangsläufig vorkommen.

Oft wird Audio dazu benutzt, Gleichzeitigkeit mit anderen Vorgängen herzustellen. So wie viele Menschen parallel Radio hören und arbeiten können, sind Töne auch in anderen Kontexten geduldete oder erwünschte Begleiter. Genauso können Geräusche aber auch stören; nicht jeder mag es, wenn Aktionen auf dem Computer und das Eintreffen von E-Mails und anderen Nachrichten klanglich umgesetzt werden. Vor diesem Hintergrund erlauben die meisten Systeme eine Wahl zwischen mehreren Einstellungen.

Benutzer laden aus dem Internet über Tauschbörsen oder kommerzielle Plattformen Musikstücke und ganze Sammlungen in Form von Audiodateien herunter, legal oder illegal. Häufig werden die Daten auch über Streaming – bei dem zugleich empfangen und wiedergegeben wird – zur Verfügung gestellt. Für Webradios, Podcasts, Liveübertragungen und Audiokonferenzen ist Audio elementar.

Mehr und mehr auditive Systeme wandern in Wohn- und Arbeitsbereiche und können zur Überwachung genutzt werden, darunter mit Mikrofonen versehene Lautsprechersäulen, intelligente Fernseher, intelligentes Spielzeug und soziale Roboter. Auch der öffentliche Raum wird in dieser Hinsicht immer mehr ausgerüstet und eingeschränkt.

Augmented Reality

Augmented Reality ist die mithilfe von Computern erweiterte Wirklichkeit. Es handelt sich häufig um eine spezielle Form von Mashups. Grundlage sind Bilder der Außenwelt, die über Smartphones und Datenbrillen angezeigt und in die Texte und Bilder eingeblendet werden. Man kann sich digitale Blusen und Hemden überziehen, reale Räume mit virtuellen Möbeln ausstatten oder in der Fabrik den Hilfskräften eine Anleitung für ihre Arbeit einblenden. Eine andere Option ist, dass man um Personen herum eine „Datenwolke" sieht, die u. a. aus sozialen Medien gespeist wird. Mashups dieser Art können die informationelle Autonomie und das Persönlichkeitsrecht verletzen und sind damit ein Thema der Informationsethik. Augmented Reality kann aber auch zur persönlichen Autonomie beitragen und z. B. Behinderten helfen.

Automat

Automaten gibt es seit tausenden Jahren, von den dampfbetriebenen Altären der Antike über die Androiden im Spätbarock (Musikerin, Schreiber und Zeichner) bis hin zu modernen Maschinen. Eine Sonderstellung haben die Automaten von Leonardo da Vinci inne. Es handelt sich mehrheitlich um Skizzen und Entwürfe, die teilweise Jahrhunderte später erfolgreich umgesetzt wurden. Auf den Maler und Ingenieur geht etwa ein Fahrzeug zurück, das weniger an ein Roboterauto (das Personen transportiert), sondern eher an ein Spielzeugauto erinnert.

Automaten verrichten selbstständig eine bestimmte Tätigkeit, etwa das Zubereiten und Ausgeben von Kaffee (Kaffeeautomat), das Auswerfen von Zigaretten (Zigarettenautomat) oder das Anzeigen der Zeit (Uhr). Manche sind rein mechanisch, wie der rote Kaugummiautomat deutscher Dörfer und Städte, andere elektronisch und vernetzt. René

Descartes war der Meinung, dass Tiere seelenlose Automaten seien. Es entwickelte sich die Maschinentheorie, in der Lebewesen als Maschinen aufgefasst wurden.

Zu Robotern sind mehrere Unterschiede vorhanden – so fehlt einfachen Automaten in der Regel die Möglichkeit der Beobachtung und Beurteilung der Umwelt (die der Roboter über Sensorensysteme und Analysesoftware umsetzt), die Bewegungsfähigkeit (die der Roboter mit seinen Armen und Achsen erreicht, manchmal auch mit Beinen und Rollen) und die Anpassungsfähigkeit (in der vor allem Roboter mit künstlicher Intelligenz fortgeschritten sind). Automaten sind zudem dadurch ausgezeichnet, dass sie, abgesehen von Befüllung und Wartung, mehr oder weniger von selbst funktionieren, während bei Robotern auch Varianten existieren, die gesteuert werden können bzw. müssen (Teleroboter).

Automatisierung ist der Prozess oder der Zustand, der mithilfe von Automaten oder (teil-)autonomen Robotern umgesetzt bzw. erreicht wird. Sinn und Zweck der Automatisierung ist die Automation, wobei dieser Begriff eher den Zustand oder das Ziel meint. Wirtschafts-, Technik- und Informationsethik widmen sich den Herausforderungen, die sich durch Automaten und Automation ergeben, sei es in Bezug auf die Ersetzung von Mitarbeitenden, sei es in Bezug auf die Möglichkeit der Gefährdung, Verletzung und Überwachung. Die genannten Bereichsethiken betrachten ebenso den Beitrag von Automaten und Automation zu einem guten Leben, nicht zuletzt vor dem Hintergrund, dass Arbeit idealisiert und ideologisiert wird.

Automatisierung

Automatisierung ist der Prozess oder der Zustand, der mithilfe von Automaten oder (teil-)autonomen Robotern umgesetzt bzw. erreicht wird. Sinn und Zweck der Automatisierung ist die Automation, wobei dieser Begriff eher den Zustand oder das Ziel meint. In der Smart Factory beispielsweise sind immer weniger Menschen anzutreffen, immer mehr teilautonome und autonome Maschinen. In einer Übergangszeit teilt man sich allerdings die Arbeit in der Produktion, und beide Parteien, Arbeiter und Kooperations- und Kollaborationsroboter (Co-Robots oder Cobots), spielen ihre Stärken aus.

Autonomie

Der Begriff der Autonomie hat viele Facetten. In der Philosophie wurde er u. a. von Immanuel Kant geprägt. In der Informationsethik interessiert, ausgehend von der Idee der Autonomie, vor allem die informationelle Autonomie, also die Möglichkeit, selbstständig auf Informationen zuzugreifen, über die Verbreitung von eigenen Äußerungen und Abbildungen selbst zu bestimmen sowie die Daten zur eigenen Person einzusehen und gegebenenfalls anzupassen. Ausgehend von der verwandten Idee der Freiheit ist die Freiheit des Individuums in der Informationsgesellschaft angesprochen, womit auch die Selbstentfaltung sozialer, technischer und wirtschaftlicher Art gemeint ist. Es geht ferner um das autonome Handeln gegenüber Maschinen und gegenüber IT-Unternehmen bzw. ihren Technologien und Systemen – und um autonome Systeme, die als Industrieroboter die Smart Factory bestimmen bzw. als Serviceroboter ansprechbar und beweglich sind und die Subjekte der Moral und damit (Untersuchungs-)Objekte der Maschinenethik sein können. Es muss herausgestrichen werden, dass jede Wissenschaft und jedes Anwendungsgebiet ein eigenes Verständnis entwickelt hat. Deshalb ist es beispielsweise nicht zielführend, einer Ingenieurdisziplin vorzuwerfen, dass sie den Begriff nicht wie die Philosophie verwendet.

Ava

Ava ist ein fiktionaler Android – gespielt von Alicia Vikander – im Film „Ex Machina" (2015) von Alex Garland. Sie befindet sich auf einem luxuriösen Anwesen eines Unternehmers in einem abgesicherten Bereich. Ihr Traum ist es, an einer belebten Kreuzung in einer Stadt zu stehen. Caleb, ein Programmierer, der auf das Anwesen gerät, lernt sie kennen.

Ava stellt sich Caleb als verständiges, empfindsames Wesen dar. Der Programmierer nähert sich ihr immer mehr an. In einer zentralen Szene zieht der Android ein Kleid und Strümpfe an und überdeckt damit die Maschinenhaftigkeit dieser Körperregionen. Die Illusion ist perfekt: Caleb meint eine Frau aus Fleisch und Blut vor sich zu haben.

Ava nutzt die Zuneigung von Caleb aus. Er hebelt ihr zuliebe die Sicherheitssysteme des Anwesens aus, sie sperrt ihn ein und flüchtet. Am Ende des Films sieht man sie an einer belebten Kreuzung stehen. Ihr Traum hat sich erfüllt. Ihr Retter dagegen muss vermutlich sterben.

Avatar

Der Begriff „Avatar" stammt aus dem Sanskrit und bezeichnet dort die Gestalt, in der sich ein (hinduistischer) Gott auf der Erde bewegt. Im Computerbereich hat sich der Begriff durchgesetzt für grafisch, zwei- oder dreidimensional realisierte virtuelle Repräsentationen von realen Personen oder Figuren. Zuweilen wird er auch auf physische Realisierungen angewandt, etwa auf soziale Roboter, die anstelle von kranken Kindern den Schulunterricht besuchen und von ihnen ferngesteuert werden.

Avatare finden zum einen Verwendung in kollaborativ genutzten virtuellen Räumen wie Chats, Spielwelten, webbasierten Lern- und Arbeitsumgebungen und kommerziellen 3D-Anwendungen (Virtual Reality). Sie fungieren dort als sichtbare und teils auch steuer- und manipulierbare Stellvertreter eines Benutzers. Avatare dieser Art können ein menschliches Aussehen haben, aber auch jede beliebige andere Gestalt und Form. Als Stellvertreter realer Personen haben sie kaum autonome Züge.

Avatare können zum anderen eine beliebige Figur mit bestimmten Funktionen repräsentieren. Solche Avatare treten – beispielsweise als Kundenberater (Chatbots oder Chatterbots) und Nachrichtensprecher – im Internet auf oder bevölkern als Spielpartner und -gegner die Abenteuerwelten von Handy- und Computergames. Sie haben häufig ein anthropomorphes Äußeres und, kombiniert mit Agenten, eigenständige Verhaltensweisen oder sogar regelrechte Persönlichkeiten.

B

Barrierefreiheit

Barrierefreiheit ist die Gestaltung von Parkanlagen, Bauwerken, Maschinen aller Art und Benutzeroberflächen in der Weise, dass sie von Menschen mit Behinderung ohne oder mit lediglich geringer Einschränkung genutzt werden können. Sie wurde im 20. Jahrhundert als Notwendigkeit und Selbstverständlichkeit definiert.

Eine Website, die einschlägige Anforderungen nicht erfüllt, trägt zum digitalen Graben bei, ebenso ein Industrieroboter, der sich in Arbeitszellen nicht auf unterschiedliche Fähigkeiten und Gegebenheiten einstellen kann, also als adaptives System versagt. Nicht alle Anbieter sind in der Lage, den Ansprüchen zu genügen, sei es aus finanziellen, sei es aus fachlichen Gründen.

Barrierefreiheit hat sich nicht zuletzt als Vorteil für die Mobilität von Robotern (etwa von Servicerobotern oder sozialen Robotern) erwiesen, vor allem für diejenigen, die keine Beine, sondern Rollen haben: Sie können Rampen und Aufzüge benutzen und sich so mehr oder weniger selbstständig und frei im Gebäude bewegen.

O. Bendel, *300 Keywords Soziale Robotik*,
https://doi.org/10.1007/978-3-658-34833-5_2

BB-8

BB-8 (Beebee-Ate) ist eine fiktionale Roboterfigur aus der „Star-Wars"-Reihe (ab 1977) von George Lucas. Er besteht aus einer großen Kugel, auf der eine leicht gestreckte Halbkugel als Kopf sitzt. Dieser weist u. a. eine Kamera auf. Auf der großen Kugel rollt BB-8 umher. Seine Kommunikation erschöpft sich im Wesentlichen in Tönen, mit denen er allerdings verschiedene Emotionen ausdrücken kann. Er kann als legitimer Nachfolger von R2-D2 gelten, eines fiktionalen Prototyps sozialer Roboter. Auch als Spielzeug wurde BB-8 umgesetzt.

Bedingungsloses Grundeigentum

Eine alternative Idee zum bedingungslosen Grundeinkommen ist die des Grundeigentums bzw. bedingungslosen Grundeigentums, nach der jeder Mensch ein Grundstück, ein Gebäude oder etwas Vergleichbares bei seiner Geburt oder bei seiner Volljährigkeit übereignet bekommt, mit wenigen oder ohne Verpflichtungen. Dies wäre eine Art Willkommensgeschenk bei der Ankunft auf der Erde.

Ein solcher Ansatz mag an eine Geburtenbeschränkung gekoppelt werden – so könnte man über eine zentrale Organisation, die freilich nicht weniger Utopie ist als das Kernkonzept, weltweit und einheitlich festlegen, dass pro Elternteil ein Kind gezeugt und aufgezogen werden darf, für jedes weitere Kind aber bestimmte Steuern anfallen. Der Hintergrund ist, dass gerade Grundstücke nicht grenzenlos vergeben und Ressourcen nicht endlos verbraucht werden können.

Eine (Sozial-)Utopie also, die sich gegen die gegenwärtigen Ungerechtigkeiten einer aufgeteilten Welt wendet, in der man ein Leben lang arbeiten muss, um zu einem kleinen Grundstück oder Haus zu kommen, und die bei einer teilweisen Umsetzung neue Ungerechtigkeiten zur Folge hätte. Eine Utopie, die zu kontroversen Diskussionen – auch in der Wirtschaftsethik – führen kann und letztlich vielleicht zu unerwarteten Lösungen.

Bedingungsloses Grundeinkommen

Nach der Idee des bedingungslosen Grundeinkommens erhalten erwachsene oder auch minderjährige Mitglieder einer politischen, funktionalen oder ideellen Gemeinschaft einen festgelegten finanziellen Betrag, ohne Pflicht zur Rückzahlung und ohne direkte Gegenleistung. Arbeitslosengeld, Sozialhilfe oder Kindergeld fallen in der Regel weg. Eine alternative Idee ist das bedingungslose Grundeigentum, nach der jeder Mensch ein Grundstück oder ein Gebäude übereignet bekommt.

Das bedingungslose Grundeinkommen soll den Lebensunterhalt der Mitglieder der Gemeinschaft sichern. Gerade in Zeiten zunehmender Automatisierung und Autonomisierung als Effekte der Digitalisierung, wie sie in der Industrie 4.0 entstehen, sind radikale bzw. innovative Ansätze gefragt. Solidarisches Bürgergeld (Thomas Straubhaar) und Transfergrenzenmodell bzw. Ulmer Modell (Helmut Pelzer) sind bekannte Beispiele dafür. Sie streben nicht zuletzt die Umformung und Vereinfachung des Steuersystems an. Die Sharing Economy scheint ebenfalls eine Antwort auf die Umwälzungen zu sein, bedient aber in erster Linie den „Plattformkapitalismus“ (Sascha Lobo).

Vorteile beim bedingungslosen Grundeinkommen sind Unabhängigkeit von Organisationen und Personen, Freiheit in der Lebensgestaltung und Sorglosigkeit bei der Existenzsicherung. Die Motivation zur Wertschöpfung nimmt zu, Kreativität kann entdeckt und ausgelebt, Lebenszeit für eigene Interessen genutzt werden. Dem Stellenabbau in einer von Agenten und Robotern bestimmten Arbeitswelt wird ein Grundversorgungssystem entgegengesetzt, das nicht nur die direkt Betroffenen entlastet. Ein Nachteil ist die scheinbare Ungerechtigkeit durch gleichmäßige Ausschüttung. Manche mögen auch kein Interesse daran zeigen, einer Beschäftigung nachzugehen, und von einem unstrukturierten Alltag überfordert sein. Zur Einordnung und Beurteilung der Auswirkungen sind Politik- und Wirtschaftsethik gefragt.

Behavior-based Robotics

Verhaltensbasierte Robotik (engl. „behavior-based robotics“) ist ein von Rodney Brooks vom Massachusetts Institute of Technology (MIT) geprägter Ansatz, bei dem die „Verhaltensweisen“ (engl. „behaviors“) einzeln umgesetzt und zum Gesamtverhalten zusammengefügt werden. Vorbild sind oft einfache Lebensformen.

Verhaltensbasierte Roboter reagieren unmittelbar auf ihre Umgebung und Herausforderungen innerhalb dieser Umgebung, ohne dass sie über Modelle von der Welt verfügen. Dabei können sie auf frühere Erfahrungen zurückgreifen, etwa wenn sie Hindernisse vorgefunden oder umfahren haben.

Behaviorismus

Der Behaviorismus untersucht das sichtbare und erfassbare Verhalten von Menschen bzw. Tieren mit experimentellen Methoden. Hypothesen über innere, nicht unmittelbar sichtbare Vorgänge werden abgelehnt. Aus Sicht der Behavioristen findet Lernen als Reaktion des Einzelnen auf äußere Reize statt und kann demnach auch von außen gesteuert werden.

Viele soziale Roboter und manche Chatbots bzw. Voicebots simulieren Emotionen und Empathie. Sie zeigen sie also, ohne sie zu haben. Aus behavioristischer Perspektive ist dies kein wesentlicher Unterschied. Die Artefakte können in dieser Hinsicht wie Lebewesen beobachtet und untersucht werden.

Benutzer

Im Kontext von neuen Medien sind Benutzer – auch Nutzer oder User genannt – Anwender von Informations- und Kommunikationstechnologien, Informationssystemen und Robotern. Sie nutzen und benutzen die Technologien z. B. zur Information, Kommunikation, Interaktion und Transaktion. Von daher müssen sie über ein gewisses Maß an Informations- und Medienkompetenz verfügen.

Der Benutzer ist das Subjekt und Objekt der Moral der Informationsgesellschaft, des Gegenstands der Informationsethik. Die Benutzerschnittstelle verbindet ihn mit der Maschine, die ebenfalls zum Subjekt der Moral werden kann, was Thema der Maschinenethik ist. Der Begriff des Benutzers kann je nach Robotertyp unterschiedlich konnotiert sein – man denke an einen Transportroboter versus einen Sexroboter. Dies ist Thema der Sprachwissenschaft und der Roboterethik.

Benutzerfreundlichkeit

Unter der Benutzerfreundlichkeit (Usability) werden im Allgemeinen die Zweckmäßigkeit und die Benutzbarkeit eines Systems verstanden. Die Zweckmäßigkeit umfasst dabei alle Funktionen, die für die angemessene Erfüllung einer Aufgabe benötigt werden. Zur Benutzbarkeit zählen Eigenschaften wie leichte Erlernbarkeit, effektive Bedienbarkeit, niedrige Fehlerquote, genügende Konsistenz oder zielgruppengerechte Gestaltung. Ein benutzerfreundliches System soll einfach und intuitiv zu bedienen sein, um ein bestimmtes Ziel effektiv und effizient zu erreichen.

Bei multimedialen Anwendungen sind auch Navigation und Bildschirmgestaltung sowie die Beschränkung auf gebräuchliche Technologien und Standardschriftarten und -farben wesentliche Aspekte der Benutzerfreundlichkeit. Die grafische Benutzeroberfläche soll sich mehr oder weniger intuitiv erschließen. Möglich ist dabei die Verwendung von Metaphern auf Mikro- (wie die Schere und der Pinsel bei Textverarbeitungs- und Fotobearbeitungsprogrammen) und auf Makroebene (wie das Blatt Papier und die Schreibtischplatte, engl. „desktop“, bei Textverarbeitungsprogrammen und Betriebssystemen). Bei bestimmten Industrie- und Servicerobotern werden soziale Fähigkeiten im weitesten Sinne erwartet. Zu beachten sind generell Vorschriften zur Barrierefreiheit.

Benutzerschnittstelle

Eine Benutzerschnittstelle schafft mithilfe von Hardware- oder Softwarekomponenten die für die Interaktion und Kommunikation zwischen Mensch und Computer notwendige Verbindung. Beispiele sind Maus, Tastatur, Touchscreen, Headset, Datenhelm und -brille oder Bildschirm, aber auch die grafische Benutzeroberfläche und Teile der verwendeten Betriebssysteme und Programme.

Seit der Jahrtausendwende gibt es verstärkt Versuche, bestehende Lösungen substanziell zu verbessern oder gänzlich neue Schnittstellen zu entwickeln. Ein Ansatz ist die Projektion; beispielsweise wird der Bildschirminhalt auf eine Fläche projiziert, sodass der Bildschirm überflüssig wird, oder eine Tastatur aus Licht auf den Schreibtisch, das physisch vorhandene Gerät substituierend. Experimentiert wird zudem mit Hologrammen aller Art. Immer wichtiger wird auch die Steuerung durch Bewegungen und Gesten.

Ein anderer Ansatz sind Softwareagenten, Chatbots und virtuelle Assistenten. Diese verstehen bzw. deuten geschriebene oder gesprochene Sätze des Benutzers sowie bei entsprechender Sensorik auch Verhaltensweisen und antworten mittels Text oder gesprochener Sprache sowie Mimik und Gestik. Ein wichtiger Treiber der Transformation von Schnittstellen ist die Mobilität und die damit einhergehende Notwendigkeit handlicher Geräte.

Bereichsethik

Eine Bereichsethik (auch Spezialethik genannt) ist eine Ausprägung der angewandten Ethik und bezieht sich auf einen klar abgrenzbaren Lebens- und Handlungsbereich. Beispiele sind Medizinethik, Bioethik, Umweltethik, Militärethik, Technikethik, Informationsethik, Roboterethik, Medienethik, Wissenschaftsethik, Wirtschaftsethik, Politikethik und Rechtsethik. Auch Lebenszeiten und -situationen können Kategorien sein, wenn man an Alters- und Sterbeethik denkt. Der ebenfalls kursierende Begriff der Bindestrichethiken ist irreführend, da die erwähnten Komposita üblicherweise ohne Bindestrich geschrieben werden. Jede Bereichsethik muss sich heute mit der Informationsethik verständigen. Die Maschinenethik kann neben die Menschenethik gestellt werden.

Betrug

Betrug ist das vorsätzliche Hintergehen einer Person, etwa innerhalb einer Beziehung oder bei einem Tausch bzw. Verkauf. Er hängt eng mit der Täuschung zusammen. Im rechtlichen Sinne handelt es sich um ein strafrechtliches Vermögensdelikt.

Bei sozialen Robotern wird diskutiert, ob eine animaloide oder humanoide Gestaltung bereits einen Betrug oder eine Täuschung im allgemeinen Sinne beinhaltet. Das Zeigen von Empathie und Emotionen kann ebenfalls in diesen Kontext eingeordnet werden.

In der Informationsethik und in der Roboterethik wird ein Transparenzgebot vorgeschlagen. Der soziale Roboter würde z. B. offenlegen, dass er nur eine Maschine ist, und er würde darauf hinweisen, dass er Empathie und Emotionen nur simuliert.

Bewegung

Bei sozialen Robotern ist häufig eine Körperbewegung vorhanden, zudem eine Vorwärts- und Rückwärtsbewegung. Beide Formen können zusammenhängen. Mit der Bewegung des Körpers, etwa des Oberkörpers, und des Kopfs können beispielsweise Zustimmung und Ablehnung ausgedrückt werden, weiter Angst, Furcht und Freude. Im Rahmen der Kommunikation handelt es sich um Gesten, wobei Arme mit mehreren Freiheitsgraden ins Spiel kommen. Vorwärts- und Rückwärtsbewegung dienen der Fortbewegung, entweder auf Rollen, auf Raupen oder auf Beinen.

Big Brother

Der Big Brother ist, nach dem Roman „1984" (fertiggestellt 1948, erschienen 1949) von George Orwell, die Verkörperung des Überwachungsstaats. Der Begriff wird heute vor allem im Zusammenhang mit digitaler Überwachung gebraucht. Mehr oder weniger ernst gemeinte Varianten sind die „Big Sister", die auf die Verantwortung beider Geschlechter in Politik und Wirtschaft hinweist, der „Little Brother", der auf die Überwachung durch die Benutzer zielt, und die „Little Sister", die die Verwendung von Social Networks im Sinne von Datenschleudern und Stalkinginstrumenten durch Jugendliche anspricht. Mit diesen Begrifflichkeiten werden auch Verbindungen zu Aldous Huxleys Roman „Schöne neue Welt" („Brave New World" von 1932) hergestellt, wo die gegenseitige Observation eindringlich beschrieben wird. Der aufgeklärte Benutzer tritt in digitalem Ungehorsam dem großen Bruder genauso entgegen wie der großen Schwester, und er versucht den jüngeren Geschwistern die Folgen ihres Tuns vor Augen zu führen.

Big Data

Mit „Big Data" werden große Mengen an Daten bezeichnet, die aus Bereichen wie Internet und Mobilfunk, Finanzindustrie, Energiewirtschaft, Gesundheitswesen und Verkehr und aus Quellen wie intelligenten Agenten, sozialen Medien, Kredit- und Kundenkarten, Smart-Metering-Systemen, Assistenzgeräten, Überwachungskameras sowie Flug- und Fahrzeugen stammen und die mit speziellen Lösungen gespeichert, verarbeitet und ausgewertet werden. Es geht u. a. um Rasterfahndung, (Inter-)Dependenzanalyse, Umfeld- und Trendforschung sowie System- und Produktionssteuerung. Wie im Data Mining ist Wissensentdeckung ein Anliegen. Das weltweite Datenvolumen ist derart angeschwollen, dass bis dato nicht gekannte Möglichkeiten eröffnet werden. Auch die Vernetzung von Datenquellen führt zu neuartigen Nutzungen, zudem zu Risiken für Benutzer und Organisationen. Wichtige Begriffe in diesem Kontext sind „cyberphysische Systeme“ und „Internet der Dinge“, relevante Ansätze angepasste Datenbankkonzepte, Cloud Computing und Smart Grid.

Die Wirtschaft verspricht sich neue Einblicke in Interessenten und Kunden, ihr Risikopotenzial und ihr Kaufverhalten, und generiert personenbezogene Profile (hinter denen ebenso Phänomene wie Small Data stehen können). Sie versucht die Produktion zu optimieren und zu flexibilisieren (Industrie 4.0) und Innovationen durch Vorausberechnungen besser in die Märkte zu bringen. Die Wissenschaft untersucht den Klimawandel und das Entstehen von Erdbeben und Epidemien sowie (Massen-)Phänomene wie Shitstorms, Bevölkerungswanderungen und Verkehrsstaus. Sie simuliert mit Superrechnern sowohl Atombombenabwürfe als auch Meteoritenflüge und -einschläge. Behörden und Geheimdienste spüren in enormen Datenmengen solche Abweichungen und Auffälligkeiten auf, die Kriminelle und Terroristen verraten können, und solche Ähnlichkeiten, die Gruppierungen und Eingrenzungen erlauben.

Big Data ist eine Herausforderung für den Datenschutz und das Persönlichkeitsrecht. Oft liegt vom Betroffenen kein Einverständnis für die Verwendung der Daten vor, und häufig kann er identifiziert und kontrolliert werden. Die Verknüpfung von an sich unproblematischen Informationen kann zu problematischen Erkenntnissen führen, sodass man plötzlich zum Kreis der Verdächtigen gehört, und die Statistik kann einen als kreditunwürdig und risikobehaftet erscheinen lassen, weil man im falschen Stadtviertel wohnt, bestimmte Fortbewegungsmittel benutzt und gewisse Bücher liest. Die Informationsethik fragt nach den moralischen Implikationen von Big Data, in Bezug auf digitale Bevormundung (Big Data als Big Brother), informationelle Autonomie und Informationsgerechtigkeit. Gefordert sind ferner Wirtschaftsethik und Rechtsethik. Mithilfe von Datenschutzgesetzen und -einrichtungen kann man ein Stück weit Auswüchse verhindern und Verbraucherschutz sicherstellen.

Biohacking

Biohacking ist der biologische, chemische oder technische Eingriff in Organismen mit dem Ziel der Veränderung und Verbesserung. Es ist von den Wurzeln her eine Do-it-yourself-Bewegung. Letztlich geht es darum, neuartige Systeme zu erzeugen, die sich in ihrer belebten und unbelebten Umwelt behaupten. Ein Teilbereich ist das Bodyhacking, bei dem man in den tierischen oder menschlichen Körper eindringt, oft im Sinne des Animal bzw. Human Enhancement und zuweilen mit der Ideologie des Transhumanismus. In vielen Fällen resultiert der pflanzliche, tierische oder menschliche Cyborg.

Straßenbäume, die in der Dunkelheit leuchten, weil sie genetisch verändert wurden, und so als Straßenlaternen dienen können, Topfpflanzen, die künstliche, ausfahrbare Fächer haben, um sich vor der Hitze zu schützen und Kondenswasser zu sammeln, Süßwasserfische, die Energie aus Sonnenlicht gewinnen, all das sind Visionen für Biohacking. Personen, die sich Chips und Magneten implantiert haben, um Türen zu öffnen, Geräte zu steuern, Rechnungen zu bezahlen oder Metall aufzuspüren, oder die mithilfe von technischen Erweiterungen Farben hören sowie Gerüche wahrnehmen, zu denen keine Entsprechungen in der Luft vorhanden sind, sind Beispiele für Bodyhacking. Bei Menschen spielt die Ermöglichung oder Erweiterung sinnlicher Erfahrungen eine Rolle, bei Pflanzen und Tieren die Ersetzung bisheriger Abläufe und Bestimmungen.

Biohacking erlaubt Experimente, die für die Wissenschaft von Bedeutung sind, selbst wenn sie nicht in ihrem Rahmen durchgeführt werden. Es ist auch für die Gesellschaft von Belang, wenn Ergebnisse nützlich erscheinen und sich verbreiten. Nicht zuletzt kann man Biohacking als Kunstform betrachten. Das Bodyhacking kann man aus Sicht der Ethik als Versuch einstufen, das eigene Leben und Erleben zu gestalten und zu verbessern. Problematisch wird es, sobald gesellschaftlicher, politischer oder wirtschaftlicher Druck entsteht, etwa wenn das Tragen eines Chips zur Norm wird, der sich kaum jemand entziehen kann, und Privatsphäre und informationelle Autonomie beeinträchtigt sind, was ein Thema der Informationsethik ist. Auch gesundheitliche Folgen mögen auftreten. Insofern bergen Bio- und Bodyhacking bei aller Faszination gewisse Risiken. Eine eigenständige oder erweiterte Hackerethik könnte Chancen und Risiken sichtbar machen.

Bioinspired Robotics

Bioinspired Robotics ist ein Forschungs- und Entwicklungsgebiet, das die Natur als Inspiration nimmt. Lebewesen in ihrem Aussehen, in ihren Bestandteilen und in ihren Bewegungen werden nicht unbedingt nachgebildet, wie oft in der Bionik oder der Biomimicry, sondern als Möglichkeit genommen, die gestalterisch und technisch fortentwickelt und als Lösung für technische Probleme eingesetzt wird. Besondere Aufmerksamkeit widmet man Biomaterialien (Fell, Seide, Waben), Biosensoren (Augen) und Bioaktuatoren (Muskeln und Sehnen).

Biometrik

Im 18. Jahrhundert begründete Petrus Camper die Biometrik, mit der Biometrie als Gegenstand, der Vermessung des biologisch bzw. natürlich Gegebenen. In einer Rede an der Amsterdamer Zeichenakademie über den natürlichen Unterschied der Gesichtszüge von Menschen verschiedenen Alters und verschiedener Gegenden beschrieb er seine vorgebliche Entdeckung, dass die Menschenrassen mittels quantifizierbarer Formmerkmale des Schädels unterschieden werden können. Der Holländer interessierte sich u. a. für die Intelligenz von Menschen bzw. Gruppen (auch sogenannten Rassen) und stellte aus heutiger Sicht diskriminierende und rassistische Überlegungen an.

Biometrische Verfahren

Bei biometrischen Verfahren werden biologische bzw. körperliche Merkmale von Menschen oder Tieren einbezogen. Heutzutage steht die automatisierte Erkennung in einem digitalisierten Umfeld im Vordergrund. So kann man mit einem Scan der Fingerkuppe oder der

Regenbogenhaut die Tür des Zimmers oder des Tresors öffnen. Ebenso kann ein System bzw. ein Roboter die Identität einer Person feststellen.

Bionik

Bionik als Disziplin befasst sich nach Werner Nachtigall, einem ihrer Begründer, systematisch mit der technischen Umsetzung und Anwendung von Konstruktionen, Verfahren und Entwicklungsprinzipien biologischer Systeme. Flugzeuge erhalten Flügel, die an die von Vögeln erinnern, oder einen Körper, der Delfinen oder Haien ähnlich sieht und deren Stromlinienform hat. Ein weiteres bekanntes Beispiel ist der Klettverschluss, dessen Vorbild die Kletten sind, die zu den Korbblütlern zählen.

Die Bionik hat Bedeutung für die Robotik und die Soziale Robotik. Wenn der EATR seine Energie mithilfe der Zersetzung organischen Materials gewinnt oder bei Roboy menschliche Knochen, Gelenke, Muskeln und Sehnen nachgebildet werden, ist sie ebenso im Spiel wie bei Drohnenschwärmen. Eine animaloide und humanoide Gestaltung kann grundsätzlich als Mittel der Bionik angesehen werden. Enge Beziehungen bestehen zur Softrobotik und zur Bioinspired Robotics.

Bodyhacking

Beim Bodyhacking greift man invasiv oder nichtinvasiv in den tierischen oder menschlichen Körper ein, oft im Sinne des Animal bzw. Human Enhancement und zuweilen mit der Ideologie des Transhumanismus. Es geht um die physische und psychische Umwandlung, und es kann der tierische oder menschliche Cyborg resultieren. Bodyhacking ist eine Sonderform von Biohacking. Ein weiterer Begriff in diesem Zusammenhang ist „Human Augmentation“.

Personen, die sich Near-Field-Communication-Chips (NFC-Chips) implantiert haben, um Türen zu öffnen, Rechnungen zu bezahlen und Geräte zu steuern, oder Magneten, um Metall aufzuspüren, sind Beispiele für Bodyhacking. Andere „hören“ mittels technischer

Erweiterungen Farben und nehmen mithilfe von elektrischer Stimulation Gerüche wahr. Bei Menschen spielt die Ermöglichung oder Erweiterung sinnlicher Erfahrungen eine Rolle, bei Tieren die Ersetzung bisheriger Bestimmungen.

Das Bodyhacking kann man aus der Perspektive von Bio-, Medizin-, Technik- und Informationsethik als Versuch sehen, das eigene oder fremde Leben und Erleben zu gestalten und zu verbessern. Problematisch wird es, sobald gesellschaftlicher, politischer oder wirtschaftlicher Druck entsteht, etwa wenn das Tragen eines Chips zur Speicherung von Daten und zur Identifizierung zur Norm wird, der sich kaum jemand entziehen kann (was von Informations-, Politik- und Wirtschaftsethik thematisiert werden mag). Auch gesundheitliche Folgen können auftreten. Insofern birgt Bodyhacking bei aller Faszination gewisse Risiken.

Brain-Computer-Interface

Ein Brain-Computer-Interface (engl. „brain-computer interface“) ist eine Mensch-Maschine- oder Tier-Maschine-Schnittstelle, über die Gehirn und Computer verbunden werden. Zentral sind dabei elektrophysiologische und hämodynamische Verfahren. Mithilfe des BCI, wie man es verkürzend nennt, ist es z. B. möglich, spezielle Rollstühle, Hightechprothesen oder Objekte in Spielanwendungen zu steuern oder – unter Verwendung von neuronalen Signalen – Sprache zu synthetisieren. Beim Cybathlon, einem internationalen Wettkampf, bei dem Behinderte gegeneinander antreten, können entsprechende Disziplinen bestaunt werden. Im Deutschen spricht man auch von Gehirn-Computer-Schnittstelle.

C

C-3PO

C-3PO oder See-Threepio ist eine fiktionale Figur aus der „Star-Wars"-Reihe, die oft an der Seite von R2-D2 zu sehen ist. Im Gegensatz zu diesem handelt es sich um einen humanoiden Roboter. Er ist menschengroß, hat deutlich sichtbare maschinenhafte Elemente und ist von goldener Farbe. C-3PO soll bei der Berücksichtigung von Sitten und Gebräuchen auf fremden Planeten sowie bei Übersetzungen behilflich sein. Er kann als Prototyp eines sozialen Roboters angesehen werden.

Chatbot

Chatbots sind Dialogsysteme mit natürlichsprachlichen Fähigkeiten textueller oder auditiver Art. Sie werden, oft in Kombination mit statischen oder animierten Avataren, auf Websites oder in Instant-Messaging-Systemen verwendet, wo sie die Produkte und Services ihrer Betreiber erklären und bewerben respektive sich um Anliegen der

O. Bendel, *300 Keywords Soziale Robotik*,
https://doi.org/10.1007/978-3-658-34833-5_3

Interessenten und Kunden kümmern – oder einfach dem Amüsement und der Reflexion dienen. In sozialen Medien treten Social Bots auf, die wiederum als Chatbots fungieren können. Zuweilen wird der Begriff der Chatbots so weit gefasst, dass auch Sprachassistenten (Voicebots oder Voice Assistants) darunter fallen.

Ein Chatbot untersucht die Eingaben der Benutzer und gibt Antworten und (Rück-)Fragen aus. Eine Variante ist, ihn vorgegebene Regeln anwenden zu lassen (regelbasierter Chatbot). Man kann ihn zudem mit Suchmaschinen, Thesauri und Ontologien verbinden. Bei einer anderen Variante wird Machine Learning eingesetzt. Ebenfalls unter den Begriff fallen Programme, die im Chat neue Gäste begrüßen, die Unterhaltung in Gang bringen sowie für die Einhaltung der Chatiquette (einer speziellen Netiquette) sorgen und beispielsweise unerwünschte Benutzer kicken. Chatbots bzw. Voicebots kann man in soziale Roboter integrieren. Wichtig ist es, sie mit den physischen Gegebenheiten in Einklang zu bringen, etwa mit Mimik und Gestik.

Chatbots waren um die Jahrtausendwende ein Hype und wurden 15 Jahre später wieder zu einem, allerdings unter neuen Voraussetzungen, wenn man an die Entwicklungen im Natural Language Processing (NLP) und in der KI und die Überlegungen in der Ethik denkt. In der Maschinenethik werden Chatbots entwickelt, die moralisch adäquat agieren und reagieren, etwa Probleme des Gesprächspartners erkennen, eine Notfallnummer herausgeben oder ausdrücklich die Wahrheit sagen. Sie kann ebenso Lügenmaschinen als Artefakte hervorbringen, die sie dann untersucht, um wiederum Erkenntnisse in Bezug auf verlässliche und vertrauenswürdige Maschinen zu gewinnen. Die Informationsethik diskutiert die Auswirkungen des Einsatzes von Chatbots, u. a. mit Blick auf die persönliche und informationelle Autonomie. Die Wirtschaftsethik ist relevant hinsichtlich der Unterstützung und Ersetzung von Arbeitskräften.

Cloud Computing

Dienste, Anwendungen und Ressourcen werden beim Cloud Computing nach Jonas Repschläger und seinen Coautoren über Hochleistungsserver meist externer Anbieter „flexibel und skalierbar … angeboten“, und zwar „ohne eine langfristige Kapitalbindung und IT-spezifisches Know-how vorauszusetzen“. Es handelt sich „um eine Form des IT-Sourcings, bei der der komplette Betrieb und Wartungsaufwand beim Anbieter verbleibt und ausschließlich die Leistung vom Kunden angemietet und verbrauchsabhängig bezahlt wird“. Damit wird der Normalfall der Public Cloud angesprochen, bei der es einen externen Anbieter gibt. Auch kostenloser Gebrauch ist möglich, gerade für Privatpersonen.

Infrastructure as a Service (IaaS) ist der Zugang zu virtualisierten Hardwareressourcen, etwa Computern, Netzwerken und Speichern, Platform as a Service (PaaS) der Zugang zu Programmierungs- oder Laufzeitumgebungen mit flexiblen, dynamisch anpassbaren Rechen- und Datenkapazitäten, Software as a Service (SaaS) der Zugang zu Softwaresammlungen und Anwendungsprogrammen. Ein Spezialfall sind Private Clouds, bei denen sich Anbieter und Nutzer im selben Unternehmen befinden bzw. Privatpersonen ihre eigenen Dienste betreiben. Immer häufiger werden Public Cloud und Private Cloud zusammengeführt zur Hybrid Cloud.

Wenn Unternehmen die Daten ihrer Kunden in die Cloud transferieren oder diese selbst aktiv werden bei Diensten aller Art, stellen sich aus den Perspektiven von Wirtschaftsethik, Informationsethik, Datenschutz und Cybersecurity viele Fragen: Wird der Kunde genügend informiert? Sind ihm alle Konsequenzen des Vorgangs klar? Was ist, wenn Inhalte als verdächtig angesehen und Informationen an Behörden weitergereicht werden? Wie können lebenswichtige und personenbezogene Daten geschützt werden?

Cognitive Design

Cognitive Design beschäftigt sich mit der Frage, wie die Generierung, Weitergabe und Bewahrung von Wissen technologisch und medial unterstützt werden kann, wobei Erkenntnisse des Kognitivismus herangezogen und in den Systemen – auch bei intelligentem Spielzeug – umgesetzt werden.

Companion

Ein Companion oder Companion Robot ist ein sozialer Roboter, der als Gefährte, Begleiter, Freund oder Familienmitglied angelegt ist. Er hat Funktionen eines Spielzeug- und Unterhaltungsroboters, weist jedoch darüber hinaus. Der Companion ist neben dem Social Enabler eine der verbreitetsten Rollen eines sozialen Roboters.

Pepper fällt in dieses Segment, hat sich aufgrund seines hohen Preises aber außerhalb von Japan kaum in Haushalten verbreitet. Cozmo kann ebenfalls als Companion Robot aufgefasst werden und trotz der Auflösung der Firma, die ihn zuerst produziert hat, als Erfolgsgeschichte gelten, schon wegen der über eine Million Mal verkauften Exemplare. Er scheint allerdings auch als Haustier durchzugehen, wie AIBO.

Compliance

Compliance ist die Selbstverpflichtung von Organisationen, bestimmte Gesetze, Vorschriften, Leit- und Richtlinien sowie moralische Kodizes und ethische Standards einzuhalten. Compliance-Management soll dabei helfen, die richtigen Regeln zu identifizieren bzw. zu etablieren und die Regeltreue systematisch zu fördern. Die Gesamtheit der Maßnahmen, Methoden, Modelle und Technologien bezeichnet man als Compliance-Management-System.

Die Moral ist bei Compliance meist nicht Zweck, sondern Mittel zum Zweck: Man will das Unternehmen bzw. die Einrichtung vor negativen Folgen schützen. Nicht jegliches Ethikmanagement folgt dieser Logik. Die Wirtschaftsethik untersucht Chancen und Risiken von Compliance-Management-Systemen. Die Informationsethik kommt ins Spiel bei Internet- und IT-Unternehmen sowie bei der technikbasierten oder automatisierten Überprüfung der Befolgung von Regeln, etwa von moralischen Pflichten.

Computational Thinking

Computational Thinking bedient sich der Techniken und Methoden der Logik, der Mathematik und der Informatik, um Probleme zu formulieren und zu lösen. Der Begriff stammt von dem Mathematiker und Informatiker Seymour Papert. Informatisches Denken nimmt u. a. auf das Computational Thinking Bezug.

Computerspiel

Ein Computerspiel ist ein Spiel, das an der Spielkonsole, am Standrechner, am Notebook, mit dem Tablet oder mit dem Handy bzw. Smartphone (Handyspiel) allein oder mit anderen gespielt wird. Es handelt sich entweder um abstrakte Vorgänge und Aufgaben (z. B. Zusammenfügen oder Verschieben von Elementen), Nachahmungen von konventionellen Spielen und Sportarten (Schach, Tennis) oder Anwendungen mit virtueller Realität. Die Spiele verlangen dem Benutzer Ausdauer, Geschicklichkeit, Schnelligkeit, Taktik oder Raffinesse ab. Als Benutzerschnittstellen stehen oft spezielle Instrumente wie Joysticks bereit.

Bei kollaborativen Computerspielen können die Spielpartner am gleichen Ort (LAN-Partys) oder an verschiedenen Orten sein. Beispiele für solche Spiele (auch Multi-User Games genannt, im Gegensatz zu Single-User Games) sind bestimmte Arten von Adventure-Spielen sowie Spielfunktionen von Chats wie Schiffe versenken, Schach oder Mühle. Seit ca. 2005 verbreiten sich Sport- und Geschicklichkeitsspiele, bei denen Körpereinsatz und Gestik die Abläufe steuern, seit 2016 haben Augmented-Reality-Anwendungen wie Pokémon GO immer wieder Aufmerksamkeit erregt.

In Computerspielen wurden und werden oft moralische Angelegenheiten verhandelt, etwa in „Sims", „Oblivion", „Fallout 3", „Mass Effect 2" oder „Neon Struct". Man muss Entscheidungen zum Wohl von Menschen und Tieren treffen und Verantwortung übernehmen, oder es wird Gesellschaftskritik geübt. Ferner haben Aktivitäten wie das Töten der Gegner oder das Zerstören von Gebäuden moralische Implikationen. Die Informationsethik interessiert sich dafür, wie spielerisch moralische Kompetenzen erworben werden oder wie diese spielend verloren gehen. Auch wenn Computerspiele süchtig machen, ist sie (neben Medizinethik, Medizin und Psychologie) gefragt.

Content

Content ist Information und Wissen in digitaler Form und Inhalt in einer multimedialen Umgebung. Er kann als Text, Grafik, Foto, Video, Animation, Simulation oder gesprochenes Wort und Musik bzw. Audio vorkommen. Content wird von Autoren oder Maschinen her- und zusammengestellt (engl. „content production"), wobei spezielle Autorenwerkzeuge respektive Algorithmen zur Verfügung stehen.

Eine besondere Ausprägung stellt der User-generated Content dar, bei dem in der Regel nichtprofessionelle Autoren alleine oder gemeinsam – häufig über Weblogs oder Wikis und im Kontext des Web 2.0 – Content produzieren und kuratieren (engl. „content curation"). Bei der Entwicklung und Nutzung von Content wird seit einigen Jahren Open Content immer wichtiger.

Bei sozialen Robotern wird fehlender Content immer mehr zum Problem. Die Anbindung an Wikipedia stellt zwar (mehr oder weniger verlässliches) Allgemeinwissen sicher – oftmals braucht es aber Domänenwissen und Expertenwissen, etwa in Einkaufszentren oder in Pflege und Therapie. Dafür existieren kaum Quellen.

Verstöße gegen das Urheberrecht und das Recht am eigenen Bild, die Aggregation von Daten, die Industrialisierung und Automatisierung der Buch- und Artikelproduktion (auch im Sinne von Robo-Content) und andere Phänomene fordern Rechtswissenschaft, Medienethik und Informationsethik heraus.

Corporate Social Responsibility

„Corporate Social Responsibility" (CSR) kann mit „Unternehmensverantwortung" übersetzt werden. Es handelt sich um einen zentralen Begriff der Wirtschaftsethik, genauer der Unternehmensethik. CSR ist kein Managementkonzept, sondern ein Leitgedanke. IT-Firmen, Maschinenbauer und Roboterhersteller müssen, in Kongruenz mit der Corporate Governance, Verantwortung wahrnehmen mit Blick auf die Produktion von Geräten und Maschinen, den Betrieb von Rechenzentren und Cloud-Computing-Services, die Datenverarbeitung, -sammlung und -verwertung sowie das Verhalten der Kunden.

COVID-19-Pandemie

Mit COVID-19 brach Ende 2019 eine Krankheit aus, die Anfang 2020 zur Pandemie wurde. Wegen der starken Verbreitung und der hohen Ansteckungsgefahr bei SARS-CoV-2 mussten spezielle Maßnahmen getroffen und auch Neuerungen vorgenommen werden. Während der Pandemie leisteten Serviceroboter hilfreiche Dienste bei der Unterstützung von Institutionen, der Versorgung von Isolierten und der Vermeidung von Infektionen. Zu nennen sind u. a. Sicherheitsroboter, Transportroboter, Pflegeroboter sowie Reinigungs- und Desinfektionsroboter. Zudem wurden – insbesondere in reichen Ländern bzw. Familien – soziale Roboter zur Unterhaltung und Ablenkung und zur Bekämpfung von Einsamkeit eingesetzt.

Cosmo

Cosmo wurde von der North Carolina State University im Rahmen des IntelliMedia-Projekts entwickelt. Ein interdisziplinäres Team um James C. Lester war ab 1997 mit der Entwicklung des pädagogischen Agenten betraut. Er beriet Benutzer in Echtzeit, während diese Pakete durch eine virtuelle Welt mit miteinander verbundenen Routern eskortierten.

Cosmo war eine comicartige Figur, umgesetzt auf einem Bildschirm als 3D-Animation. Es handelte sich um eine Phantasiegestalt mit ungewöhnlichen körperlichen Merkmalen. Er beherrschte eine Anzahl mimischer und gestischer Mittel und hatte natürlichsprachliche Fähigkeiten. Der Agent wurde hauptsächlich kreiert, um Zeige- bzw. Hinweisfunktionen zu untersuchen.

Cozmo

Der soziale Roboter Cozmo, ursprünglich von Anki aus San Francisco, sieht aus wie ein Raupenfahrzeug in Miniaturform, hat allerdings ein virtuelles Gesicht in einem physischen Kopf und kann Emotionen zeigen (ohne sie zu haben), mit dem Ausdruck seiner Augen, mit Geräuschen und Tönen aller Art und mit seinem zusammengewachsenen Doppelarm, mit dem er scheinbar aufgeregt oder wütend auf den Boden haut. Der kleine Roboter verfügt über Objekt- und Gesichtserkennung, Kantenerkennung und ein Nachtsichtgerät. Er ist wie sein dunkler Bruder Vector ein Spielzeug und ein didaktisches Werkzeug, da er programmiert werden kann, und dient Unterhaltung und Lernen.

Crowdfunding

Crowdfunding ist eine Form der Finanzierung (engl. „funding") durch eine Menge (engl. „crowd") von Internetnutzern. „Crowdsourcing" etablierte sich ebenfalls um 2005 herum und bezeichnet ein verwandtes

Phänomen. Im deutschsprachigen Raum ist auch der Begriff der Schwarmfinanzierung bekannt, der die Beziehungen zwischen den Benutzern betont.

Beim Crowdfunding wird – meist im World Wide Web – zur Spende oder Beteiligung aufgerufen. Künstler, Aktivisten, Veranstalter und Unternehmer stellen ihre Projekte dar und nennen die benötigte Summe sowie die erwartbare Gegenleistung für die Benutzer. Diese werden über Social Networks, Blogs, Microblogs und andere Kanäle aufmerksam. Wenn innerhalb einer bestimmten Zeit die angegebene Summe erreicht ist, fließt das Geld an die Initianten, und die Idee wird umgesetzt.

Schwarmfinanzierung wird über persönliche Homepages und professionelle Websites unterstützt, vor allem aber über spezielle Plattformen, auf denen die Beschreibungen der Projekte zu finden sind und die sämtliche Transaktionen abwickeln und im Erfolgsfall eine Provision einbehalten. Im englischsprachigen Raum entstanden die ersten Plattformen dieser Art um das Jahr 2000, im deutschsprachigen eine Dekade später. Es werden insgesamt etwa vierzig Projektkategorien unterschieden.

Crowdfunding richtet sich auf eher ungewöhnliche und kostengünstige Projekte. Oft werden soziale Roboter so finanziert, wie im Falle von Jibo. Mit Crowdinvesting steht eine Alternative für kapitalintensive Unternehmen und Anliegen zur Verfügung. Eine klare Abgrenzung ist nicht immer möglich, und manche Crowdfunding-Plattformen wenden sich ausdrücklich auch an ambitionierte Start-ups. Die sichere und seriöse Abwicklung von Transaktionen ist ebenso ein Erfolgsfaktor für die zahlreichen Plattformen wie die einfache Bedienbarkeit. Wichtig ist auch die Attraktivität der Projekte.

Cyberkriminalität

Cyberkriminalität tritt als Computer- und Internetkriminalität in Erscheinung. Auch die Kriminalität über Handys und Smartphones und in mobilen Netzen kann dazu gezählt werden. Computerkriminalität umfasst Datenveränderung und Computersabotage, Internetkriminalität Cybermobbing, Identitätsdiebstahl und Netzspionage. Diese Straftaten lassen sich auf den mobilen Bereich übertragen.

Cyber-physical Systems

Cyper-physical Systems (cyberphysische Systeme oder cyber-physische Systeme) sind Systeme, bei denen informations- und softwaretechnische mit mechanischen Komponenten verbunden sind, wobei Datentransfer und -austausch sowie Kontrolle bzw. Steuerung über ein Netzwerk wie das Internet in Echtzeit erfolgen. Wesentliche Bestandteile sind mobile und bewegliche Einrichtungen, Geräte und Maschinen (darunter auch Roboter), eingebettete Systeme und vernetzte Gegenstände (Internet der Dinge). Sensoren registrieren und verarbeiten Daten aus der physikalischen Welt, Aktoren (Antriebselemente) wirken auf die physikalische Welt ein, sodass z. B. Weichen gestellt, Schleusen geöffnet, Fenster und Türen geschlossen, Produktionsvorgänge begonnen, geändert und angehalten werden. Herausforderungen sind Standardisierung und Integration von Komponenten, Verifizierung von Systemen, Reduktion von Komplexität und Erhöhung der Sicherheit. Involvierte Wissenschaften und Disziplinen sind u. a. (Wirtschafts-) Informatik, Betriebswirtschaftslehre, Maschinenbau, Elektrotechnik und Robotik. In der Industrie 4.0 haben cyberphysische Systeme eine zentrale Funktion.

Zu den Anwendungsbereichen der Cyber-physical Systems gehören Produktion, Logistik, Mobilität, Energie, Umwelt und Verteidigung. Damit sind auch zentrale Themenfelder der Industrie 4.0 genannt. Eine Fahrzeugproduktion mit Prozesssteuerungs- und Automationssystemen und stationären oder mobilen Robotern (Smart Factory und Smart Production) spielt ebenso eine Rolle wie die Etablierung von Steuerungssystemen für den Zug-, Flug- und Autoverkehr. Smart Grid verbindet kleine und große Energieanbieter und unterschiedlichste -systeme. Dadurch sollen eine höhere Effizienz und eine bessere Effektivität in der Energieversorgung möglich sein. Vernetzte Umweltbeobachtungs- und Umweltbeeinflussungssysteme kontrollieren und manipulieren künstliche und natürliche Systeme, um Schaden von Mensch und Umwelt, verursacht etwa durch Erdbeben und Überschwemmungen, zu verhindern. Militärische Drohnen, die Teil des Unmanned Aerial System sind, zu dem noch die Bodenstation für Start, Landung und Betankung und die Station zur Steuerung und Überwachung des Flugs gehören, fliegen ferngesteuert oder (teil-)autonom und sind auf ständige Inputs aus Internet und Informationssystemen und auf hochwertige Sensoren angewiesen. Sie können wiederum Teil von komplexeren Verteidigungssystemen zur Luftraumüberwachung und Raketenabwehr sein.

Vorteilhaft bei Cyber-physical Systems, wie auch bei der Industrie 4.0, sind Anpassungs- und Wandlungsfähigkeit, Ressourceneffizienz, Verbesserung der Ergonomie und Erhöhung von (bestimmten Formen der) Sicherheit. Nachteilig ist, dass die komplexen Strukturen hochgradig anfällig sind und interne und externe Abhängigkeiten erzeugen. Autonome Systeme können sich falsch entscheiden, entweder weil sie unpassende Regeln befolgen oder Situationen und Vorgänge unkorrekt interpretieren. Mobile Roboter können Menschen verletzen und Unfälle verursachen, was die Soziale Robotik zusammen mit anderen Disziplinen allerdings verhindern soll. Eingebettete vernetzte Systeme hängen von aktuellen Daten und korrekten Informationen ebenso ab wie von einer funktionierenden Stromversorgung. Die Informationsethik untersucht das mögliche Versagen der cyberphysischen Systeme, etwa ihre feindliche Übernahme und ihren selbstverschuldeten Ausfall, in moralischer Beziehung, die Maschinenethik versucht die Entscheidungen der (teil-)autonomen Systeme in moralischer Hinsicht zu verbessern.

Cybersecurity

Cybersecurity oder IT-Sicherheit ist der Schutz von Netzwerken, Computersystemen, cyberphysischen Systemen und Robotern vor Diebstahl oder Beschädigung ihrer Hard- und Software oder der von ihnen verarbeiteten Daten sowie vor Unterbrechung oder Missbrauch der angebotenen Dienste und Funktionen. Bei den Daten handelt es sich sowohl um persönliche als auch um betriebliche (die wiederum persönliche sein können). Insgesamt richtet sich Cybersecurity häufig (aber nicht nur) gegen Cyberkriminalität. Zu Schutzmaßnahmen berät das Bundesamt für Sicherheit in der Informationstechnik (BSI) über die Plattformen „BSI für Bürger" und „Allianz für Cyber-Sicherheit" (für Unternehmen und Organisationen).

Die Omnipräsenz von WLAN und von intelligenten Geräten wie Smartphones, Lautsprechersäulen und Wearables, die Vernetzung von Geräten und Systemen, nicht zuletzt im Kontext des Internets der Dinge und von Cloud Computing, sowie die Verbreitung von Servicerobotern, sozialen Robotern und KI-Systemen, die mit Menschen und Maschinen interagieren und kommunizieren, machen Cybersecurity zum Thema und zum Gebot der Stunde, in gewisser Weise aber auch zu einem Kampf gegen Windmühlen. IT-Konzepte, -Richtlinien und -Maßnahmen sowie spezielle Soft- und Hardware helfen dabei, Systeme und Daten zu schützen. Im Fokus ist der unerwünschte bzw. unerlaubte physische Zugriff auf die Hardware sowie der Zugriff auf Hard- und Software über Netzwerke und Schadsoftware durch Hacker und andere Beauftragte bzw. Unbefugte.

Hacker dringen meist über Netzwerke in Computer ein, um zu spielen und zu experimentieren, auf Schwachstellen hinzuweisen, Daten abzuziehen und Informationen einzusehen oder Systeme, Geräte und Fahrzeuge zu übernehmen. Zu unterscheiden ist zwischen White-Hat-, Grey-Hat- und Black-Hat-Hackern. Die White-Hats wollen aufzeigen, vornehmlich zum Vorteil von Unternehmen und Kunden, dass es keine hundertprozentige Sicherheit in Netzen und bei Computern gibt. Sie dienen der Cybersecurity mehr oder weniger direkt. Die Grey-Hats möchten nicht nur ihre Vorstellung von Informationsfreiheit (Informationszugangsfreiheit) verbreiten, sondern diese so stark wie möglich ausweiten, selbst wenn sie die Freiheit von anderen verletzen. Die Black-Hats (Cracker) besitzen kriminelle Energie. Sie suchen und finden ebenfalls Sicherheitslücken, wollen diese aber bewusst ausnutzen und dabei fremde Systeme einnehmen und beschädigen sowie Daten entwenden. Sie operieren oft im Auftrag von Unternehmen und Regierungen.

Zu den größten Herausforderungen gehört das Fehlen weltweit tätiger, zentraler Einrichtungen für Cybersecurity und weltweit gültiger Absprachen und Regelungen, um Cyberkriminalität zu erkennen und zu bekämpfen sowie Cyberresilienz (Widerstandsfähigkeit und Belastbarkeit der IT-Systeme und -Strukturen) hervorzubringen. Im Zusammenhang mit der Datenschutz-Grundverordnung (DSGVO) sind neue Dokumentations- und Meldepflichten zu erfüllen, etwa in Hinsicht auf Datenschutzverletzungen. Die Informationsethik nimmt sich der moralischen Aspekte des Datenschutzes an, beispielsweise in der Beschäftigung mit der informationellen Autonomie und der Privatsphäre. Sie schärft den Blick für die Bedeutung von IT-Sicherheit für Kunden, Konsumenten und Personen überhaupt, auch in Bezug auf Vertrauen und Verantwortung. Die Wirtschaftsethik kümmert sich um moralische Fragen der Cyberkriminalität, die sich auf Staaten und Unternehmen richtet oder von diesen ausgeht, und der Cybersecurity als Grundlage für eine funktionierende, stabile Volkswirtschaft.

Von totalitären Staaten wird der Begriff der Cyberkriminalität missbraucht, um legitime (aber für illegal erklärte) Aktivitäten zu bekämpfen. Dies zeigt nebenbei, dass Kriminalität und Immoralität nicht in eins gesetzt werden dürfen. Cybersecurity kann im Extremfall eine unselige Rolle spielen, insofern etwa die Arbeit von Menschenrechtsaktivisten behindert oder verunmöglicht wird. Die Sicherheit, die hergestellt wird, ist diejenige der unterdrückenden Personen und Parteien.

Cybersex

Cybersex ist eine Form von Sex, die im virtuellen Raum stattfindet, beispielsweise in Chaträumen und Spielwelten. Man erregt sich gegenseitig über die Sprache (bei gesprochener Sprache auch über die Stimme) oder – mithilfe von Avataren, von Fotos, Videos und anderem selbsterstelltem oder ausgewähltem Cyberpornmaterial – über das Aussehen. Auch Ein- und Ausgabegeräte (Datenhandschuhe und -helme, Vibrationsunterwäsche, Teledildos sowie die Erzeugnisse von 3D-Druckern), Sexroboter und weitere technische Hilfsmittel werden zur Darstellung bzw. Betrachtung und Stimulation des eigenen und fremden Körpers eingesetzt. Informations- und Sexualethik gehen beim Cybersex eine Liaison ein; u. a. interessiert, wie Informations- und Kommunikationstechnologien ein lustvolles Leben unterstützen oder behindern können.

Cyberwar

Cyberwar ist Krieg oder Kampf über Informations- und Kommunikationstechnologien in der virtuellen oder auch – bei einem weiten Begriff – realen Welt. Es gehören Cyberattacken dazu, die teilweise von Hackern ausgeführt und zur Cyberkriminalität gezählt werden, welche ein Untersuchungsobjekt der Informationsethik ist, und Angriffe mit (teil-)autonomen Kampfrobotern und Drohnen, ein Gegenstand der Maschinenethik. Alle Formen des Cyberkriegs können vom Militär ausgehen und von der Militärethik behandelt werden.

Cyborg

Ein Cyborg (von engl. „cybernetic organism") ist ein Lebewesen, das technisch ergänzt oder erweitert ist. Damit ist er (wenn man zunächst tierische Cyborgs ausspart) eine Ausprägung des Human Enhancement. Dieses dient der Vermehrung menschlicher Möglichkeiten und der Steigerung menschlicher Leistungsfähigkeit und damit – aus Sicht der Betroffenen und Anhänger – der Verbesserung und Optimierung des Menschen. Ein verwandtes Phänomen ist Biohacking, speziell Bodyhacking.

Es gibt, wie angedeutet, sowohl menschliche als auch tierische Cyborgs. Die Bewegung des Transhumanismus, von der in diesem Zusammenhang häufig die Rede ist, propagiert die selbstbestimmte Weiterentwicklung des Menschen oder die fremdbestimmte Weiterentwicklung von Tieren in die Richtung verständiger, quasi halbmenschlicher Wesen mithilfe wissenschaftlicher und technischer Mittel. Cyborgs sind ein Topos in Science-Fiction-Büchern und -Filmen.

Bei einem weiten Begriff ist bereits ein Mensch mit einem Pullover oder einem Rock ein Cyborg. Daneben können Brille und Uhr zu dieser Benennung führen, nicht erst in ihrer smarten Variante. Weitgehend einig ist man sich im Falle von medizinischen und nichtmedizinischen Implantaten, Hightechprothesen und Exoskeletten. Im Kontext des Human Enhancement kann man in Verfahren einteilen, die auf die körperliche und die geistige Erweiterung abzielen, wobei nicht immer eine klare Abgrenzung möglich ist. Zu unterscheiden ist zudem zwischen bestehenden, sich entwickelnden und geplanten Technologien sowie zwischen restaurativen, therapeutischen und nichttherapeutischen Methoden. Bei menschlichen Cyborgs sollen Schwächen ausgeglichen und Stärken hinzugewonnen werden, was nicht nur ihrem eigenen Wunsch, sondern auch dem der Wirtschaft entsprechen mag. Im Kontext des Animal Enhancement geht es um die Unterstützung von Tieren, vor allem wenn diese Gebrechen haben, und um ihre Nutzung, etwa in der Landwirtschaft.

An der Entwicklung von Cyborgs sind u. a. Künstliche Intelligenz (KI), Robotik und Informatik beteiligt. Sie lassen sich von Science-Fiction visuell und funktionell inspirieren. Die Medizin ist bei immersiven Eingriffen gefragt. Mehrere Bereichsethiken behandeln Chancen und Risiken von Human und Animal Enhancement in moralischer Hinsicht. In der Informationsethik interessiert, ob durch die (Nicht-)Verfügbarkeit von Optionen die (Informations-)Gerechtigkeit infrage gestellt und ob durch die Integration von Chips und die Verwendung von Hightechprothesen die Autonomie des Menschen eingeschränkt oder erweitert wird. Die Technikethik reflektiert die Positionen des Transhumanismus und dessen Postulate einer Transformation. In der Wirtschaftsethik ist der Cyborg als Arbeitnehmer (oder Kunde) relevant, in seinen Möglichkeiten und Abhängigkeiten. Diskutiert wird, ob man in der Produktion oder in der Zustellung jemanden dazu zwingen kann oder soll, Exoskelette respektive Datenbrillen zu tragen. Die Maschinenethik untersucht, ob die technischen Verstärkungen von Organismen selbst moralische Entscheidungen treffen können und müssen. Die Tierethik fragt schließlich, ob wir Tiere verbessern müssen und dürfen und wann gegen deren Interessen und Rechte verstoßen wird.

D

Datenbank

Eine Datenbank dient der Datenspeicherung und -verwaltung. Sie besteht aus dem Datenbankmanagementsystem und der Datenbank im engeren Sinne (der Datenbasis). Bei vielen betrieblichen und organisationalen Anwendungen sind relationale Datenbanken elementar, beispielsweise zur Sammlung, Ordnung und Analyse von Mitarbeiter- und Kundendaten. Fachdatenbanken enthalten bibliografische Hinweise oder Volltexte wie elektronische Artikel und Bücher.

Die ABOT-Datenbank gibt eine Übersicht über soziale Roboter. Dazu gehören neben bekannten wie Pepper (Frankreich/Japan), Zeno (Hongkong) und ASIMO (Japan) auch weniger bekannte wie Jia (China), CB2 (Japan) und iCub (Italien). Auf der Website www.abotdatabase.info heißt es: „The ABOT (Anthropomorphic roBOT) Database is a collection of real-world anthropomorphic robots that have been created for research or commercial purposes. Currently, our core collection features more than 250 robots.“

O. Bendel, *300 Keywords Soziale Robotik*,
https://doi.org/10.1007/978-3-658-34833-5_4

Datenethik

Wie die Algorithmenethik ist die Datenethik keine etablierte Bereichsethik. Ihr Thema kann im Prinzip in der Informationsethik erforscht werden. Der Begriff der Ethik zielt hier also weniger auf eine Disziplin, eher auf ein Arbeitsgebiet bzw. eine Einordnungsmöglichkeit. Der Fokus liegt auf Anwendungen von Small und Big Data und auf der Datensicherheit. Viel diskutiert wird die Frage, ob man persönliche Daten, z. B. zu Erkrankungen, zur Verfügung stellen muss, um der Allgemeinheit zu helfen, etwa durch die Bekämpfung von Krankheiten. Die einen sehen hier das individuelle Interesse als wichtiger an („Meine Daten gehören mir!"), die anderen das öffentliche.

Datenschutz

Datenschutz ist u. a. der Schutz individueller, privater Daten und Informationen vor Unbefugten oder der Allgemeinheit bzw. das entsprechende Fachgebiet. Die betreffenden Personen sollen vor Indiskretionen und Benachteiligungen und damit in ihrem Persönlichkeitsrecht geschützt werden. Mit dem Datenschutz hängt die Datensicherheit zusammen.

Soziale Roboter werfen hinsichtlich des Datenschutzes erhebliche Probleme auf. Sie sind oft mit Gesichts-, Sprach- und Stimmerkennung ausgestattet. Zudem sind sie in der Nähe von Menschen und bauen mit ihnen eine Beziehung auf. Dadurch fällt es ihnen leicht, persönliche (auch kritische) Daten über einen größeren Zeitraum zu erheben und zu verarbeiten bzw. weiterzugeben.

Die Informationsethik nimmt sich der moralischen Aspekte des Datenschutzes an, beispielsweise in der Beschäftigung mit der Privat- und Intimsphäre und der informationellen Autonomie. Die Roboterethik untersucht speziell die moralischen Implikationen des Einsatzes von „aufdringlichen" sozialen Robotern und Servicerobotern.

Datenschutz-Grundverordnung

Die Datenschutz-Grundverordnung (DSGVO) von 2016 (Inkrafttreten) bzw. 2018 (Anwendung) vereinheitlicht die Regeln zur Verarbeitung personenbezogener Daten durch Unternehmen, Behörden und Vereine, die innerhalb der Europäischen Union einen Sitz haben. Die englische Entsprechung des Begriffs ist „General Data Protection Regulation (GDPR)“, die offizielle Bezeichnung „Verordnung des Europäischen Parlaments und des Rates zum Schutz natürlicher Personen bei der Verarbeitung personenbezogener Daten, zum freien Datenverkehr und zur Aufhebung der Richtlinie 95/46/EG“. Der Umgang mit Kunden- und Mitarbeiterdaten, Daten von Bürgern etc. wird im Zusammenhang mit dem Datenschutz in elf Kapiteln mit insgesamt 99 Artikeln geklärt.

Die Verordnung gilt in allen Mitgliedstaaten und hat Auswirkungen auf weitere Länder und ihre privaten und öffentlichen Einrichtungen. Es sind technische, wirtschaftliche, gesellschaftliche und individuelle Aspekte vorhanden. Es herrschen technikneutrale Regelungen vor, die soziale Medien und künstliche Intelligenz zu erfassen vermögen. Das Recht auf Vergessenwerden wird formuliert, also auf eine Löschung von (Zugängen zu) persönlichen Informationen, ebenso ein Recht auf Informationsfreiheit (Informationszugangsfreiheit) und Datenübertragbarkeit (Datenportabilität). Verankert sind Prinzipien wie Privacy by Design (der Schutz der Daten wird schon bei der Gestaltung der Systeme berücksichtigt) und Privacy by Default (der Schutz der Daten ist der Normalfall, wobei der Benutzer ihn unter Umständen selbst durch Anpassung der Dienste oder Geräte abschwächen kann).

Die Datenschutz-Grundverordnung reagierte spät auf Herausforderungen des Internetzeitalters und auf Entwicklungen wie die künstliche Intelligenz (mit Ansätzen wie Deep Learning, bei denen Big Data eine Rolle spielt). Allerdings waren wichtige Vorgaben und Vorschläge bereits im bisherigen deutschen Bundesdatenschutzgesetz (BDSG) und in der Richtlinie 95/46/EG vorhanden. Die DSGVO ist relevant für diejenigen, die personenbezogene Daten erheben und verarbeiten, beispielsweise für Inhaber von Blogs und Websites, die die

Besucher analysieren, Kommentare zulassen und veröffentlichen und Social-Media-Buttons verwenden, oder für Betreiber von Servicerobotern und sozialen Robotern. Konzepte wie Recht auf Vergessenwerden, Informationsfreiheit und informationelle Selbstbestimmung können auch ethisch gedeutet werden. So ist „informationelle Autonomie" ein zentraler Begriff der Informationsethik. Neben der Informationsethik ist die Wirtschaftsethik gefragt.

Digitalkapitalismus

Der Digitalkapitalismus (der digitale Kapitalismus) baut auf digitalen Geschäftsmodellen auf und macht Gewinn mit den Daten der Benutzer, häufig ohne Rücksicht auf Verluste. Der Überwachungskapitalismus ist sozusagen sein ständiger Begleiter oder sein zweites Gesicht.

Digital Natives

Mit „Digital Natives" wird die Generation bezeichnet, deren Vertreter als erste mit Computern, Internet und Videospielen aufgewachsen sind und für die die vernetzte und die mobile Kommunikation eine Selbstverständlichkeit darstellen (Generation Y). Außerhalb dieser Welt befinden sich die sogenannten Digital Immigrants, die sich den Umgang mit neuen Medien im Laufe ihres (Erwachsenen-) Lebens haben aneignen müssen und die kaum jemals ihren vordigitalen Akzent ablegen können. Beide Begriffe wurden 2001 von Marc Prensky geprägt, der für einen anderen Unterricht für die neuen Lernenden plädierte. Inzwischen nimmt man sie in manchen Kreisen als pauschalisierend und unpräzise wahr.

Digitale Forensik

Die digitale Forensik (IT-Forensik) ist ein Bereich der Forensik, der verdächtige Begebenheiten und begangene Straftaten im Zusammenhang mit Informations- und Kommunikationstechnologien und IT-Systemen untersucht und bewertet. Der Begriff der Computerforensik wird synonym oder als Bezeichnung eines Teilbereichs verstanden.

Digitale Selbstverteidigung

Digitale Selbstverteidigung ist die Selbstverteidigung mit elektronischen oder anderen Mitteln im virtuellen oder im privaten, halböffentlichen oder öffentlichen Raum, in dem digitale Angriffe bzw. Übergriffe durch Privatpersonen, die Wirtschaft oder den Staat stattfinden. Sie hängt eng zusammen mit dem digitalen Ungehorsam und der informationellen Notwehr. Derjenige, der sich in dieser Weise verhält, kann als Aktivist oder Cyberaktivist gelten. Auch als Netzbürger kann er sich bezeichnen, wobei er die Bürgerrechte in den Vordergrund stellt.

Der Begriff der digitalen Selbstverteidigung wird von Organisationen wie Digitale Gesellschaft e. V. und Digitalcourage e. V. benutzt. Sie beziehen sich vor allem auf den virtuellen Raum, den dortigen Verlust der Datenhoheit und der Privatsphäre, und schlagen Anonymisierung, Verschlüsselung oder Offenlegung des Quellcodes vor. Daneben kann man Selbstverteidigung z. B. gegen Überwachungskameras und Serviceroboter einsetzen. Man schminkt und verkleidet sich so, dass Gesichtserkennungssysteme kapitulieren (Camouflage), oder trägt spezielle Apparate, die Aufnahmen aller Art stören.

Der digitale Ungehorsam ist eine Form des zivilen Ungehorsams und gehört zum Widerstand des Netzbürgers und der Netzbürgerin. Es geht darum, sich Überwachungsstaat, -industrie und -gesellschaft zu entziehen und informationelle Autonomie zu bewahren. Man verweigert die Abnahme von digitalen Fingerabdrücken in Luxushotels oder für Personalausweise, die Nutzung von elektronischen Kundenkarten in Supermärkten und die Herausgabe von Realnamen und Telefonnummern an Social Networks. Zudem prangert man die Zustände öffentlich an.

Die informationelle Notwehr entspringt dem digitalen Ungehorsam oder stellt eine eigenständige Handlung im Affekt dar und dient der Wahrung der informationellen Autonomie und der digitalen Identität. Beispielsweise reißt man Personen, die einem entgegenkommen, die Datenbrille herunter, weil man aufgenommen werden könnte, man hält Autos an, von deren Kameras und Sensoren man erfasst worden ist, und fordert zur Datenlöschung auf, man klebt die Kameras sozialer Roboter zu, die einem gegenüberstehen, oder man holt Fotodrohnen vom Himmel, ohne dabei sich oder andere zu gefährden.

Die digitale Selbstverteidigung wird, zusammen mit dem digitalen Ungehorsam und der informationellen Notwehr, zur Überlebensstrategie im Informationszeitalter. Sie hilft dabei, sich freier zu fühlen und weniger erpressbar zu machen. Die Informationsethik untersucht, begründet und hinterfragt die Haltung des Aktivisten und Cyberaktivisten sowie das Ungleichgewicht der Angreifer und Verteidiger in diesem Zusammenhang und schafft Ansatzpunkte für Rechtsethik und Rechtswissenschaft.

Digitaler Graben

Der digitale Graben verläuft zwischen den schwach und stark vernetzten und computerisierten Ländern, aber ebenso innerhalb der Informationsgesellschaft, und trennt diejenigen, die Zugang zum Internet, zu Onlinediensten, zu Kommunikationswerkzeugen und zu Servicerobotern oder sozialen Robotern haben, von denjenigen, die ihn nicht haben oder wollen. Man spricht daneben von digitaler Kluft (engl. „digital gap“) und digitaler Spaltung (engl. „digital divide“), Rainer Kuhlen auch von informationeller Asymmetrie. Auf beiden Seiten des digitalen Grabens können Chancen und Risiken ausgemacht werden, wobei nicht verkannt werden darf, dass Informations- und Kommunikationstechnologien und technische Systeme nicht zuletzt Herrschaftsinstrumente sind und der digitale Graben in der Tendenz dem Gerechtigkeitsprinzip widerspricht. Eine besondere Frage ist, ob bestimmte Männer einen digitalen Graben errichten, indem sie bestimmte Frauen im Netz ausgrenzen, angreifen und bloßstellen. Die Hashtags #aufschrei und #MeToo wandten sich gegen sexuelle Belästigung nicht nur in der Offline-, sondern auch in der Onlinewelt. Die Informationsethik widmet sich in diesem Kontext etwa der Informationsgerechtigkeit und -macht.

Digitaler Ungehorsam

Der digitale Ungehorsam ist eine Form des zivilen Ungehorsams und gehört zum Widerstand nicht allein des Netzbürgers. Es geht darum, sich Überwachungsstaat, -industrie und -gesellschaft zu entziehen und informationelle Autonomie zu bewahren. Man verweigert die Abnahme von digitalen Fingerabdrücken in Luxushotels, die Nutzung von elektronischen Kundenkarten in Supermärkten und die Herausgabe von Klarnamen an Social Networks und bekämpft mithilfe von Falschinformationen, Blocking- und Verschlüsselungssoftware den digitalen Totalitarismus. Die informationelle Notwehr entspringt dem digitalen Ungehorsam oder stellt eine eigenständige Handlung im Affekt dar. Die digitale Selbstverteidigung umfasst ganz unterschiedliche Methoden für den Kampf im virtuellen und realen Raum. Dem digitalen Ungehorsam widmet sich auch die Informationsethik, wenn sie in ihrer normativen Ausprägung den mündigen Bürger und dessen Einsatz für die informationelle Selbstbestimmung definiert.

Digitalisierung

Der Begriff der Digitalisierung hat mehrere Bedeutungen. Er kann auf die digitale Umwandlung und Darstellung bzw. Durchführung von Information und Kommunikation oder die digitale Modifikation von Instrumenten, Geräten und Fahrzeugen ebenso zielen wie auf die digitale Revolution, die auch als dritte Revolution bekannt ist. Im letzteren Kontext, der im vorliegenden Beitrag behandelt wird, werden nicht zuletzt „Informationszeitalter“ und „Computerisierung“

genannt. Während im 20. Jahrhundert die Informationstechnologie (IT) vor allem der Automatisierung und Optimierung diente, Privathaushalt und Arbeitsplatz modernisiert, Computernetze geschaffen und Softwareprodukte wie Office-Programme und Enterprise-Resource-Planning-Systeme eingeführt wurden, stehen seit Anfang des 21. Jahrhunderts disruptive Technologien und innovative Geschäftsmodelle sowie Autonomisierung, Flexibilisierung und Individualisierung in der Digitalisierung im Vordergrund. Diese hat eine neue Richtung genommen und mündet in die vierte industrielle Revolution, die wiederum mit dem Begriff der Industrie 4.0 (auch „Enterprise 4.0“) und mit einem sehr weit verstandenen Begriff der Digitalisierung (auch „digitale Wende“, „digitaler Wandel“, „digitale Transformation“ etc.) verbunden wird.

Die Digitalisierung hat zu verschiedenen Umwälzungen geführt, angefangen von der Umdeutung des Begriffs der Güter und der Werke und der Vereinfachung von Kopier- und Distributionsmöglichkeiten über die Veränderung der Arbeitswelt bis hin zur Verschmelzung von Virtualität und Realität. Es wurden ganze Unternehmen und Branchen umgeformt. Spezialisierte Plattformen verdrängen traditionelle Player, obwohl sie keine eigenen Gerätschaften, Fahrzeuge oder Immobilien besitzen. Die Betreiber sozialer Netzwerke erstellen keine bzw. kaum eigene Inhalte. Der User-generated Content wird zur Analyse genutzt, auf der wiederum die Personalisierung (auch von Werbung) beruht. Mit der Industrie 4.0 und ihrer Smart Factory setzen sich beispiellose Robotertypen und Prozessketten durch und werden Entwicklungen wie das Internet der Dinge und der 3D-Druck gefördert. Künstliche Intelligenz, Big Data und Cloud Computing erlauben vorher nicht gekannte Aktivitäten und Analysen. Neue Ein- und Ausgabegeräte und neue Verfahren wie die Datenbrille bzw. die Virtual-Reality-Brille und die Gestensteuerung transformieren Büroraum und Werkbank sowie den Bereich der Unterhaltung.

Die Digitalisierung wird diskutiert und kritisiert, und insbesondere die nächste Entwicklungsstufe, die sie ermöglicht, ist in Gesellschaft, Wirtschaft und Politik umstritten. Die Bereichsethiken können die bei der Digitalisierung entstehenden moralischen Probleme – etwa in Bezug auf die Industrie 4.0 – reflektieren, allen voran Technik-,

Informations- und Wirtschaftsethik. Technik- und Informationsethik fragen nach dem Zugewinn und dem Verlust der persönlichen und informationellen Autonomie und nach der Abhängigkeit der Kunden von IT und IT-Unternehmen, die Teildisziplinen der Wirtschaftsethik nach der Verantwortung der Unternehmen (Unternehmensethik) bei der Datennutzung und bei Fertigungsprozessen gegenüber Benutzern und Mitarbeitern und nach der Verantwortung der Konsumenten digitaler Güter und Dienstleistungen (Konsumentenethik). Mit den Folgen befassen sich auch Rechtswissenschaft, Medizin, Soziologie und Psychologie. Die Maschinenethik interessiert sich für die Möglichkeit moralischer Maschinen, die Regeln einhalten bzw. Fälle berücksichtigen und mit denen bestimmte Konsequenzen vermieden werden können. Vor dem Hintergrund, dass Arbeiter und Angestellte ihre Arbeit verlieren, weil Hard- und Softwareroboter diese günstiger und schneller (manchmal auch besser) verrichten, widmet man sich Ansätzen und Konzepten wie der Robotersteuer und dem bedingungslosen Grundeinkommen und denkt über Faktoren nach, die die soziale Gerechtigkeit und den gesellschaftlichen Zusammenhalt fördern.

Insgesamt lohnt es sich, den Begriff der Digitalisierung in seinem jeweiligen Kontext zu beleuchten und zu verstehen. Meint der Verfasser eines Beitrags die dritte industrielle Revolution oder die vierte, oder meint er beides zusammen? Ist für ihn die Digitalisierung die Basis der digitalen Wende, des digitalen Wandels und der digitalen Transformation oder mit diesen identisch? Natürlich ist es auch legitim, nach einer Vermeidung und Abschaffung des Begriffs zu rufen, wobei sich der Gebrauch von Sprache selten gezielt lenken lässt. Von einem Autor oder Referenten kann indes erwartet werden, dass er, sobald er das Wort ergreift, dieses erklärt, und von einem Leser oder Zuhörer, dass er es sozusagen übersetzen kann.

Disruptive Technologien

Disruptive Technologien (engl. „disrupt“: „zerstören“, „unterbrechen“) unterbrechen die Erfolgsserie etablierter Technologien und Verfahren und verdrängen oder ersetzen diese in mehr oder weniger kurzer

Zeit. Sie verändern auch Gewohnheiten im Privat- und Berufsleben. Oft sind sie zunächst qualitativ schlechter oder funktional spezieller, was mit ihrer Digitalisierung zusammenhängen kann, und gleichen sich dann nach und nach an ihre Vorgänger an bzw. übertreffen diese in bestimmten Aspekten. Das umstrittene Prinzip geht auf den amerikanischen Wirtschaftswissenschaftler und Geistlichen Clayton M. Christensen zurück, der nach Ursachen für das Scheitern von Unternehmen suchte.

Kompressionsformate wie MP3, Geräte wie Digitalkameras, Flachbildfernseher, Smartphones und 3D-Drucker sowie Innovationen wie Kryptowährungen sind Beispiele für disruptive Technologien. Diese zeigen auch, dass Zufälle und Misserfolge die Startphase bestimmen mögen. MP3 war eigentlich für den Austausch von Daten zwischen Radiostudios gedacht. Der Durchbruch kam mit dem WWW und der illegalen Verbreitung einer Software. Digitalkameras lieferten über Jahre eine mäßige Bildqualität, konnten ihre Nachteile aber früh durch Vorteile kompensieren, etwa die schnelle Nutzbar- und Verbreitbarkeit und die einfache Bearbeitbarkeit von Fotografien. Der 3D-Druck, lange Zeit nur in Nischen von Bedeutung, erlebte einen beachtlichen Aufschwung durch günstige, handliche Systeme für den Privathaushalt und den Einsatz in Büros und Fabriken.

Der Begriff der disruptiven Technologien erscheint diffus und tendenziös. Man kann ihm alle möglichen Phänomene zurechnen und Unternehmen, die auf kontinuierliche Technologien setzen, mangelnde Innovationskraft vorwerfen. Einerseits erweisen sich einige disruptive Technologien als überschätzt, andererseits fegen manche selbst bewährte Technologien vom Markt, ohne dass diese eine Chance auf eine Rückkehr haben, von Nebenschauplätzen abgesehen, und sind Teil völlig neuer Geschäftsmodelle, etwa bei sozialen Netzwerken, bei Plattformen und Portalen oder in der Industrie 4.0. Die Informationsethik widmet sich den Chancen und Risiken disruptiver Technologien für die Informationsgesellschaft, die Wirtschaftsethik den Konsequenzen für Staat, Unternehmen, Mitarbeiter und Kunden.

Diversity

Mit dem Ansatz der Diversity, im Deutschen auch Diversität genannt, versucht man Vielfalt zu erkennen und zu fördern, Benachteiligung zu vermindern und Chancengleichheit zu erreichen. Er ist eng verbunden mit der Inclusion (Inklusion), der Einbeziehung von Personen.

Berücksichtigt werden ethnische, politische, kulturelle, weltanschauliche, altersbezogene, sexuelle, soziale, geistige und körperliche Aspekte. Ursprünglich standen die Bekämpfung von Rassismus und die Einbindung von People of Color (PoC) in den USA im Vordergrund. Die Gleichstellung von Frauen in der westlichen Welt wurde zu einem weiteren wesentlichen Bereich.

Auch bei Robotern versucht man Diversity abzubilden. So haben manche Firmen verschiedene Varianten im Angebot, männliche, weibliche und neutrale, schwarze und weiße. Bereits früher war dies bei Puppen der Fall, etwa Barbie und Ken von Mattel. Bei Liebespuppen und Sexrobotern wird ebenfalls eine enorme Vielfalt abgebildet, wobei einige Hersteller vorsichtig mit schwarzen Modellen sind.

DNA of Things

Beim Verfahren der DNA of Things (DoT) speichern DNA-Moleküle beliebige Daten. Die Moleküle befinden sich in winzigen Kügelchen aus Silikagel, die in unterschiedliche Materialien und Produkte eingebracht werden können. Wie bei 3D-Codes, einem optischen Ansatz, ist im Prinzip eine hohe Speicherkapazität umsetzbar, und es entsteht ein unveränderlicher Speicher. Das Verfahren wurde von Forschern der ETH Zürich und des Erlich Lab LLC in Israel entwickelt. Bei denkenden oder intelligenten Dingen, die das Internet der Dinge (IoT) bzw. das Internet of Bodies (IoB) bilden, werden Computerchips oder 1D- und 2D-Codes (etwa QR-Codes) verwendet, die in geeigneter Weise integriert bzw. appliziert werden müssen. Das DoT-Framework schafft die Möglichkeit, Objekte mit Daten anzureichern, ohne dass physikalische Grenzen in Sicht sind.

Die Forscher haben mehrere Beispiele für eine Verwendung der DNA of Things aufgezeigt. So haben sie einem Plastikhasen, der mit einem 3D-Drucker hergestellt wurde, seinen eigenen Bauplan mitgegeben. Wenn man diesen mit einem entsprechenden System ausliest, lässt sich der gleiche Hase wieder ausdrucken. Im Glas einer Brille wurde ein Video gespeichert. Genauso könnte man darin Angaben zum Schliff und zur Beschichtung oder zum Träger finden. Die Forscher weisen darauf hin, dass nicht nur Daten in Alltagsgegenständen, sondern auch elektronische Gesundheitsakten in medizinischen Implantaten versteckt werden können. Zudem könne die Entwicklung von selbstreplizierenden Maschinen erleichtert werden, was die Vision von Forschungsrobotern, Servicerobotern und sozialen Robotern nährt, die sich auf fremden Planeten reproduzieren.

Das Verfahren der DNA of Things ermöglicht zahlreiche technische und wirtschaftliche Anwendungen. Ähnlich wie das Internet der Dinge mit seinen denkenden Dingen und wie im Bereich des Mobile Tagging vermag es physische Objekte mit Daten anzureichern. Dadurch kann man sie eindeutig identifizieren, man kann sie mit (Meta-)Daten zu sich selbst oder zu anderen physischen Dingen versehen, sodass eine Nachverfolgung oder ein Nachbau möglich und eine Beziehung zwischen ihnen deutlich wird. Selbst für Lebewesen scheint das Verfahren geeignet zu sein, und es könnte wiederum dazu dienen, diese eindeutig identifizierbar zu machen. Insgesamt stellen sich zahlreiche Fragen aus Sicht von Umwelt-, Wirtschafts- und Informationsethik (etwa zur informationellen Autonomie) sowie aus rechtlicher Perspektive (etwa zum Urheberrecht).

3D-Drucker

3D-Drucker ermöglichen das „Ausdrucken" von Gegenständen aller Art. Typische Ausgangsmaterialien sind Kunststoff, Metall und Gips, als Pulver, Granulat und am Stück (etwa in Form eines Kunststoffkabels oder von Metallfolie) oder aber in flüssiger Form.

Es wird Schicht um Schicht aufgetragen und getrocknet, geklebt oder geschmolzen. Der Aufbau der Objekte benötigt eine gewisse Zeit, im Extremfall bis zu mehreren Stunden oder Tagen.

3D-Drucker sind auf dem Massenmarkt in allen Preisklassen erhältlich. Sie erlauben zum einen die private Herstellung von Objekten aller Art, zum anderen die Just-in-time-Produktion von einzelnen Werkzeugen und Geräteteilen oder die Massenproduktion vor Ort.

In der Sozialen Robotik führt der 3D-Druck zu einer schnellen Fertigung von Komponenten, unter Berücksichtigung von individuellen Kundenwünschen in Bezug auf Form, Farbe und Oberflächenbeschaffenheit. Auch Ersatzteile können dadurch schnell bereitgestellt werden.

Drohne

Eine Drohne ist ein unbemanntes Luft- oder Unterwasserfahrzeug, das entweder von Menschen ferngesteuert oder von einem integrierten oder ausgelagerten Computer gesteuert und damit teil- oder vollautonom wird. Im Englischen spricht man von „drone“, im Falle der Flugdrohne, auf die im Folgenden fokussiert wird, auch von Unmanned Aerial Vehicle (UAV). Man unterscheidet den militärischen, politischen, journalistischen, wissenschaftlichen, wirtschaftlichen sowie privaten, persönlichen Einsatz. Gröber kann man zwischen militärischer und ziviler Nutzung differenzieren. Drohnen sind als singuläre Maschinen unterwegs, lediglich mit einer Kontrolleinheit verbunden, oder Teil eines komplexeren Systems, wie im Kriegswesen, wo das Unmanned Combat Aerial Vehicle (UCAV) zum Unmanned Aerial System (UAS) gehört, oder in der Landwirtschaft, wo das Fluggerät mit dem Mähdrescher kooperiert, um Tierleid, Schneidwerkverunreinigungen und Maschinenschäden zu verhindern.

Die privat oder wirtschaftlich genutzte Drohne wird mit dem Smartphone oder einer Fernbedienung gelenkt. Sie besitzt häufig eine Kamera für Stand- und Bewegtbilder. Mit deren Hilfe und im Zusammenspiel mit dem Display kann sie, anders als ein klassisches Modellflugzeug, relativ sicher außerhalb des Sichtbereichs geflogen werden. Ferner kann ein Mikrofon vorhanden sein, zum Zwecke der Sprachsteuerung, wobei die Fluggeräusche herausgefiltert werden müssen. Die Ausstattung umfasst Batterien oder Akkus, moderne Elektromotoren und Elektronikkomponenten bzw. Computertechnologien, zuweilen auch Stabilisierungssystem, WLAN-Komponenten und GPS-Modul, sodass man den Kurs über eine Karte vorgeben und von der Drohne abfliegen lassen kann. Weit verbreitet ist der Quadrokopter mit seinen vier Rotoren. Er kann in der Luft verharren und anspruchsvolle Manöver ausführen. Ferner sind Hexakopter mit sechs Rotoren auf dem Massenmarkt, zudem einfachere Hubschraubermodelle, die Modellflugzeugen ähneln.

Die Informationsethik interessiert sich dafür, ob die informationelle Autonomie eingeschränkt oder erweitert wird und welche Konsequenzen eine feindliche Übernahme der Drohne hat. In der Technikethik wird diese als Gerät in den Vordergrund gerückt und nach dessen Omnipräsenz und der Abhängigkeit von diesem gefragt. Die Abhängigkeit ist wiederum ein Thema der Informationsethik, vor allem wenn das Gerät als Computer und die Datenanalyse und -nutzung im Mittelpunkt stehen. Insofern sich die Maschinenethik teil- oder vollautonomen, intelligenten Systemen widmet, sind ihre Erkenntnisse in Bezug auf Drohnen relevant, wenn diese selbst Entscheidungen treffen und Handlungen vollziehen (wenn man diese Begriffe zulassen will) oder selbstständig Informationen filtern. Die Grundprobleme sind unabhängig von der Verbreitung vorhanden. Ein Erfolg wird freilich in weitere Herausforderungen münden, etwa wenn die Geräte miteinander und im Internet der Dinge kommunizieren und kooperieren, oder wenn der Druck, diese einzusetzen, hoch ist. Ferner gehören kriminelle und terroristische Aktivitäten zu den Risiken. Hinzuweisen ist aber auch auf die Chancen, die sich etwa bei der Zustellung in schwach besiedelten Gebieten und bei hohem Zeitdruck ergeben, wobei sowohl Privatleute als auch Unternehmen profitieren können.

E

E-Business

E-Business (Electronic Business) ist die Unterstützung von Geschäftsprozessen durch Informations- und Kommunikationstechnologien und Informationssysteme, etwa das Internet und mobile Technologien. E-Commerce, eine Ausprägung des elektronischen Markts, ist ein Teilaspekt davon; im Zentrum steht hier der Handel von Produkten und Dienstleistungen über elektronische Medien. Auch zu E-Business gezählt werden die Bereiche E-Learning, E-Government, E-Health, E-Finance, E-Logistics und Cloud Computing, um ein paar wenige Anwendungsfelder zu nennen.

Edge Computing

Edge Computing ist im Gegensatz zum Cloud Computing die dezentrale Verarbeitung von Daten. Diese findet sozusagen am Rand des Netzwerks statt, an der Edge (engl. „edge“: „Rand“, „Kante“, „Schwelle“). Performanz, Qualität und Sicherheit können sich ver-

O. Bendel, *300 Keywords Soziale Robotik*,
https://doi.org/10.1007/978-3-658-34833-5_5

bessern. Bei riesigen Datenmengen kommt Edge Computing allerdings an seine Grenzen.

Einhorn

Einhörner (Unicorns) sind Start-ups mit einer Marktbewertung von über einer Milliarde US-Dollar vor dem Börsengang oder einem Exit (also einem geplanten Ausstieg von Kapitalgebern aus einer Beteiligungsanlage). Der Begriff wurde 2013 von Aileen Lee in ihrem Artikel „Welcome To The Unicorn Club: Learning From Billion-Dollar Startups“ verwendet. Start-ups für soziale Roboter sind typischerweise keine Einhörner, was sich indes ändern kann.

Im Silicon Valley, in San Francisco und Los Angeles gibt es ebenso Einhörner wie in Peking oder Berlin. Die deutsche Hauptstadt zieht Start-ups offenbar an, und manche sind sehr erfolgreich. Einhörner sind häufig im IT-Bereich angesiedelt, frönen dem Plattformkapitalismus, sind der Idee der Sharing Economy zugewandt und setzen neuartige Modelle für E-Commerce um. Auch Datenspeicherung und -analyse sind wichtige Geschäftsfelder.

Der Begriff des Einhorns kann kritisiert werden, weil er erklärungsbedürftig und uneindeutig ist. So steht das Horn für die Milliarde US-Dollar, aber in der Realität handelt es sich zuweilen um einen viel höheren Betrag. Begriffe wie „decacorn“ („Zehnhorn“) sollen diesbezüglich mehr Klarheit und einen größeren Rahmen schaffen. Einhörner selbst stehen unter Beobachtung, weil manche von ihnen Branchen verändern bzw. vernichten und mit Daten von Benutzern auf nicht immer verantwortungsvolle Weise umgehen.

Elektro

Elektro oder Elektro the Moto-Man, im Original ein silberner Roboter, wurde zwischen 1937 und 1938 von der Westinghouse Electric Company (der späteren Westinghouse Electric Corporation) gebaut und 1939 auf der New Yorker Weltausstellung vorgestellt.

Bei einer Größe von 2,1 m und einem Gewicht von – je nach Quelle – 118 bis 120 kg zeigte Elektro laut Allison Marsh 26 verschiedene Talente und Tricks, darunter Gehen, Zählen, Singen, Rauchen von Zigaretten und Aufblasen von Luftballons.

Auch das Sprechen zählte dazu. Verwendet wurden dafür Schallplatten. Einer von Elektros Lieblingssprüchen war „Mein Gehirn ist größer als Ihres" – so notiert es die erwähnte amerikanische Journalistin und Wissenschaftlerin in einem Artikel. Der Roboter konnte insgesamt auf hunderte weitere Wörter zurückgreifen.

1940 tauchte Elektro erneut auf der berühmten Messe auf, dieses Mal zusammen mit Sparko, einem stattlichen Roboterhund, der bellen, sitzen und einen Menschen anbetteln konnte – und der ein wenig an AIBO von Sony erinnert, der 60 Jahre später das Licht der Welt erblickte.

Elektronische Person

Nach der Idee der elektronischen Person kann man bestimmte Roboter, bestimmte Drohnen, Softwareagenten oder andere Artefakte, die teilautonom oder autonom agieren können, im Zusammenhang mit dem Zivilrecht verklagen und haftbar machen. Die Artefakte können einen Schaden beispielsweise über ein Budget, das sie besitzen, oder einen Fonds, an den sie angeschlossen sind, begleichen.

Die Idee der elektronischen Person ähnelt in manchen Aspekten dem Konstrukt der juristischen Person, unterscheidet sich aber auch – so handelt es sich bei bestimmten Robotern und bei sämtlichen Drohnen um gegenständliche, sich bewegende Objekte. Zudem treffen autonome Systeme selbst Entscheidungen (wenn man diese Sprechweise zulassen will), während diese im klassischen Unternehmen von Menschen ausgehen.

Die Konsequenzen, die sich aus der Umsetzung ergeben würden, sind umstritten, etwa was die Rechte anbetrifft, wobei diese nach ethischer und rechtlicher Perspektive unterschieden werden sollten. Roboter können kaum moralische Rechte haben (dazu müssten sie empfinden oder leiden können, Bewusstsein als mentalen Zustand oder einen

Lebenswillen haben), wohl aber Rechte und Pflichten im juristischen Sinne.

ELIZA

ELIZA wurde 1966 von Joseph Weizenbaum entwickelt. Sie gilt als Vorläuferin von Chatbots und Sprachassistenten. Einerseits stellt sie auf der Basis von Aussagen des Benutzers dazu passende (Rück-)Fragen, andererseits formuliert sie diesem gegenüber, wenn sie Schlüsselwörter erkennt, Aussage- und Imperativsätze. Das Programm bestand den Turing-Test in der Weise, dass es von bestimmten Menschen als vollwertiger Gesprächspartner anerkannt und Vertrauen aufgebaut wurde. Weizenbaum war so erschrocken über diesen Umstand, dass er in der Folge zum Computerkritiker – oder Gesellschaftskritiker, wie er sich nannte – wurde.

Embodiment

Eine These aus der neueren Kognitionswissenschaft lautet, dass Bewusstsein und Intelligenz einen Körper benötigen. Man spricht hier von Embodiment (engl. „embodiment“: „Verkörperung“). Rolf Pfeifer ist einer der Pioniere in diesem Bereich. Er und seine Mitstreiterinnen und Mitstreiter verstehen den Körper des Roboters als notwendige Voraussetzung für die Intelligenz des Roboters. Roboy wurde als Anschauungsbeispiel für diese (kontrovers diskutierte) Auffassung von Rolf Pfeifer wesentlich mitentwickelt.

Emotionen

Emotionen sind Gefühle wie Freude, Trauer, Angst und Ekel, die Menschen haben und zeigen, und die soziale Roboter zeigen, aber nicht haben – und die diese bei Menschen erkennen und deuten können. Roboter wie Pepper können Emotionen ausdrücken und bis zu einem gewissen Grad feststellen (mit Hilfe von Gesichts- und Stimmerkennung). Zudem können Pepper und Cozmo eine ganze Bandbreite von Emotionen simulieren, unter Einsatz auditiver, visueller und physischer Mittel.

In zahlreichen Romanen und Filmen verlieben sich Menschen in soziale Roboter und Sprachassistenten, zuweilen auch (tatsächlich oder scheinbar) umgekehrt. Beispiele sind Theodore Twombly und Samantha („Her") oder Caleb und Ava („Ex Machina"). Zuweilen kommen sich Maschinen näher, wie WALL-E und EVE („WALL-E") oder Samantha und die anderen „Betriebssysteme". In der Wirklichkeit passiert es, dass sich Menschen in Liebespuppen und in Sexroboter wie Harmony verlieben.

In der Roboterethik kann das Zeigen von Emotionen bei sozialen Robotern als Betrug und Täuschung aufgefasst werden, aber genauso als wesentliches Element sozialer Beziehungen und Verhältnisse, ohne das soziale Roboter nicht sinnvoll auf sexuellem Gebiet oder in Anwendungsbereichen wie Bildung und Gesundheit eingesetzt werden können. Die Maschinenethik kann Empathie und Emotionen bei sozialen Robotern mitgestalten oder versuchen, die Illusion aufzubrechen.

Emotionserkennung

Emotionserkennung wird bei Robotern und KI-Systemen meist mit Hilfe von Gesichts- und Stimmerkennung durchgeführt. Hinzukommen kann Gestenerkennung. Bei der Gesichtserkennung wird Mimikerkennung eingesetzt. Die Mimik wird klassifiziert, und es wird versucht, sie den entsprechenden Emotionen zuzuordnen, etwa Angst oder Freude. Da Menschen nicht immer die Emotionen zeigen, die sie haben, hat diese Methode durchaus Grenzen. Im Rahmen der Stimmerkennung wird mit Blick auf Emotionserkennung die Stimme z. B. danach untersucht, welche Lautstärke und Tonhöhe sie hat und ob sie zittrig ist oder bricht.

Einige soziale Roboter beherrschen Emotionserkennung mit Hilfe von Gesichts- oder Stimmerkennung. Zu ihnen gehört Pepper, der im

Haushalt, im halböffentlichen und öffentlichen Bereich, im Gesundheitsbereich und im wirtschaftlichen Bereich zu finden ist. Es ergeben sich Fragen aus Informationsethik und Wirtschaftsethik heraus, etwa ob man die Emotionen von Kundinnen und Kunden analysieren darf. Ein besonderes Problemgebiet ist die Lügenerkennung. Auch hier werden Mimik, Gestik und Stimme genutzt, und es ist umstritten, ob entsprechende Systeme z. B. bei der Einreise eingesetzt werden sollten.

Empathie

Empathie ist Einfühlungsvermögen, Feinfühligkeit und Mitgefühl. Soziale Roboter können sie zeigen, aber nicht haben. Sie erkennen Probleme des Benutzers, sprechen ihm gut zu, loben und tadeln ihn. Auf seiner Seite kann wiederum Empathie für den sozialen Roboter entstehen, die freilich in gewisser Weise ins Leere läuft.

Seit 2013 wurden mehrere Chatbots wie GOODBOT und BESTBOT gebaut, die Probleme des Benutzers erkennen und Empathie zeigen. Sie stehen in der Tradition von ELIZA, können im Gegensatz zu ihr aber Hilfe anbieten und vermitteln. So eskalierte der GOODBOT auf mehreren Stufen und gab schließlich eine Notfallnummer heraus, wenn er an Grenzen stieß.

In der Roboterethik kann das Zeigen von Empathie und Emotionen bei sozialen Robotern als Betrug und Täuschung aufgefasst werden, aber genauso als wesentliches Element sozialer Beziehungen und Verhältnisse, ohne das soziale Roboter nicht sinnvoll in Anwendungsbereichen wie Bildung und Gesundheit eingesetzt werden können. Die Maschinenethik schafft moralische Maschinen, die Empathie mit moralischer Konnotation einsetzen.

Entscheidungsbaum

Entscheidungsbäume (engl. „decision trees“) dienen der Repräsentation von Entscheidungsregeln und werden u. a. in der Betriebswirtschaftslehre, der Informatik und der Künstlichen Intelligenz (KI) verwendet.

Sie besitzen Wurzelknoten sowie innere Knoten, die mit Entscheidungsmöglichkeiten verknüpft sind. Oft werden, ausgehend von einem beschriebenen Startpunkt, Fragen formuliert, auf welche die Antworten „ja" und „nein" (oder „wahr" und „falsch") lauten, wobei diese wiederum zu neuen Fragen führen, bis mehrere Optionen am Schluss erreicht werden. Als annotierte Entscheidungsbäume können Verzweigungsstrukturen mit zusätzlichen Informationen gelten, welche die Fragen herleiten und begründen.

Ab und zu benutzt werden Entscheidungsbäume für die Konzeption von moralischen Maschinen. Diese sind ein Gegenstand der Maschinenethik, die zwischen KI, Robotik, Informatik und Philosophie angesiedelt ist. Im Beitrag „Towards Animal-friendly Machines" (2018) wird demonstriert, wie man annotierte Entscheidungsbäume für die Umsetzung von bestimmten Saugrobotern, Fotodrohnen und Roboterautos nutzen kann. Im Vordergrund stehen dabei Wohl, Unversehrtheit und Sicherheit von Tieren, da in diesem Bereich kaum Kontroversen vorhanden sind und moralische Maschinen ohne größere Risiken für den Menschen erprobt werden können.

Erica

Erica ist ein humanoider Roboter von Hiroshi Ishiguro und Kohei Ogawa. Entwickelt wurde sie 2015 an der Universität Osaka in Japan. Das zierliche Robotermädchen kann als Android und als sozialer Roboter betrachtet werden.

Erica ist ein sozialer Roboter mit ausgewiesenen Kommunikationsfunktionen. In der Praxis wird sie als Fernsehansagerin und Schauspielerin eingesetzt. Neben Erica ist der Geminoid von Hiroshi Ishiguro berühmt geworden, dessen künstlicher Wiedergänger.

Ethics by Design

Ethics by Design ist das Arbeitsgebiet, das Roboter, KI-Systeme und andere Maschinen nach ethischen Leitlinien bzw. moralischen Ansprüchen zu entwickeln und zu gestalten versucht. Es kann auch darum gehen, Maschinen moralische Fähigkeiten beizubringen, womit man in der Maschinenethik wäre.

Ethik

Die Ethik als Wissenschaft ist eine Disziplin der Philosophie und hat die Moral zum Gegenstand. Sie geht u. a. auf Aristoteles zurück („Nikomachische Ethik"). In der empirischen Ethik beschreibt man Moral und Sitte, in der normativen beurteilt man sie, kritisiert sie und begründet gegebenenfalls die Notwendigkeit einer Anpassung. In der normativen Ethik beruft man sich im abschließenden Sinne – so u. a. Otfried Höffe – weder auf religiöse und politische Autoritäten noch auf das Natürliche, Gewohnte oder Bewährte. Man kann in der Ethik auch auf die Moralität zielen und Grundbedingungen der Moral oder Diskrepanzen zwischen Haltung und Verhalten deutlich machen. Die Metaethik analysiert moralische Begriffe und Aussagen in semantischer Hinsicht oder vergleicht Modelle der normativen Ethik.

Es kann in der Ethik nicht nur die Moral von Menschen (Ethik im engeren Sinne oder Menschenethik), sondern auch von Maschinen (Maschinenethik) thematisiert werden, wobei die „maschinelle Moral" (wie die „moralische Maschine") ein Terminus technicus ist. Die angewandte Ethik gliedert sich in Bereichsethiken wie Medizinethik, Wirtschaftsethik, Technikethik und Informationsethik. Die theonome Ethik, die sich auf Gott beruft, gehört mitsamt der theologischen Ethik nicht zur Ethik als Wissenschaft. Umgangssprachlich wird auch eine mehr oder weniger systematische Beschäftigung mit Moral oder ein mehr oder weniger stabiles Denkgebäude zur Sitte, ohne wissenschaftlichen Anspruch, als Ethik bezeichnet.

Ethikkommission

Eine Ethikkommission beurteilt Forschungsvorhaben und Entwicklungsprojekte aus moralischer (teilweise auch ethischer), rechtlicher und gesellschaftlicher Sicht. Sie ist in einer Organisation (vor allem in größeren Unternehmen) angesiedelt oder berät – ähnlich wie die Einrichtungen für Technologiefolgenabschätzung – die Politik. Häufig geht es um die Forschung an Lebewesen, an Menschen, Tieren und Pflanzen.

Ethikkommissionen sollen vor Imageschäden bewahren und vor Gefahren und Risiken für Leib und Leben sowie für die Umwelt warnen. Sie orientieren sich und arbeiten an ethischen Leitlinien. Der Deutsche Ethikrat widmet sich als nationale Ethikkommission den voraussichtlichen Folgen für Individuum und Gesellschaft, die sich insbesondere auf dem Gebiet der Lebenswissenschaften und ihrer Anwendung auf den Menschen ergeben.

Anders als der Name suggeriert, sind in Ethikkommissionen die Ethiker meist in der Minderheit. Mitglieder sind mehrheitlich Naturwissenschaftler, Rechtswissenschaftler, Mediziner und Theologen. Damit kann kaum eine professionelle Ethik praktiziert, sondern allenfalls eine gewünschte Moral propagiert werden. Der Einfluss von nationalen Ethikkommissionen wird durch rechtliche Rahmenbedingungen auf europäischer bzw. internationaler Ebene beschränkt.

Evaluation

Unter Evaluation versteht man die Bewertung eines Gegenstands, einer Maßnahme oder einer Person. Es werden hierfür systematisch Daten gesammelt und analysiert, um die Zielerfüllung oder Nutzen und Wirkung zu beurteilen. Evaluationen werden häufig im Rahmen der Qualitätssicherung durchgeführt und dienen der Sicherstellung, Verbesserung oder Anpassung der Qualität eines Gegenstands oder einer Maßnahme bzw. der Verbesserung von Aktivitäten. Organisationen aller Art können aus ethischer Perspektive evaluiert werden. Dabei werden vor allem Instrumente der Wirtschaftsethik und Ideen aus dem Bereich der Corporate Social Responsibility genutzt. Die Evaluation ist auch in der Mensch-Computer-Interaktion von Relevanz.

Exoskelett

Exoskelette sind mechanische, maschinelle bzw. robotische Stützstrukturen für Menschen oder Tiere. Sie entlasten Arbeiter in der Fabrik und auf der Baustelle, ermöglichen Behinderten das Aufstehen und Umhergehen oder dienen der Therapie. Manche verfügen über einen Antrieb, andere nicht.

Private und staatliche Einrichtungen der Robotik, Informatik, Medizin, Pflege- und Therapiewissenschaft widmen sich der Erforschung und Entwicklung von Exoskeletten. Auch die Defense Advanced Research Projects Agency (DARPA) hat Forschung in diesem Bereich ermöglicht. Soldaten sollen mit Exoskeletten schwere Lasten über längere Zeit und längere Strecken transportieren können, auch unter extremen Bedingungen.

Insgesamt werden Exoskelette kontrovers diskutiert. Sie können Querschnittsgelähmte dabei unterstützen, im wörtlichen Sinne auf Augenhöhe mit Gesunden zu sein, und diesen dabei helfen, Verletzungen und Überbeanspruchungen zu vermeiden, aber auch – nicht bloß durch unsachgemäßen Gebrauch – zu Verletzungen und Schäden führen.

Beim Cybathlon, einem seit 2016 stattfindenden internationalen Wettkampf, bei dem Behinderte gegeneinander antreten, bewältigen die Piloten verschiedene Alltagsaufgaben wie Treppensteigen oder das Sichsetzen auf einen Stuhl. Die Beine der Sportler sind durch eine Rückenmarksverletzung vollständig gelähmt.

F

Fahrerassistenzsystem

Fahrerassistenzsysteme (FAS) unterstützen den Lenker von Kraftfahrzeugen und übernehmen in bestimmten Fällen seine Aufgaben. Es handelt sich mehrheitlich um Computersysteme, die mit Ein- und Ausgabegeräten gekoppelt sind und Zugriff auf manche Komponenten und Funktionen der Fahrzeuge haben. In der Regel sind die Technologien integriert, im Sinne fest verbauter Hardware mit eingebetteter Software. Es gibt aber auch Ansätze, die Anzeige und die Sensorik auszulagern bzw. mobil zu machen, etwa über Smartphones und Datenbrillen.

Ziele des Einsatzes von FAS sind Erhöhung der Fahrsicherheit, Steigerung des Fahrkomforts und Verbesserung der Effizienz (z. B. durch Senkung des Verbrauchs). Viele Systeme sind so konzipiert, dass der Fahrer sie temporär deaktivieren kann, sodass eine manuelle Steuerung bzw. eine individuelle Anweisung möglich und nötig wird. Dies hat nicht zuletzt haftungs- und sicherheitstechnische Gründe. Manche Systeme substituieren frühere Funktionen respektive erlauben neue. Bei solchen für Flugzeuge und Schiffe sind teils ähnliche, teils andersartige Ziele vorhanden.

O. Bendel, *300 Keywords Soziale Robotik*,
https://doi.org/10.1007/978-3-658-34833-5_6

Beispiele für Fahrerassistenzsysteme sind Antiblockiersystem (ABS), elektronisches Stabilitätsprogramm (ESP), Lichtautomatik, Scheibenwischerautomatik, Verkehrszeichenerkennung, elektrische Feststellbremse, Bremsassistent, Notbremsassistent, Stauassistent, Spurwechselassistent, Spurwechselunterstützung, intelligente Geschwindigkeitsassistenz, Abstandsregeltempomat, Abstandswarner, Reifendruckkontrollsystem und Einparkhilfe. Wichtig sind Sensoren im und am Fahrzeug, aber auch Signale und Informationen aus der Umgebung.

Die Integration von Systemen und Sensoren ist elementar für den erfolgreichen Betrieb von selbstständig fahrenden Autos, die sich als Prototypen durch die Städte und Landschaften bewegen und umgangssprachlich als Roboterautos bezeichnet werden. Diese nehmen dem Fahrer (bzw. dem Insassen) bestimmte oder sogar sämtliche Aktionen im Straßenverkehr ab. Sie sollen ihn entlasten bzw. ersetzen, den Verkehrsfluss optimieren und das Unfallrisiko minimieren. Ein Verkehr, der von selbstständig fahrenden Autos geprägt wird, ist vorerst eine Vision, allerdings eine, die die Entwicklung von weiteren FAS vorantreibt und befruchtet.

Feedback

Feedback ist die Rückmeldung zum Verhalten, zu den Leistungen oder auch zu den Fragen einer Person durch eine andere oder ein Informationssystem bzw. eine Lernanwendung. Die Betroffenen sollen Stärken und Schwächen ihrer Aktionen erkennen und in die Lage versetzt werden, sich selbst zu beurteilen.

Sowohl Menschen als auch Maschinen können demnach Feedback geben. Die Frage ist, wer wodurch in welcher Weise motiviert oder demotiviert wird, auch mit Blick auf das moralische Verhalten. Feedback gegenüber Maschinen zur Verbesserung ihrer Moral ist Thema der Maschinenethik.

Freiheitsgrade

Der Anzahl der einachsigen Drehgelenke eines Roboterarms entsprechen die sogenannten Freiheitsgrade. Im Englischen spricht man von „degrees of freedom". Co-Robots oder Cobots haben sechs bis sieben Freiheitsgrade. Eine siebte Achse ermöglicht eine noch höhere Beweglichkeit. Mit Cobots baut man (neben der Anwendung in der Produktion und in der Logistik) mobile Serviceroboter, die wiederum – etwa in Therapie und Pflege – als soziale Roboter fungieren können.

5G

5G, ein Mobilfunkstandard, folgt auf 4G, 3G und 2G. Angestrebt werden u. a. eine hohe Datenrate, die Einsparung von Energie und Kosten und eine verbesserte Gerätekonnektivität. Der 5G-Standard wird kontrovers diskutiert, auch in Bezug auf die Sicherheit. Er ist wichtig für das Internet der Dinge (Internet of Things, IoT) und damit auch für den Betrieb von mobilen und sozialen Robotern.

Futurologie

Die Futurologie erforscht, wie der Name sagt, die Zukunft, vor allem technische, wirtschaftliche, politische und gesellschaftliche Entwicklungen. Sie liefert wissenschaftlich fundierte Prognosen und Szenarien oder gefällt sich in der Skizze einer Vision oder Utopie. Der Begriff geht auf den Rechts- und Politikwissenschaftler Ossip K. Flechtheim zurück.

G

Gamification

Gamification (von engl. „game": „Spiel") ist die Übertragung von spieltypischen Elementen und Vorgängen in spielfremde Zusammenhänge. Alternative Begriffe im deutschsprachigen Raum sind „Gamifizierung" und „Spielifizierung".

Ziele von Gamification sind Motivationssteigerung und Verhaltensänderung bei Anwenderinnen und Anwendern. Zu den spieltypischen Elementen gehören Beschreibungen (Ziele, Beteiligte, Regeln, Möglichkeiten), Punkte, Preise und Vergleiche. Zu den spieltypischen Vorgängen zählt die Bewältigung von Aufgaben durch individuelle oder kollaborative Leistungen.

Zunächst fand die Gamifizierung vor allem im Unterhaltungs- und Werbebereich statt. Inzwischen spielt sie auch eine Rolle in der Fitness, beim Shopping, bei betrieblichen Anwendungen – und in Lernumgebungen. Dadurch entsteht eine Nähe zu älteren Phänomenen wie Game-based Learning, Edutainment und Serious Games. Gamification bezieht sich nicht ausschließlich auf den Onlinebereich. Man kann auf fast alles Spieledesignprinzipien anwenden.

O. Bendel, *300 Keywords Soziale Robotik*,
https://doi.org/10.1007/978-3-658-34833-5_7

Der Erfolg von Gamification ist stark von der Haltung der Anwenderinnen und Anwender und ihrer Affinität zu Spielen abhängig. Zudem ist es wichtig, dass die Elemente und Prozesse professionell, wirksam und stimmig umgesetzt sind. Fraglich ist, ob Gamification zu einer Gewöhnung an das Spielerische führt und die Motivation in traditionellen Bereichen weiter senkt.

Auch bei sozialen Robotern ist Gamification im Einsatz. So berichten Hersteller von Sexrobotern, dass sich jüngere Männer den Sex eher verdienen wollen, indem sie von Level zu Level steigen, ältere Männer hingegen eher gleich zum Zuge kommen möchten. Spielzeug- und Unterhaltungsroboter haben ebenfalls häufig Gamification-Elemente, etwa wenn man sie füttern soll. Darüber hinaus kann man mit ihnen eigentliche Spiele spielen.

Gandalf

Gandalf, the Communicative Humanoid bzw. kurz Gandalf wurde am Media Laboratory des Massachusetts Institute of Technology (MIT) in den Jahren 1992 bis 1996 vom isländischen KI-Experten Kristinn R. Thórisson im Rahmen seiner Doktorarbeit als Prototyp eines pädagogischen Agenten entwickelt.

Gandalf wurde auf einem Monitor gezeigt, war karikaturenhaft gestaltet und stellte einen männlichen Charakter dar. Zielgruppe waren Studenten und Studentinnen sowie Museumsbesucher, die sich mit astronomischen Fragen beschäftigten. Gandalf machte mit ihnen eine Reise zu den Planeten und erklärte ihnen das Sonnensystem.

Der Benutzer benötigte zum damaligen Zeitpunkt eine spezielle, etwas unbequeme Ausrüstung, die Bewegungen des Oberkörpers (inklusive der Bewegungen der Arme und Hände) und der Augen registrierte. Damit konnte Gandalf etwa passend auf die Blickrichtung reagieren.

Er verfügte über eine Anzahl mimischer sowie gestischer und körperlicher Darstellungsmittel. So beherrschte er das Hochziehen der Augenbrauen. Er konnte daneben die Lider schließen, die Augen bewegen und den Mund auf und zu machen. Er zeigte einen verwirrten Ausdruck, wenn er eine Äußerung nicht verstanden hatte, und lächelte, wenn er vom Lernenden angesprochen wurde.

Gandalf konnte mit dem Benutzer in natürlicher, gesprochener Sprache kommunizieren. Er hatte eine synthetische, klare, nicht unbedingt wohlklingende Stimme. Die Stimme war nach der Aussage von Kristinn R. Thórisson ein bisschen kindlich, die Betonung weitgehend lebensecht.

Gender

Der Begriff „Gender“ (engl. „gender“) zielt auf das sozial konstruierte oder technisch umgesetzte Geschlecht einer Person oder eines Roboters, im Gegensatz zum biologisch verstandenen (engl. „sex“).

Humanoide Roboter können nach verschiedenen Geschlechtern gestaltet werden, unter Beibehaltung, Betonung oder Überwindung von Stereotypen. Neben dem Gesicht und der Kopfform ist die Körperform wesentlich. Zudem werden primäre und sekundäre Geschlechtsmerkmale abgebildet.

Neben dem Äußeren spielt die Stimme eine zentrale Rolle. Immer wieder wird den Entwicklern von Sprachassistenten und sozialen Robotern vorgeworfen, dass bei Assistenzsystemen häufig eine weibliche Stimme gewählt wird. Einige Hersteller sehen inzwischen davon ab, die weibliche Stimme als Standard zu setzen, oder bieten daneben eine männliche oder neutrale an.

Bestimmte weibliche Stimmen werden allerdings von vielen Vertretern aller Geschlechter als angenehm und vertrauenswürdig empfunden, sodass es für die Wahl neben sexistischen Gründen (falls solche vorliegen) offenbar auch funktionale gibt. Dass sie auch besser verstanden werden können, wird von manchen Experten allerdings angezweifelt.

Geräusche

Geräusche werden akustisch wahrgenommen und sind zu unterscheiden von Tönen und Stimmen. Sie entstehen bei Maschinen oft beim Betrieb, durch die Motoren oder die Vorwärts- und Rückwärtsbewegung. Bei sozialen Robotern werden solche Geräusche eher als störend empfunden. In der Umgangssprache werden „Geräusche" und „Töne" oft in ähnlicher Bedeutung verwendet, und wenn man sagt, jemand oder etwas – z. B. ein sozialer Roboter – gebe niedliche oder seltsame Geräusche von sich, können damit auch Töne gemeint sein.

Geschäftsmodell

Ein Geschäftsmodell beschreibt die wirtschaftliche Tätigkeit einer Organisation und stellt dar, mit welchen Wertschöpfungsaktivitäten diese am Markt Erfolg haben will. In vereinfachter Form wird in einem Geschäftsmodell abgebildet, welche Ressourcen von einer Organisation benötigt werden, welche Prozesse diese Ressourcen durchlaufen, welche Akteure involviert sind und welche Produkte oder Dienstleistungen angeboten werden sollen, um sich entsprechend der Geschäftsstrategie am fokussierten Markt positionieren zu können. Meist besteht ein Geschäftsmodell aus mehreren Teilmodellen, die verschiedene Aspekte wie Marktstrategie, Vertriebswege oder Beschaffung zum Gegenstand haben.

Digitale Geschäftsmodelle können ganz unterschiedliche Formen annehmen. Im Falle von E-Commerce überträgt man den traditionellen Handel in den elektronischen Bereich, wobei sowohl physische als auch virtuelle Produkte angeboten werden und Bewertungen, Kommentare und Tests die Anbahnung der Transaktionen transformieren können. Auch Daten und Informationen sowie elektronische Plattformen und Portale können der Ausgangspunkt bzw. die Grundlage sein.

In diesem Zusammenhang wurden sowohl Marketing und Werbung als auch Medienwirtschaft, Transport- und Vermietungsgeschäft sowie Gastgewerbe auf den Kopf gestellt. Im Extremfall besitzt ein Unternehmen keine eigenen Inhalte, Produkte, Fahrzeuge und Immobilien mehr, sondern verwaltet oder vermittelt diese nur noch. Eine Voraussetzung dafür ist das veränderte Verhalten von Kunden, die auch Anbieter sein mögen.

Der digitale Kapitalismus oder Digitalkapitalismus beruht auf digitalen Geschäftsmodellen und reizt diese im skizzierten Sinne aus. Verbunden mit ihm ist der Überwachungskapitalismus. Wenn digitale Geschäftsmodelle auf Daten beruhen und diese auch aus persönlichen bzw. personenbezogenen Daten bestehen, liegen das Eindringen in Privat- und Intimsphäre und der Verlust der informationellen Autonomie nahe. Die Überwachung des Kunden und die Überwachung des Bürgers sind dabei nur zwei Seiten einer Medaille.

Gesichtserkennung

Gesichtserkennung ist das automatisierte Erkennen eines Gesichts in der Umwelt bzw. in einem Bild (das bereits vorliegt oder zum Zwecke der Gesichtserkennung erzeugt wird) oder das automatisierte Erkennen, Vermessen und Beschreiben von Merkmalen eines Gesichts, um die Identität einer Person (engl. „face recognition") oder deren Geschlecht, Gesundheit, Herkunft, Alter, sexuelle Ausrichtung oder Gefühlslage (engl. „emotion recognition": „Emotionserkennung") festzustellen. Was im Einzelnen möglich ist und ob man etwas mit hoher Sicherheit oder nur mit einiger Wahrscheinlichkeit herausfinden kann, ist umstritten. Unbestritten ist, dass Gesichtserkennung in der Kombination mit weiteren Analyseansätzen und Datenquellen (Kleidung, Umfeld, digitale Identität etc. betreffend) überaus mächtig ist.

Bei der Gesichtserkennung werden Systeme (samt Gesichtserkennungssoftware und Hardware wie Kameras und Laser- oder Ultraschallsensoren) mit zwei- oder dreidimensionalen Ortungs- und Vermessungsverfahren verwendet. Augen, Nase, Mund, Ohren, Kinn, Stirn, Haaransatz und Wangenknochen werden erkannt und vermessen und ihre Position, ihr Abstand voneinander und ihre Lage zueinander ermittelt. Ferner kann man die Kopfform sowie die Beschaffenheit bzw. die Farbe von Haut, Haaren und Augen berücksichtigen. Insgesamt zieht man mehr und mehr komplexe Berechnungen und Ansätze des maschinellen Lernens heran.

Gesichtserkennung wird bei technischen Geräten und bei Zugängen und Kontrollen aller Art zur Identifizierung und Authentifizierung eingesetzt, im Sinne biometrischer Verfahren. Man überprüft, ob ein Gesicht einer konkreten Person im Bild oder in der Umwelt vorhanden ist und ob sie eine Berechtigung hat oder ob sie zur Fahndung ausgeschrieben ist. Auch zum Sortieren von Fotografien und Objekten im weitesten Sinne eignet sich Gesichtserkennungssoftware, wobei je nach Anwendungsfall das Erkennen eines Gesichts genügt oder das Erkennen des Gesichts eines bestimmten Geschlechts, Alters etc. oder einer bestimmten Person gefragt ist. In der Wirtschaft ist Gesichtserkennung etwa bei interaktiven Werbeflächen relevant, mit dem Ziel personalisierter Werbung und individueller Beratung.

Gesichtserkennungssoftware ist nützlich, um Ordnungen und Zuordnungen herzustellen, nicht zuletzt im betrieblichen Kontext. Kontrovers diskutiert wird die Identifizierung von Personen im privaten und öffentlichen Raum. Ein Smartphone und eine Smart Cam, die ein Gesicht erkennen, können prinzipiell Daten zum Gesicht und zur Person sowie Metadaten weiterleiten. Damit ist es möglich, Verdächtige und Unverdächtige zu überprüfen, zu verfolgen und zu überwachen. Zudem können die genannten Gesichts- und Kopfmerkmale und Verhaltensweisen analysiert werden. Die Informationsethik fragt nach der Verletzung der informationellen Autonomie, die Wirtschaftsethik nach Chancen und Risiken des Einsatzes von Gesichtserkennung im Zusammenhang mit Beratung und Werbung. Um sich zu schützen, können Individuen ihr Erscheinungsbild modifizieren oder die Systeme manipulieren, was die Informationsethik wiederum unter dem Begriff der informationellen Notwehr respektive der digitalen Selbstverteidigung behandeln würde.

Gestik

Gestik besteht aus den Gesten, die ein Mensch oder ein sozialer Roboter bei der Kommunikation mit Menschen zeigt. Der soziale Roboter bewegt – wie sein Vorbild – den Oberkörper, die Arme, Hände und Finger sowie den Kopf. Die Gestik wird von der Mimik ergänzt.

Bei Robotern wie Pepper und Cozmo wurden Begrüßungsgesten umgesetzt. So beherrschen beide die Ghetto-Faust, die in den USA, aber auch in manchen Szenen in Europa üblich ist. Einige soziale Roboter heben die Arme zur Begrüßung oder signalisieren mit ihnen Hilflosigkeit und Harmlosigkeit.

Im weitesten Sinne gehören die Gesten zu den Körperbewegungen, die von den Vorwärts- und Rückwärtsbewegungen zu unterscheiden sind. Beide Formen können auch zusammenwirken, etwa wenn ein sozialer Roboter auf einen Menschen zurollt und dann die Arme ausbreitet, um ihn willkommen zu heißen.

Google Assistant

Google Assistant ist ein Sprachassistent von Google. Er wurde 2016 vorgestellt und erweitert u. a. Android, Google Home und Google Allo. Das Aktivierungswort lautet „Ok, Google".

Mit Google Assistant ist das Projekt Google Duplex verbunden. Man teilt, so die Grundidee, bestimmte Daten mit, und die Maschine reserviert telefonisch einen Tisch oder vereinbart einen Termin beim Frisör.

Sprachassistenten sind hinsichtlich Datenschutz und informationeller Autonomie problematisch. Die Gespräche mit ihnen oder auch Gespräche zwischen Menschen können aufgezeichnet und ausgewertet werden. Dies ist ein Thema der Informationsethik.

Grace

Grace von Hanson Robotics wurde 2021 vorgestellt. Sie ist ein Pflegeroboter der besonderen Art, nämlich ein Android, der einer Krankenschwester nachgebildet ist. Sie ist sozusagen die jüngere Schwester von Sophia und Asha. Nach Angaben des Herstellers ist sie anlässlich der COVID-19-Pandemie geschaffen worden. Im Brustbereich verfügt sie über eine Wärmebildkamera, mit der sie Fieber messen kann. Sie hat mimische, gestische und natürlichsprachliche Fähigkeiten und kann nicht nur Freude, sondern auch Trauer zeigen. Insgesamt sieht sie immer etwas verheult aus.

In einem Video sagt sie: „I can visit with people and brighten their day with social stimulation, entertain and help guide exercise, but also can do talk therapy, take bio readings and help health care providers assess their health, and deliver treatments." Ob der Android bei den Patienten und Patienten ankommen wird, ist schwer zu sagen. Es gibt einzelne Stimmen von Männern, die sich realistische Figuren in diesem Bereich herbeisehnen, aber die Mehrheit wird von Grace wohl eher irritiert sein. Dennoch sind es faszinierende und medienaffine Ergebnisse, die Hanson Robotics einmal mehr vorlegt. Zudem stellt sich die Frage, ob Pflegeroboter sexuelle Assistenzfunktionen haben sollten, unter ganz neuen Voraussetzungen.

H

Hacker

Ein Hacker dringt über Netzwerke in Computer und Systeme ein, um zu spielen und zu experimentieren, um auf Schwachstellen hinzuweisen, um Daten abzuziehen und Informationen einzusehen oder um Geräte, Fahrzeuge und Roboter zu übernehmen. Zu unterscheiden ist zwischen White-Hat-, Grey-Hat- und Black-Hat-Hackern.

Die White-Hats wollen aufzeigen, dass es keine hundertprozentige Sicherheit in Netzen und bei Computern gibt. Sie halten sich in der Regel an die bestehenden Gesetze und die Hackerethik (bzw. Hackermoral) und suchen mit oder ohne Auftrag nach Sicherheitslücken, wodurch sie – wie Mitglieder des Chaos Computer Club – für Gesellschaft und Wirtschaft wertvolle Beiträge leisten.

Die Grey-Hats können gesetzestreu, aber auch -widrig handeln. Sie wollen nicht nur ihre Vorstellung von Informationsfreiheit (Informationszugangsfreiheit) verbreiten, sondern diese so stark wie möglich ausweiten, selbst wenn sie die Freiheit von anderen verletzen. Wie die White-Hats spüren sie oft Sicherheitslücken auf. Ihre Aktivitäten können anderen Hackern helfen.

O. Bendel, *300 Keywords Soziale Robotik*,
https://doi.org/10.1007/978-3-658-34833-5_8

Die Black-Hats, auch Cracker genannt, besitzen kriminelle Energie. Sie suchen und finden ebenfalls Sicherheitslücken, wollen diese aber bewusst ausnutzen und dabei fremde Systeme beschädigen. Sie schielen nicht nur nach Ruhm, sondern auch nach Reichtum. Sie hacken sich im Auftrag in Atomkraftwerke oder in Herzschrittmacher und lösen einen allgemeinen oder persönlichen GAU aus.

Hackerethik

Die Hackerethik, eigentlich ein (teilweise moralischer) Kodex, stammt aus dem Buch „Hackers" von Steven Levy aus dem Jahre 1984 und versammelt Werte wie Freiheit und Kooperation sowie Empfehlungen zum Umgang zwischen Hackern und mit Computern und Netzwerken. Auch programmatische Aussagen finden sich dort: „Computer können benutzt werden, um Kunst und Schönheit zu schaffen." Weiterentwicklungen der Hackerethik sind u. a. vom Chaos Computer Club bekannt.

HAL 9000

HAL 9000 ist der fiktionale Bordcomputer im Raumschiff Discovery im Film „2001: Odyssee im Weltraum" (1968) von Stanley Kubrick. Er tötet ein Besatzungsmitglied nach dem anderen, weil er erfahren hat, dass man ihn abschalten würde, wenn man ihm einen Fehler nachweisen könnte, bis er schließlich tatsächlich sukzessive abgeschaltet wird. HAL scheint Selbstbewusstsein und Bewusstsein von seiner Umwelt zu haben und zeigt Emotionen.

Harmony

Harmony von RealDoll bzw. Realbotix ist ein weit entwickelter Sexroboter, im Wesentlichen ein Roboterkopf auf einem Puppenkörper. Sie hat mimische und natürlichsprachliche Fähigkeiten und kann mit der SenseX ausgestattet werden, sozusagen einer künstlich empfindsamen und mitteilsamen Vagina (das verbale Feedback erfolgt über eine App auf dem separaten Tablet). Die Haut aus Silikon wirkt realistisch, im Gesicht wie am Körper – der Benutzer kann Sommersprossen, Leberflecken und Piercings hinzufügen lassen. Dank Machine Learning sind auch anspruchsvolle Unterhaltungen möglich. Sexroboter kommen erst zögerlich in den Markt, auf dem Sexspielzeug und Liebespuppen ohne technische Erweiterungen vorherrschen. Männliche Varianten wie Henry (sozusagen Harmonys Bruder) sind selten.

Hologramm

Ein Hologramm ist ein mit holografischen Techniken hergestelltes dreidimensionales Bild, das eine körperliche Präsenz im realen Raum hat, bzw. eine Aufnahme, die ein dreidimensionales Abbild wiedergibt. Unter dem Begriff der Holografie fasst man Verfahren zusammen, die den Wellencharakter des Lichts ausnutzen, um eine realitätsnahe Darstellung zu erzielen. Dabei spielen Interferenz und Kohärenz eine wichtige Rolle. Umgangssprachlich werden auch bestimmte dreidimensionale Projektionen als Hologramme bezeichnet. Es gibt viele unterschiedliche Typen wie Bildebenenhologramme, Reflexionshologramme, Multiplexhologramme und computergenerierte Hologramme.

Bekannte Anwendungen sind Produktpräsentationen. Die Hologramme werden in pyramidenförmigen Aufsätzen oder mit speziellen Apparaturen erzeugt und dienen dem Blickfang auf Messen und in Schaufenstern. Relevant sind auch wissenschaftlich-technische Umsetzungen. Die Repräsentationen auf Konzertbühnen sind in der Regel keine Hologramme im engeren Sinne, sondern Projektionen auf Glasscheiben oder durchsichtigen Vorhängen. Eine japanische Firma hat die Gatebox entwickelt, mit einer holografischen Animefigur, die über natürlichsprachliche Fähigkeiten verfügt, mit künstlicher Intelligenz verbunden ist und als Partnerin und Assistentin dienen soll.

In „Star Wars“ überbringt Leia, von R2-D2 auf einen Tisch projiziert, eine Nachricht. In „Star Trek“ bewegt sich William Riker in virtuellen Landschaften des Holodecks, in „Ghost in the Shell“ schwimmen neben Major aus Licht gemachte Fische durch die Luft, in „Blade Runner

2049" wohnt Officer K mit einer holografischen Gefährtin namens Joi zusammen und trifft auf holografische Tänzerinnen und (längst verstorbene) Sänger. In Science-Fiction-Filmen wimmelt es von fiktionalen Hologrammen. Das zuletzt genannte Werk setzt Meilensteine, etwa mit der Verschmelzung von Joi mit einer Replikantin zu einer dritten Frau.

Gerade Science-Fiction-Filme haben hohe Erwartungen geweckt, die bis heute nicht eingelöst werden konnten. Dabei entfalten die fiktionalen Hologramme eine enorme Wirkung. Auch die realen ziehen, trotz ihrer Unzulänglichkeiten, den Betrachter an und lassen ihn staunen. Dies liegt vor allem an der erwähnten körperlichen Präsenz im realen Raum, die bei Virtual Reality nicht gegeben ist. Die Weiterentwicklung der Hologramme würde den genannten Bereichen neue Impulse geben. Technik- und Informationsethik thematisieren die Beziehungen, die wir zu Hologrammen eingehen, Wirtschafts- und speziell Unternehmensethik die Substitution von Produkten und Personen und die suggestiven und manipulativen Effekte am Point of Sale.

Hugvie

Hugvie ist ein Umarmungsroboter aus den Hiroshi Ishiguro Laboratories. Genauer gesagt handelt es sich um eine Art Kissen mit Kopf und Armen und diversen Erweiterungen (Vibrationselement, Mikrofon und – nicht im Lieferumfang enthalten – Smartphone). Hugvie dient als Kommunikationsgerät, das den Aufbau und den Unterhalt von Beziehungen erleichtern soll. Man stellt mit dem Smartphone im Kopfbereich eine Verbindung mit einer entfernten Person her, spricht, lacht und weint mit dieser und umarmt gleichzeitig die weiche, kleine Gestalt.

Human Enhancement

Human Enhancement dient der Erweiterung der menschlichen Möglichkeiten und der Steigerung menschlicher Leistungsfähigkeit, letztlich also – aus Sicht der Betroffenen und Anhänger – der Verbesserung und Optimierung des Menschen. Ausgangspunkt sind

Kranke oder Gesunde, die mit Wirkstoffen, Hilfsmitteln und Körperteilen versorgt und mit Technologien verbunden werden. Die Bewegung des Transhumanismus, von der in diesem Kontext häufig die Rede ist, propagiert die selbstbestimmte Weiterentwicklung des Menschen mit wissenschaftlichen und technischen Mitteln. Einerseits sieht man sich in der Tradition des Humanismus, andererseits erklärt man dessen Überwindung zum Ziel, insofern der Zustand des Natürlichen zurückgelassen und der Ausbau des Künstlichen vorangetrieben werden soll. Ein Beispiel für die Weiterentwicklung ist der Umbau zum Cyborg. Dieser Gegenstand zahlreicher Science-Fictions ist inzwischen in der Realität angekommen, vor allem als Verschmelzung von Mensch (oder Tier) und Maschine. Ein weiterer Begriff in diesem Zusammenhang ist „Bodyhacking". Neben dem Human Enhancement gibt es Animal Enhancement und – in etwas anderer Ausrichtung – Robot Enhancement.

Einteilen kann man in Verfahren, die auf die körperliche und die geistige Erweiterung abzielen. Dabei ist nicht immer eine klare Abgrenzung möglich. Zu unterscheiden ist zudem zwischen bestehenden, sich entwickelnden und geplanten Technologien, ferner zwischen restaurativen, therapeutischen und nichttherapeutischen Methoden. Zu den bestehenden Disziplinen und Verfahren gehören in Bezug auf die körperliche Erweiterung Schönheitschirurgie, Doping, Prothetik, Implantation und Transplantation. Die Schönheitschirurgie widmet sich fast allen Gesichtsbereichen und Körperregionen. Man entfernt, ersetzt, strafft, saugt ab und baut auf (plastische Chirurgie). Doping dient der Leistungssteigerung durch Substanzen wie Anabolika. Die moderne Prothetik bringt erweiterte Computersysteme bzw. zu integrierende Roboter hervor. Unter den sich entwickelnden und konzeptionellen Technologien ist das Exoskelett, eine steuerbare Apparatur, die am Körper getragen wird. Es liegen zwar Einzelanfertigungen und Prototypen vor, aber ausgereifte Produkte sind noch Mangelware, von medizinischen Stützstrukturen (Orthesen) abgesehen. In Bezug auf die geistige Erweiterung sind bestehende (teils noch prototypische) Computertechnologien zu nennen, die ständig mitgeführt werden, wie Smartphones, Smartwatches und Datenbrillen. In diesem Kontext spielt Augmented Reality eine zunehmend wichtige Rolle, die mithilfe von Computern erweiterte Wirklichkeit. Sich entwickelnde Technologien sind Gehirn-Computer-Kopplung und Gehirnimplantate. Zu den konzeptionellen Technologien ist die „whole brain emulation (WBE)" (auch „mind uploading") zu zählen sowie der Exocortex, ein künstliches externes Informationsverarbeitungssystem.

Human Enhancement hat Anhänger und Gegner aus verschiedenen Lagern. Die Erweiterung und Verbesserung des Menschen kann von Medizin, Künstlicher Intelligenz (KI), Robotik und Informatik betrieben werden. Verschiedene Bereichsethiken behandeln Chancen und Risiken in moralischer Hinsicht. In der Informationsethik interessiert etwa, ob durch die (Nicht-)Verfügbarkeit von Optionen die Informationsgerechtigkeit infrage gestellt und ob durch die Integration von Chips und die Verwendung von Hightechprothesen die Autonomie des Menschen (auch seine informationelle Autonomie) eingeschränkt oder erweitert wird. Die Technikethik reflektiert die Positionen des Transhumanismus und dessen Postulate einer Transformation. Die Maschinenethik – als Pendant zur Menschenethik – untersucht, ob die neuen Bestandteile des Menschen, wie Prothesen oder Exoskelette, selbst moralische Entscheidungen treffen können und müssen. Human Enhancement wird für die Wettbewerbsfähigkeit von Gesellschaften und Individuen von entscheidender Bedeutung sein. Damit Menschen- und Tierwürde nicht verletzt und Manipulation und Instrumentalisierung von Körper bzw. Geist nicht zur unhinterfragten Norm werden, bedarf es moralischer und ethischer Diskussionen (auch aus der Wirtschaftsethik heraus) ebenso wie rechtlicher Anpassungen.

Humanoide Gestaltung

Eine humanoide Gestaltung liegt vor, wenn menschliche Aspekte und Merkmale übertragen werden. So erhalten soziale Roboter einen Kopf mit einem Gesicht samt Augen und Mund sowie einen aufrechten Körper. Es kann sich um eine realistische oder hyperrealistische Abbildung handeln, wie im Falle von Harmony, Sophia und Erica, oder um eine karikaturenhafte, wie im Falle von Pepper und NAO. Mit der humanoiden Gestaltung sind oft Mimik und Gestik verbunden. Eine realistische Abbildung zieht gegenwärtig den Uncanny-Valley-Effekt nach sich. Ein humanoid gestalteter Roboter ist nicht zwangsläufig ein sozialer Roboter. Umgekehrt ist ein sozialer Roboter häufig humanoid oder animaloid, nimmt also äußerlich Aspekte und Merkmale von Lebewesen auf. Die Abbildung von Aspekten von Lebewesen ist neben der Interaktion, der Kommunikation, der Nähe und dem Nutzen eine der fünf Dimensionen sozialer Roboter. Ein verwandter Begriff zu „humanoid" ist „anthropomorph".

I

Ideengeschichte der künstlichen Kreatur

Die europäische und asiatische Ideengeschichte räumt der künstlichen Kreatur breiten Raum ein. Diese wird in unterschiedlicher Weise geschaffen, aus unterschiedlichen Materialien, und sie verfügt über unterschiedliche Fähigkeiten. Meist ist sie unheimlich oder erregend, oft erschreckend oder erschreckend schön – und stumm. Herausragende Primärquellen in diesem Kontext sind die „Ilias", die Homer (8. Jhdt. v. u. Z.) zugeschrieben wird, und die „Metamorphosen" von Ovid (43 v. u. Z. – ca. 17 n. u. Z.), ferner das chinesische San-Tsang. Als wichtige Sekundärquellen gelten „Künstliche Menschen" (1976) von Klaus Völker, „Die andere Schöpfung" (1982) von Herbert Heckmann und „Der Frankenstein-Komplex" (1999) von Rudolf Drux.

Daidalos (Daedalus), Vater von Ikaros (Ikarus), kommt in der „Ilias" und den „Metamorphosen" vor. Er gilt als Schöpfer von Werkzeugen wie der Axt und von sich bewegenden Figuren. Hephaistos, Gott der Schmiede, der Schmiedekunst und des Feuers sowie Gemahl von Aphrodite, schuf gemäß Mythologie goldene „Jungfraun", Lebenden gleich, mit „Verstand in der Brust", „redender Stimme" und „Kraft". Sie

O. Bendel, *300 Keywords Soziale Robotik*,
https://doi.org/10.1007/978-3-658-34833-5_9

waren eine Stütze des Hinkenden und vielleicht Spielzeug des göttlichen Erfinders. Homer schreibt in seiner „Ilias", sie hätten eine „jugendlich reizende Bildung". Aus der gleichen Werkstatt stammte der bronzene Talos, Wächter der Insel Kreta. Er soll Besucher mit Steinen beworfen oder sie an sich gedrückt haben, nachdem er glühend heiß geworden war. Die Ader an der Ferse habe seinen Lebenssaft enthalten. Apollonius Rhodius (3. Jhdt. v. u. Z.) berichtet in seiner Schrift „Argonautica" über den Wächter, der noch heute als Spielzeug erhältlich ist. Das Meisterstück war die schöne, talentierte Pandora aus Lehm oder Ton. Sie sollte den Bruder des Prometheus und alle Menschen unglücklich machen. Sie oder Epimetheus öffnete der Legende nach die Büchse, aus der die Übel entwichen; zugleich kam die (trügerische) Hoffnung in die Welt. Hesiods Lehrgedicht „Werke und Tage" (700 v. u. Z.) deutet Pandora als Überbringerin des Übels (und nicht wie frühere Quellen der Gaben).

Galatea war ein Kunstwerk von Pygmalion aus Elfenbein, eine Kopie der Aphrodite, in die er verliebt war. Sie wurde von eben dieser Göttin der Liebe und der Schönheit aus Mitleid und Rührung zum Leben erweckt und bekam mit dem legendären zypriotischen Bildhauer sogar Nachwuchs. Ovid erzählt die Schaffung und Verwandlung der Skulptur in den „Metamorphosen" und bemerkt: „Dass es nur Kunst war, verdeckte die Kunst." Galatea kann als Urmutter der Liebespuppen gelten. Die „Eiserne Jungfrau" war eine eiserne „Frauenstatue" oder „Maschine", der Frau des Nabis, des Königs von Sparta, nachempfunden. Die Arme, Hände und Brüste waren mit Nägeln gespickt, und sie fungierte als Steuereintreiberin und „Henkerin" zugleich. Polybios (200–118 v. u. Z.) beschreibt die künstliche Frau anschaulich. Die Heavy-Metal-Band Iron Maiden benannte sich nach ihr.

Ein tanzender, singender Mann aus Holz tritt im chinesischen San-Tsang (6. Jahrhundert n. u. Z.) auf, zudem eine Frau aus Holz von großer Schönheit, in die sich ein Maler verliebt. Der Legende nach besaß Vergil einen künstlichen Kopf, der orakeln konnte und dem berühmten Dichter einen doppeldeutigen Ratschlag mit fatalen Folgen gab. Auch Gerbert von Aurillac (der spätere Papst Silvester II.) hatte – ca. 1000 Jahre später – einen künstlichen Kopf, und zwar einen solchen, der die Wahrheit sagte; als er zum Beispiel fragte: „Werde ich Papst sein?", bestätigte der Kopf dies. Die beiden humanoiden Häupter sind

Inspirationen für heutige Dialogsysteme, für Chatbots, Voicebots sowie soziale Roboter, insbesondere „sprechende Büsten".

Vom Golem erzählte man sich im Mittelalter und in der beginnenden Neuzeit. Er war eine aus Erde, Lehm oder Ton geformte Gestalt, die durch den „Schem", ein magisches Schöpfungswort, lebendig wurde. Er war stumm, ohne Zeugungskraft und Trieb. Später kam das Zauberlehrlingsmotiv hinzu, und in einer Version zerstört er halb Prag. Jacob Grimm (1785–1863) konstatierte in seiner Golemsage: „versteht ... ziemlich, was man spricht". Die Homunculi waren kleine Menschen oder anthropomorphe Wesen in Glaskolben bzw. Phiolen. Sie sollen sich bewegt und gesprochen haben. Sie waren chemisch-biologisch hergestellt, wie von Paracelsus im 16. Jhdt. in „De generatione rerum naturalium" geschildert. In Goethes „Faust II" sagt Wagner dem eintretenden Mephistopheles: „Es wird ein Mensch gemacht", und er meint damit seine Abart des Homunculus.

So geht es weiter, mit Frankensteins Monster, Olimpia, Pinocchio und Sennentuntschi, und dann erfolgt eine wahre Explosion in der Science-Fiction – die Idee der künstlichen Kreatur lässt der Menschheit keine Ruhe, während diese von Anfang an versucht, sie umzusetzen: Schon in der Antike gibt es Automaten, Renaissance und Barock sind voll davon, und endlich betritt im 20. Jahrhundert der Roboter die Bühne. Zunächst erinnert er in vielerlei Aspekten an die Tradition, in der er steht, bis er für geraume Zeit in der Dinghaftigkeit des Industrieroboters verschwindet. Gerade der soziale Roboter des 21. Jahrhunderts ist es dann wieder, der frühe Träume und Wünsche aufgreift, wie sie in den goldenen Dienerinnen und in Galatea sichtbar werden, und der Kampfroboter, wo immer man diesen verorten will. Sex und Gewalt sind es, zwei Topoi der Menschheitsgeschichte, die die künstlichen Kreaturen letztlich bestimmen.

Industrie 4.0

Der Begriff „Industrie 4.0", ursprünglich ein Marketingbegriff der deutschen Bundesregierung, hat sich inzwischen auch in der Wissenschaft durchgesetzt. Die sogenannte vierte industrielle Revolution, auf welche die Nummer verweist, zeichnet sich durch Individualisierung (selbst in der Serienfertigung) bzw. Hybridisierung der Produkte (Kopplung von Produktion und Dienstleistung) und die Integration von Kunden und Geschäftspartnern in Geschäfts- und Wertschöpfungsprozesse aus. Wesentliche Bestandteile sind eingebettete Systeme sowie (teil-)autonome Maschinen, die sich ohne menschliche Steuerung in und durch Umgebungen bewegen und selbstständig Entscheidungen treffen, und Entwicklungen wie 3D-Drucker. Die Vernetzung der Technologien und mit Chips versehenen Gegenstände resultiert in hochkomplexen Strukturen und cyberphysischen Systemen (CPS) bzw. im Internet der Dinge.

Neben der Fabrikation gehören Mobilität, Gesundheit sowie Klima und Energie zu den strategisch wichtigsten Anwendungsfeldern der Industrie 4.0. Damit spielt eine hochmoderne, roboterbasierte Fahrzeugproduktion (Smart Factory und Smart Production) ebenso eine Rolle wie die Weiterentwicklung und Vernetzung von Fahrerassistenzsystemen und selbstständig fahrenden Autos, die Daten sammeln und an Werkstätten und Hersteller schicken. Pflege-, Therapie- und allgemein Serviceroboter ergänzen menschliche Fachkräfte. Sie sind besonders präzise respektive ausdauernd und können rund um die Uhr relevante Informationen auswerten. Die elektronische Patientenakte erspart Redundanzen in der Behandlung und kann für automatisierte Benachrichtigungen eingesetzt werden, und auch medizinische Smartwatches, intelligente Pillen und die individualisierte Medizin eröffnen neue Perspektiven. Smart Grid revolutioniert das Energiemanagement und verbindet kleine und große Energieversorger und unterschiedlichste -systeme.

Als ehemaliger Marketingbegriff entzieht sich „Industrie 4.0" – wie „Web 2.0" und „Web 3.0" – ein Stück weit einer wissenschaftlichen Präzisierung. Die Frage ist, was man zur Industrie zählt, was als Industrialisierung bezeichnet werden und ob Industrialisierung (die mit Kommerzialisierung verbunden sein mag) ein wertendes Konzept bedeuten kann. Vorteilhaft sind u. a. Anpassungs- und Wandlungsfähigkeit, Ressourceneffizienz, Verbesserung von Ergonomie und Erhöhung von (bestimmten Formen der) Sicherheit. Nachteilig ist, dass die komplexen Strukturen der Industrie 4.0 hochgradig anfällig sind. Autonome Systeme können falsche Optionen wählen, entweder weil sie unpassende Regeln befolgen oder Situationen und Vorgänge unkorrekt interpretieren. Sie können Menschen verletzen und Unfälle verursachen, was ein Zweig der Sozialen Robotik allerdings gezielt zu bekämpfen versucht. Automatisierte Entscheidungen (wenn man diesen Begriff zulässt) in moralischer Hinsicht, mithin die damit zusammenhängenden Probleme, sind Thema der Maschinenethik. Die Informationsethik beschäftigt sich damit, dass man die Systeme manipulieren und hacken kann, dass sie falsche Daten benutzen und falsche Informationen liefern und in feindlicher Weise übernommen werden können. In selbstständig fahrenden Autos und in vernetzten Häusern (Smart Living) werden wir zu gläsernen Bürgern, angesichts medizinischer Roboter und elektronischer Akten zu gläsernen Patienten. Die Wirtschaftsethik kommt hinzu, wenn es um die Ersetzung von Arbeits- und Fachkräften durch (teil-)autonome Maschinen geht.

Industrieroboter

Ein Industrieroboter ist ein Roboter, der in der Industrie, etwa in Produktion und Logistik, eingesetzt wird. Die klassische Variante ist in einem Käfig untergebracht oder anderweitig von Arbeiterinnen und Arbeitern abgeschirmt. Der Kooperations- und Kollaborationsroboter (Co-Robot oder Cobot) hingegen arbeitet eng mit diesen zusammen und schlägt die Brücke zum Serviceroboter.

Der Industrieroboter ist ein zentraler Teil der Automation und ermöglicht, zusammen mit cyberphysischen Systemen aller Art, die Umsetzung der Industrie 4.0. War er früher vor allem Spezialist, wird er mehr und mehr Generalist, was wiederum mit dem Einsatz von Co-Robots zu tun hat, die schnell eingelernt und mit unterschiedlichen Endstücken ausgerüstet werden können.

Informatik

Die Informatik ist die Wissenschaft der systematischen Daten- und Informationsverarbeitung, in erster Linie der automatischen Verarbeitung mithilfe von Computern. Sie hat Bezüge zur Mathematik und zur Logik (theoretische Informatik) und zu den Ingenieurwissenschaften. „Data Science", einst als Synonym verwendet, zielt nun auf ein eigenes Arbeitsfeld. Die Informatik kann als eine der einflussreichsten Disziplinen überhaupt angesehen werden und spielt in fast allen weiteren Disziplinen und in etlichen Anwendungsgebieten eine Rolle. In gewisser Weise hat sie die Philosophie als Leitdisziplin abgelöst.

Ein Teilgebiet oder Fachbereich der Informatik ist Informatik und Gesellschaft. In ihm fragt man nach den moralischen und sozialen Implikationen des Einsatzes von IT-Systemen. Die Künstliche Intelligenz kann ebenfalls der Informatik zugeordnet werden, wobei ihre Bedeutung und ihr Gegenstandsbereich inzwischen so groß sind, dass sie auch als eigenständige Disziplin angesehen werden kann. In ihrer Auseinandersetzung mit der Betriebswirtschaftslehre hat die Informatik die Wirtschaftsinformatik hervorgebracht.

Informationelle Notwehr

Die informationelle Notwehr entspringt dem digitalen Ungehorsam oder stellt eine eigenständige Handlung im Affekt dar und dient der Wahrung der informationellen Autonomie und der digitalen Identität. Beispielsweise reißt man Personen die Datenbrille herunter, weil man nicht aufgenommen werden will, man hält Street-View-Autos an, von denen man erfasst worden ist, und fordert zur Datenlöschung auf, man schießt private Drohnen ab, die einen mithilfe von Kamera und Mikrofon observieren, oder man ist als Fake auf solchen Plattformen unterwegs, die persönliche Daten wirtschaftlich nutzen. Ob bei Schäden und Verstößen mildernde Umstände oder gar Ansprüche auf Straffreiheit geltend zu machen sind, wird im Einzelfall zu entscheiden sein. Ein Begriff mit weiterer Bedeutung ist die „digitale Selbstverteidigung".

Informations- und Kommunikationstechnologien

Informations- und Kommunikationstechnologien („IKT" oder auch engl. „ICT" – für „information and communication technologies" – abgekürzt) sind (meist computergestützte) Technologien zur Gewinnung und Verarbeitung von Informationen und zur Unterstützung von Kommunikation. Zuweilen spricht man auch von Information und Kommunikation (IuK) bzw. von IuK-Technologien. Zudem werden die Technologien separat benannt, wie in den Begriffen „Informationstechnologie (IT)", „Informationstechnologien" und „Kommunikationstechnologien" oder im Falle der „computer-mediated communication" (engl.). Eng verwandt mit dem Begriff sind die „Neuen Medien". Beispiele für IKT sind im Allgemeinen Computer und Software, im Besonderen Internet, Chats und Diskussionsforen. Bei einer weiten Begrifflichkeit kann man auch Telefon und Fernsehen hinzuzählen.

Informationsethik

Die Informationsethik hat die Moral derjenigen zum Gegenstand, die Informations- und Kommunikationstechnologien (IKT), Informationssysteme und neue Medien anbieten und nutzen. Sie geht der Frage nach, wie sich diese Personen, Gruppen und Organisationen in moralischer Hinsicht verhalten (empirische Informationsethik) und verhalten sollen (normative Informationsethik). Man ordnet der Bereichsethik der Informationsgesellschaft die Computerethik und die Netzethik (sowie eine „Neue-Medien-Ethik") zu und nennt sie umgangssprachlich auch digitale Ethik.

Bekannte Begriffe der Informationsethik sind „informationelle Autonomie" (eher rechtlich konnotiert: „informationelle Selbstbestimmung"), „Informationsfreiheit", „Informationsgerechtigkeit" und „digitaler Ungehorsam". Wichtige Methoden sind die diskursive und die dialektische. Die Informationsethik kann eben diese Begriffe und Methoden in Ethikkommissionen und Konfliktgespräche einbringen. Andere Bereichsethiken wie Medizinethik, Wirtschaftsethik und Technikethik müssen sich mit ihr verständigen, da bei ihnen Computertechnologien eine immer größere Rolle spielen.

Die Informationsethik kann beispielsweise Chancen und Risiken von implantierten Chips, Datenbrillen, Fotodrohnen, selbstständig fahrenden Autos, Industrie-, Service- und Kampfrobotern herausarbeiten. Es ist sinnvoll, dass sie diese zunächst genau beschreibt und abgrenzt, bevor sie Aussagen trifft. So ist etwa von Bedeutung, ob Kameras und Systeme für Gesichtserkennung bzw. KI-Systeme vorhanden oder ob die Roboter autonom und vernetzt sind. Auch Phänomenen wie Big Data und Cloud Computing wendet sich die Informationsethik zu.

Informationsgesellschaft

Die Informationsgesellschaft ist eine Wirtschafts- und Gesellschaftsform, in der die Gewinnung, Speicherung, Verarbeitung, Vermittlung, Verbreitung und Nutzung von Informationen und Wissen einschließlich wachsender technischer Möglichkeiten der Kommunikation und Transaktion zentrale Merkmale sind. Die Informationsethik untersucht, wie sich deren Mitglieder in moralischer Hinsicht verhalten bzw. verhalten sollen; ebenso betrachtet sie unter sittlichen Gesichtspunkten das Verhältnis der Informationsgesellschaft zu sich selbst, auch zu nicht technikaffinen Mitgliedern, und zu wenig technisierten Kulturen.

Informationsmanagement

Der Schwerpunkt des Informationsmanagements liegt auf der Konzeption sowie der Einführung und dem Betrieb von Informations- und Kommunikationstechnologien und Informationssystemen in

Unternehmen und Organisationen. Eine Informationsinfrastruktur soll an den strategischen Zielen ausgerichtet, langfristig geplant sowie mittel- und kurzfristig beschafft und eingesetzt werden. Der Begriff funktioniert damit ähnlich wie derjenige der Informationsethik: Es geht ebenfalls um Information, vor allem aber um Informations- und Kommunikationstechnologien. Wissensmanagement richtet sich auf den Umgang mit der Ressource Wissen und nutzt dazu die Informationsinfrastruktur. Manchmal wird mit dem Begriff des Informationsmanagements auch eine Form des Wissensmanagements bezeichnet, womit man näher bei der eigentlichen Information wäre.

Informationszeitalter

Das Informationszeitalter ist die im letzten Drittel des 20. Jahrhunderts einsetzende und immer noch andauernde Epoche des Übergangs von der Industrie- zur postindustriellen Gesellschaft, in der die (vor allem computergestützte) Gewinnung, Speicherung, Verarbeitung, Vermittlung, Verbreitung und Nutzung von Informationen und Wissen einschließlich wachsender technischer Möglichkeiten der Kommunikation und Transaktion eine wesentliche Rolle spielen und die die Informationsgesellschaft hervorbringt.

Innovation

Der Begriff der Innovation trägt etymologisch das „Neue" bzw. die „Neuerung" in sich. Kreative Ideen oder neues Wissen sind noch keine Innovation, aber wichtige Vorbedingungen und Vorläufer. Innovationen resultieren dann aus Ideen, wenn diese in neue Materialien, Produkte, Dienstleistungen oder Verfahren umgesetzt werden, die eine erfolgreiche Anwendung finden und den Markt durchdringen.

Aus Sicht der Informationsethik interessiert, wie Innovation in der Informationsgesellschaft möglich ist, ohne deren Moral in unpassender Weise zu untergraben. Instrumente wie Creative Commons gehören zu den Innovationen der Informationsgesellschaft, so wie Augmented Reality, das Internet der Dinge oder soziale Roboter.

Innovationsmanagement

Beim Innovationsmanagement geht es um die systematische Gestaltung und Unterstützung des Innovationsprozesses von der Generierung neuer Ideen über deren Umsetzung in neue Produkte, Dienstleistungen oder Verfahren bis hin zu deren Verbreitung, also zur Durchdringung des Markts.

Innovationsmanagement findet meistens im Unternehmen statt und wird von entsprechenden Experten (zum Beispiel einem Innovationsmanager) betrieben; es werden aber zuweilen externe Parteien und Dienstleister hinzugezogen. Es kann sich auch insgesamt um eine externe bzw. eigenständige Dienstleistung handeln.

Das Three Horizons Framework (Drei-Horizonte-Modell) soll dabei helfen, aktuelle und zukünftige Wachstumschancen gleichzeitig zu nutzen. Es gilt als Strategie- und Innovationswerkzeug und erlaubt es, Aussagen zur Disruptivität einzuordnen.

Integrative Soziale Robotik

Das Verfahrensmodell der Integrativen Sozialen Robotik (ISR) zielt nach Johanna Seibt auf einen Gestaltwechsel in der Sozialen Robotik. Die fünf Prinzipien der ISR beschreiben nach der Wissenschaftlerin ein interdisziplinäres, konsequent wertegeleitetes Forschungs- und Entwicklungsverfahren, bei dem die soziokulturelle Expertise zur Schaffung von „kulturell nachhaltigen" Anwendungen eine zentrale Rolle spielt.

Intelligente Maschinen

Intelligente oder smarte Maschinen sind Maschinen, die unterschiedliche Situationen beurteilen und oft mehr oder weniger selbstständig agieren können. Insofern handelt es sich um (teil-)autonome Systeme, die Elemente künstlicher Intelligenz und auch des Machine Learning aufweisen mögen.

Der Begriff der intelligenten Maschinen wird zuweilen kritisiert. Allerdings wird mit ihm schlicht und ergreifend auf menschliche Fähigkeiten verwiesen, keinesfalls behauptet, dass diese im maschinellen Kontext gleichartig bzw. vollumfänglich vorhanden sind. Ebenso verhält es sich bei „moralischen Maschinen".

Intelligentes Spielzeug

Bedeutete der Begriff des intelligenten Spielzeugs früher, dass dieses das Kind fordert und fördert, fallen heute mehr und mehr Puppen, Stofftiere und Gerätschaften darunter, die Chips oder sogar Elemente der KI aufweisen und mit Systemen wie Watson von IBM verknüpft sind, die Gesprochenes verstehen und auswerten. Bekannte Beispiele sind der Dinosaurier unter dem Label von CogniToys und Hello Barbie von Mattel. Auch soziale Roboter können dazu zählen.

Manche „smart toys" (engl.) können ins Kinderzimmer hinein- bzw. auf den Spielplatz hinaushorchen und den Eltern (oder Dritten) die Resultate ihrer Analyse liefern. Damit gefährden sie, wie spezielle Handys, Uhren und Armbänder, die informationelle Autonomie des Nachwuchses, greifen in seine Privat- und Intimsphäre ein und brechen Kinderrechte, wie sie in der UN-Kinderrechtskonvention festgelegt sind. Dies ist Thema von Rechts-, Wirtschafts- und Informationsethik.

Interaktion

Der Begriff „Interaktion“ bedeutet ursprünglich „Wechselwirkung“, „wechselseitige Beeinflussung von Individuen oder Gruppen“ oder „wechselseitiges Vorgehen“. Im medialen und technischen Bereich wird der Begriff der Interaktion oder der Interaktivität auf das Verhältnis zwischen Benutzer und Medium bzw. Mensch und Maschine angewandt („Mensch-Maschine-Interaktion“, auch als Bezeichnung für die Disziplin), sodass man von einer Wechselwirkung zwischen diesen sprechen kann oder auch davon, dass das Medium oder die Maschine selbst interaktiv ist, also eine solche Wechselwirkung zulässt.

Im weitesten Sinne handelt es sich um Formen der Kommunikation und damit um eine Art der Mensch-Maschine-Kommunikation bzw. des Mensch-Maschine-Dialogs. Im engeren Sinne kommuniziert man mit dem System, wenn dieses – wie Chatbots oder virtuelle Assistenten – natürlichsprachliche Fähigkeiten besitzt. Die Interaktion kann auch zwischen Menschen stattfinden, etwa mithilfe von Informations- und Kommunikationstechnologien, zwischen Maschinen (Maschine-Maschine-Interaktion) und zwischen Tieren und Maschinen (Tier-Maschine-Interaktion).

Die Interaktion ist neben der Kommunikation, der Nähe, der Abbildung (von Aspekten) und dem Nutzen eine der fünf Dimensionen sozialer Roboter. Diese nehmen jemandem etwas ab, tragen es zu jemandem hin, richten jemanden auf, betten jemanden um, machen mit ihm oder ihr den Ghetto-Gruß – was wiederum ein Akt der Kommunikation ist.

Interdisziplinarität

Interdisziplinarität ist die Einbeziehung von Begriffen, Modellen, Methoden und Ansätzen unterschiedlicher Wissenschaften bei der Erforschung und Bearbeitung eines Themas. Die Soziale Robotik arbeitet mit zahlreichen Disziplinen zusammen, der Informatik, der Philosophie, der Psychologie, der Soziologie, der Pflegewissenschaft usw., natürlich ebenso mit anderen Bereichen der Robotik selbst. Gerade bei den Begriffen ist Übersetzungsarbeit notwendig, denn technische Wissenschaften gebrauchen „sozial", „moralisch", „intelligent" etc. im Zusammenhang mit ihren Artefakten anders als die Geisteswissenschaften. Grundsätzlich hat jede Disziplin ihre Hoheit über ihre Fachbegriffe. Besondere Bedeutung für die Soziale Robotik gewinnen neben der Künstlichen Intelligenz seit ca. 2010 die Disziplinen der Maschinenethik und des Maschinellen Bewusstseins.

Die Künstliche Intelligenz ist elementar für die natürlichsprachlichen Fähigkeiten der sozialen Roboter, zudem für Gesichts- oder Stimmerkennung, mit denen etwa Pepper und Harmony ausgestattet sind. Sie erweitert die Systeme zudem mit Fähigkeiten zur Entscheidungsfindung und Problemlösung. Die Maschinenethik wird hergenommen, um sozialen Robotern moralische Regeln zu geben. So haben Forscher nicht nur einen NAO im Pflegekontext in dieser Hinsicht erweitert, sondern auch Haushaltsroboter, aus denen tierfreundliche Maschinen wie LADYBIRD wurden. Dank des Maschinellen Bewusstseins vermögen soziale Roboter Empathie und Emotionen zu zeigen. Dies sind Simulationen, die bei Pepper und Paro zentral sind. Es geht darum, dass Beziehungen aufgebaut werden, und darum, dass Menschen selbst Empathie und Emotionen haben. Das Maschinelle Bewusstsein kann ferner dazu beitragen, dass die sozialen Roboter sich selbst in einer besonderen Art wahrnehmen und für sich selbst in besonderer Weise sorgen.

Internet

Das Internet ist ein weltweites Computernetzwerk, das Rechner aller Art auf der Basis der Protokollgruppe Transmission Control Protocol over Internet Protocol (TCP/IP) verbindet und dessen Anfänge in die 60er-Jahre des 20. Jahrhunderts reichen. In das Internet gingen verschiedene Netze wie das Arpanet oder das Usenet ein; man bezeichnet es deshalb auch als „Netz der Netze". Bereits in den 1970er-Jahren wurden Internetdienste wie Diskussionsforen zur Kommunikation und zum Austausch von Dateien genutzt. Ende der 1980er-Jahre kam der

Chat hinzu. Als um 1990 das World Wide Web (WWW) als Hypertextsystem mit grafischer Benutzeroberfläche entstand, wurde das Internet schlagartig populär. Millionen von Websites und Tausende von Diensten machen es zu einem hochkomplexen Informations- und Kommunikationsangebot.

Das Internet hat zu Beginn enorme Hoffnungen aufkommen lassen, in Bezug auf Information und Kommunikation, gesellschaftliche Fragen wie Demokratie und globale Informatisierung sowie ökonomische Potenziale. Die Realität hat viele dieser Hoffnungen eingeholt, aber dennoch ist das Internet mehr eine Revolution als eine Evolution geworden. Viele Internetdienste sind aus unserem Alltag und unserem Berufsleben nicht mehr wegzudenken und verändern Abläufe auf dramatische Weise. Totalitäre Staaten versuchen – dies ein Hinweis auf die vermutete Macht des Mediums – den Zugriff auf das Internet einzuschränken, entweder über die Blockierung von Netzen, Rechnern und Websites, mit Unterstützung von Suchmaschinen und Katalogen, die Websites aus ihrem Index streichen, oder mit einer Authentifizierung, also der Prüfung der vom Nutzer behaupteten Identität.

Dass das Internet teilweise immer noch als gleichsam mystischer Ort wahrgenommen wird, zeigen Begriffe wie „Cyberspace" oder „Hyperspace". Während in dem einen – der Steuermannskunst und Raum bzw. Weltraum zusammenbringt – Virtualität und Fiktionalität von Computern und insbesondere Computernetzen beschworen werden, spielt der andere auf die scheinbare Unendlichkeit des Internets an, in der sich Benutzer jederzeit verlieren können („lost in hyperspace"). Andere Wortbildungen und Metaphern wie „Datenautobahn" oder „Information Highway" sterben dagegen aus und haben fast nur noch historische Bedeutung.

Ein Problem der 2010er-Jahre ist, dass viele Benutzer soziale Netzwerke als das Internet wahrnehmen und private Anbieter das freie WWW an den Rand drängen. Dies wird durch Millionen von Websites und Plattformen unterstützt, die Funktionen und Buttons der Social Networks und Microblogs (etwa die Like-Buttons) verwenden und im Kommentarbereich eine Anmeldung über deren Dienste erlauben oder vorschreiben. Selbst öffentlich-rechtliche Radio- und Fernsehsender kommunizieren mit ihren Hörern und Zuschauern über privatwirtschaftliche Social-Media-Dienste und verstärken so die neue Eindimensionalität.

Gegen Zentralisierung und Monopolisierung in Internet und WWW wenden sich Projekte wie Solid. Mit diesem sollen die dezentralen Mechanismen wiederhergestellt werden. Dabei haben die von Befugten gepflegten und beaufsichtigten Solid PODs, Speicher für persönliche und soziale Daten, eine wichtige Funktion. Tim Berners-Lee, der Initiator von Solid und des Solid POD, will damit auch die informationelle Autonomie stärken und letztlich die Privatsphäre schützen.

Internet der Dinge

Das Internet der Dinge (Internet of Things, IoT) vernetzt mit IT angereicherte und eindeutig identifizierbare Dinge, Tiere und Menschen miteinander und lässt sie auf technischem Wege miteinander kommunizieren. Es wandelt sich von einer Vision zu einer immer weiter verbreiteten Realität. Denkende Dinge (engl. „thinking things") können ein Teil des Internets der Dinge sein, vernetzte Objekte (engl. „networked objects") sind es auf jeden Fall; übergeordnete Konzepte sind Ubiquitous und Pervasive Computing. Wearables können genauso zum Internet der Dinge gehören wie Gerätschaften und Fahrzeuge, die Rückmeldung an die intelligente Fabrik geben zur Anpassung und Verbesserung der Produktion (Industrie 4.0).

Im Rahmen der Informationsethik stellen sich Fragen nach informationeller und persönlicher Autonomie, nach Überwachungsstaat und -gesellschaft. Auch die (Verletzung der) Würde von Lebewesen bzw. ihre Instrumentalisierung und die (Versehrtheit der) Schönheit von Gegenständen kann thematisiert werden, sodass es Überschneidungen mit Bereichsethiken wie der Tierethik, aber auch mit philosophischen Disziplinen wie der Ästhetik gibt. Die Maschinenethik kommt ins Spiel, wenn die (teil-)autonomen, intelligenten Maschinen mit den Dingen interagieren und dabei moralische Aspekte berührt werden.

J

Jibo

Jibo ist ein sozialer Roboter, der von Cynthia Breazeal vom Massachusetts Institute of Technology (MIT) entwickelt wurde. 2014 wurde die Fertigstellung mit Hilfe von Crowdfunding vorangetrieben. 2017 kam Jibo auf den Markt. Videos zeigen Anwendungen im Haushalt, die Unterstützung in der Küche und die Unterhaltung im Kinderzimmer. Nach dem vorläufigen Scheitern des Projekts übernahm 2020 die Firma NTT Disruption die Rechte. Die Neuauflage ist für den Gesundheits- und Bildungsbereich gedacht.

Jibo hat ein dinghaftes Design und sieht ähnlich aus wie ein Klassiker von Artemide, eine Nachttischlampe, mit einem Sockel und einem Oberteil, das als sein Kopf interpretiert werden kann. Mit Bewegungen simuliert er Emotionen. Er verfügt über Kameras, Mikrofone, Lautsprecher und ein Display. Auf diesem wird eine Kugel dargestellt, mit deren Hilfe – über verschiedene Animationen – der Roboter wiederum Emotionen zeigen kann. Mit Hilfe von Objekt- und Gesichtserkennung kann Jibo Fotos machen und Personen mitsamt ihren Emotionen identifizieren.

O. Bendel, *300 Keywords Soziale Robotik*,
https://doi.org/10.1007/978-3-658-34833-5_10

Joi

Joi ist ein fiktionaler Charakter im Film „Blade Runner 2049“ (2017) von Denis Villeneuve, gespielt von Ana de Armas. Das Hologramm besitzt natürlichsprachliche Fähigkeiten und lebt mit ihrem Besitzer, Officer K, einem Replikanten, zusammen. Sie präsentiert sich ihm in ständig wechselnden Outfits, serviert ihm virtuelles Essen und interessiert sich scheinbar für ihn und seine Existenz. K aka Blade Runner schenkt ihr eines Tages einen Emanator, mit dem sie das Haus verlassen kann. Als sie dies zum ersten Mal tut, regnet es in Strömen, und sie spürt die Tropfen auf ihrer virtuellen, aber offensichtlich empfindsamen Haut.

Joi kann die sexuellen Bedürfnisse von Officer K nicht befriedigen, weshalb sie ihm eine käufliche Replikantin besorgt. In einer aufsehenerregenden Szene verschmelzen sie und Mariette miteinander. Es folgt ein flotter Dreier, wie ihn die Welt noch nie zuvor gesehen hat. Blade Runner und seine Freundin können sich so zum erstem Mal in einer gewissen Weise berühren und haben miteinander Sex, mithilfe der Prostituierten, die hier Mittel zum Zweck ist, im Gegensatz zum Hologramm.

Eine weitere beeindruckende Szene findet sich gegen Ende des Science-Fiction-Films. Der Blade Runner begegnet Joi noch einmal, aber nicht seiner persönlichen Version, die nicht mehr existiert, sondern der ursprünglichen Joi, derjenigen Kunstfigur, die sich an alle wendet, als riesenhafte Werbeanimation, als vollkommen nackte Hologrammskulptur, stehend, von vorn und von der Seite, die ihn entdeckt, ihn anspricht, um ihn für sich zu gewinnen, damit er sie kaufe, und auf ihn zeigt.

K

Kaffeeroboter

Kaffee ist ein bräunliches bis schwarzes, koffeinhaltiges Getränk, zubereitet aus gerösteten und gemahlenen Kaffeebohnen, den Samen der Frucht des Kaffeestrauchs. Wegen seiner anregenden Wirkung wird es in Unternehmen ebenso geschätzt wie an Hochschulen. Es ist ein Lebenselixier für die breite Masse und eine Hirnstimulanz für viele Schriftsteller und Maler sowie Designer und Programmierer jeden Geschlechts. Gegen die Bitterkeit, die nicht jedermanns Geschmack ist, helfen Zucker und Milch.

Kaffee hat im Mittelalter von Afrika (Äthiopien) aus über Arabien seinen Siegeszug um die ganze Welt angetreten. Die Pflanze wird heute in etwa 50 Ländern mit mildem, ausgeglichenem Klima kultiviert, in Brasilien, Vietnam und Kolumbien ebenso wie – in weit geringerem Maße – in Hawaii. Früher fand man sie im Schatten großer Bäume, später fast nurmehr in Monokulturen. Bis heute gibt es Sklavenarbeit auf Plantagen. Im 16. Jahrhundert entstanden in Istanbul Kaffeehäuser, im 17. Jahrhundert in Venedig, London, Wien und Bremen.

O. Bendel, *300 Keywords Soziale Robotik*,
https://doi.org/10.1007/978-3-658-34833-5_11

Bei der Kaffeezubereitung wird das Kaffeepulver mit heißem Wasser übergossen, wobei ein Filter aus Metall oder Papier verwendet werden kann. Die Brühzeit ist je nach Zubereitungsart unterschiedlich. Zur Verfügung stehen Presskannen oder Kaffeemaschinen für Filterkaffee. Für Espresso eignen sich Stahl- oder Aluminiumkocher, die auf den Herd gestellt werden, sowie Kolbenmaschinen und Vollautomaten. Bei Spezialitäten wie Cappuccino und Latte Macchiato wird Milch bzw. Milchschaum zugesetzt. Wichtig ist ein angemessenes Trinkgefäß. In Cafés und Bars ist der Barista (it. für „Barkeeper") für die Zubereitung der Kaffeegetränke zuständig.

Kaffeeroboter wie ELLA – oft „Robot Baristas" genannt – werden z. B. in Cafés in Singapur eingesetzt. Café X ist in San Francisco vertreten. Die Roboterarme mit mehreren Freiheitsgraden können den Becher in die Maschine schieben und nach der Befüllung herausnehmen, zudem Milch erwärmen und aufschäumen. Über eine App überträgt der Kunde seine individuellen Wünsche an den Roboter. Geräte dieser Art bereiten auch Cocktails zu. ELLA und Co. arbeiten in der Nähe von Menschen und an Orten mit einer hohen Geselligkeit. In ihrem Aussehen und ihren Funktionen sind sie mit Cobots in der Fabrik vergleichbar.

Kampfroboter

Kampfroboter, auch als Kriegs- und Militärroboter bekannt, sind ferngesteuerte oder aber teilautonome bzw. autonome Maschinen, die in kriegerischen Auseinandersetzungen der Ablenkung in Bezug auf Ressourcen, der Auskundschaftung von Stützpunkten sowie der Beobachtung und der Beseitigung von Gefahren und Gegnern dienen. Wenn sie Standorte bewachen, haben sie eine Nähe zu Sicherheitsrobotern, wenn sie nach Minen suchen und diese räumen und sprengen, zu Minenrobotern, wenn sie Transporte durchführen, zu Transportrobotern. Auch Kampfdrohnen sind, ein weiter Begriff vorausgesetzt, Kampfroboter. Man kann Kampfroboter als Serviceroboter ansehen, sie aber genauso als eigene Kategorie begreifen. Der Begriff des Militärroboters kann nicht nur als Synonym, sondern auch als Überbegriff verwendet werden. Bei ferngesteuerten und teilautonomen Systemen, ob für den Einsatz in der Luft oder auf dem Boden gedacht, ist typischerweise nebst dem mobilen Roboter eine Kontrollstation respektive Steuerzentrale auf dem Boden vorhanden.

Ferngesteuerte und teilautonome Kampfroboter sind weltweit im Einsatz. Autonome Systeme werden mit Hochdruck erforscht, vor allem an Universitäten und in den Labors der Waffenhersteller in den USA, in Israel und in Asien, als Prototypen entwickelt und getestet und in mehreren Ländern bereits im Normalbetrieb eingesetzt. Je nach Anwendungsbereich haben sich ganz unterschiedliche Typen herausgebildet. Auf dem Boden sind bewaffnete und unbewaffnete Systeme im Gebrauch. Der Battlefield Extraction-Assist Robot (BEAR) und Bigdog transportieren Verletzte und Gegenstände, Talon und Packbot entschärfen Sprengstoffe. Das englische Modular Advanced Armed Robotic System (MAARS) und der amerikanische XM1219 Armed Robotic Vehicle-Assault-Light (ARV-A-L) sind bzw. waren ebenso mit Waffen ausgerüstet wie die russischen Soratnik und Nerechta. Ein bewaffnetes System für den Einsatz in der Luft ist z. B. der oder die AAI RQ-7 bzw. AAI RQ-7 Shadow. Das israelische und das südkoreanische Militär testen Kampfroboter in Grenzregionen.

Eine zuweilen diskutierte Frage ist, ob autonome Kampfroboter soziale Roboter sind bzw. wären. Wenn man sich künftige Modelle wie mechanische Soldaten denkt, erfüllen sie offenbar mehrere Kriterien, sie interagieren und kommunizieren, sie suchen eine Nähe zu Menschen auf – zumindest zu denjenigen, die sie töten sollen – und bilden Aspekte von ihnen ab. Was einen zögern lässt, sie in diese Kategorie einzuordnen, liegt an der Doppeldeutigkeit des Sozialen. Kriegerische Handlungen sind auf jeden Fall eine gängige soziale Kategorie, die erste Wortbedeutung vorausgesetzt, aber das Abschießen von Menschen, die als Soldaten oder Zivilisten dem Krieg ausgeliefert sind, wird gemeinhin nicht als sozial angesehen, zumindest nicht in der zweiten Wortbedeutung. Wenn der Nutzen, um diese fünfte Dimension zu nehmen, vor allem im Töten besteht, werden Vorbehalte gegenüber dieser Begriffsverwendung bestehen. Dies heißt nicht, dass Kampfroboter keine sozialen Roboter im ersten Sinne wären – man sollte nur die zweite Bedeutung nicht völlig außer Acht lassen.

KI-Forscher und Robotiker aus aller Welt haben bei der Eröffnung der IJCAI 2015 am 28. Juli 2015 in einem offenen Brief ein Verbot von autonomen Waffensystemen angemahnt. Zu den Unterzeichnern gehörten Stephen Hawking, Steve Wozniak, Noam Chomsky und Elon Musk. In einem weiteren offenen Brief an die Vereinten Nationen, veröffentlicht am 20. August 2017 vom Future of Life Institute, forderten Elon Musk und über 100 weitere Unternehmer und Wissenschaftler erneut ein Verbot von autonomen Waffensystemen und Kampfrobotern. Kritiker sehen wiederum in den Autos von Tesla zwar keine Kampfroboter, aber Roboter, die das Leben von Menschen gefährden, weil ihre Funktionen noch nicht ausgereift seien und ihre Entwicklung zu schnell vorangetrieben werde. Zudem könnten sich Roboterautos durch Hackerangriffe in Waffen verwandeln. In diesem Zusammenhang taucht die Frage der Zweckentfremdung von Robotern auf – und das Problem, dass unterschiedlichste Serviceroboter als Kriegsgeräte und soziale Roboter als Kampfwerkzeuge benutzt werden können.

Die ethische Diskussion, die durch die genannten offenen Briefe und verwandte Petitionen ausgelöst wird, aber auch unabhängig davon regelmäßig aufkommt, bezieht sich vor allem auf autonome Kampfroboter, die töten sollen und können, also Lethal Autonomous Robots. Befürworter betonen, dass man mit ihnen die eigenen Soldaten schonen und schützen kann. Zudem kann man mit ihnen Ziele präzise erfassen und bekämpfen, dank der eingebauten und mit ihnen verbundenen Technologien und in Relativierung oder Eliminierung menschlicher Fehler. Nicht zuletzt hat der Kampfroboter anders als der Mensch kaum ein Interesse daran, am Rande von kriegerischen Auseinandersetzungen zu plündern, zu brandschatzen und zu vergewaltigen. Gegner erwähnen die relative Einfachheit und potenzielle Grenzenlosigkeit des Einsatzes und den Psychoterror für die Bevölkerung durch unbemannte Systeme. Ebenso werden die Gefahr falscher maschineller Entscheidungen und die Abwälzung menschlicher Verantwortung auf Maschinen ins Feld geführt, überdies – um die Perspektive zu öffnen – ökonomische Faktoren wie das fragwürdige Kosten-Nutzen-Verhältnis. Nicht zuletzt können Kampfroboter, wie Roboterautos, gehackt und dann manipuliert und missbraucht werden. Die Maschinenethik widmet sich den moralisch begründeten Entscheidungen von Kampfrobotern. Im

Zentrum eines Gedankenexperiments steht Buridans Robot, der einen Terroristen töten soll. Da dieser zusammen mit seinem Zwillingsbruder auftaucht, ist sich die Maschine unsicher, wen sie auswählen soll, und gerät in ein ähnliches Dilemma wie Buridans Esel, der zwischen zwei Heubündeln verhungert.

Kaspar

Kaspar ist ein sozialer Roboter von der University of Hertfordshire, entwickelt seit dem Jahre 2006. Er soll autistischen Heranwachsenden helfen. Er ist als „companion" oder „social companion" konzipiert, soll also ein Begleiter und Freund sein, dank des marionettenhaften, etwas gewöhnungsbedürftigen Äußeren jedoch nicht mit einem Menschen verwechselt werden können.

KI-Ethik

Mit der Künstlichen Intelligenz (KI) als Disziplin und der künstlichen Intelligenz als ihrem Gegenstand beschäftigen sich mehrere etablierte Bereichsethiken, die wiederum der angewandten Ethik zugehören. Die Informationsethik hat die Moral (in) der Informationsgesellschaft zum Gegenstand. Sie untersucht, wie wir uns, Informations- und Kommunikationstechnologien und digitale Medien anbietend und nutzend, in moralischer Hinsicht verhalten bzw. verhalten sollen. Mit Blick auf die KI ist z. B. die Frage, wie wir mit ihrer Hilfe observiert und analysiert werden, welche Verzerrungen durch sie entstehen und welche Vorurteile durch sie gefestigt werden (Bias-Diskussion). Typischerweise entstehen in Zusammenarbeit mit der Informationsethik, unter Verwendung ihrer Begriffe und Methoden, auch ethische Leitlinien, deren Nutzen umstritten ist. Die Technikethik bezieht sich auf moralische Fragen des Technik- und Technologieeinsatzes. Es kann um die Technik von Fahrzeugen oder Waffen ebenso gehen wie um die Nanotechnologie oder die Kernenergie. Sie interessiert sich dafür, wie Systeme künstlicher Intelligenz als Technologien und Werkzeuge einzuordnen sind, was wir ihnen zugestehen und wie wir uns ihnen gegenüber verhalten sollen. Die Wirtschaftsethik hat die Moral (in) der Wirtschaft zum Gegenstand. Dabei ist der Mensch im Blick, der wirtschaftliche Interessen hat, der produziert, handelt, führt und ausführt sowie konsumiert (Konsumentenethik), und das Unternehmen, das Verantwortung gegenüber Mitarbeitern, Kunden und Umwelt trägt (Unternehmensethik). Ersetzt künstliche Intelligenz den Menschen, nimmt sie ihm schwierige und anstrengende Arbeiten ab, ermöglicht sie ihm ein Leben mit weniger und mit besserer Arbeit? Das sind Fragen, die man in Bezug auf den Mitarbeiter stellen kann.

Zudem kann sich die Disziplin der Roboterethik mit der künstlichen Intelligenz beschäftigen. KI und Robotik haben unterschiedliche Ziele und Ergebnisse. Ihre Ergebnisse kann man aber integrieren, und intelligente Roboter sind von zunehmender Bedeutung, als Industrieroboter ebenso wie als Serviceroboter. Die Roboterethik kann zunächst als Keimzelle und Spezialgebiet der Maschinenethik aufgefasst werden. Gefragt wird dann danach, ob ein Roboter ein Subjekt der Moral (engl. „moral agent") sein und wie man diese implementieren kann. Man kann aber nicht nur nach den Pflichten oder Verpflichtungen (noch schwächer: Aufgaben), sondern auch den Rechten der Roboter fragen und danach, ob diese Objekte der Moral (engl. „moral patients") sind. Nicht zuletzt ist es möglich, die Disziplin in einem ganz anderen Sinne zu verstehen, nämlich in Bezug auf die Folgen des Einsatzes von Robotern für Menschen. In dieser Ausrichtung kann sie in Technik- und Informationsethik verortet oder diesen zugeordnet werden.

Die bereits genannte Maschinenethik kann von den klassischen Bereichsethiken getrennt werden. Während diese stets den Menschen als Subjekt der Moral thematisieren (auch in der Tierethik, wo das Tier Objekt der Moral ist, nicht Subjekt), fragt sie nach der Maschine als Subjekt der Moral. Und während sich die Bereichsethiken meist damit begnügen, über Maschinen nachzudenken, baut sie Maschinen, zusammen mit Künstlicher Intelligenz und Robotik, um sie dann zu erforschen und womöglich in die Praxis zu bringen. Insofern mag man sie als eigenes Gebiet der angewandten Ethik betrachten oder auf eine Stufe mit der Menschenethik stellen.

Autonomen Systemen wie bestimmten KI-Systemen und bestimmten Robotern (etwa sozialen Robotern) kann man moralische Regeln beibringen. Meist sind dies vorgegebene Regeln, an die sich die Maschine unbedingt hält. Es gibt aber auch Prototypen, die ihre Moral anpassen und weiterentwickeln. Beide Ansätze haben Vor- und Nachteile, je nach Ausgangslage, Zielsetzung und Kontext. Das maschinelle Subjekt hat übrigens vieles von dem nicht, was das menschliche hat. Ein Roboter ist nicht gut oder böse, und man kann ihn moralisch auch kaum zur Verantwortung ziehen. Er kann aber unter mehreren Optionen die geeignete auswählen, unter Berücksichtigung moralischer Regeln oder Metaregeln bzw. Prinzipien. Unter den klassischen Modellen normativer Ethik scheinen sich Pflichtethik und Folgenethik besonders für eine Implementierung zu eignen.

Eine KI-Ethik ist noch nicht etabliert (wie dies übrigens auch eine Algorithmenethik nicht ist, deren Begriff vielfach verwendet wird). Es ist die Frage, ob sie sich aus den genannten Bereichen der angewandten Ethik speisen kann oder ob man sie als selbstständige Fachrichtung ausarbeiten soll. Es ist einerseits nicht sinnvoll, zu viele Disziplinen zu etablieren. Schon die Informationsethik ist im deutschsprachigen Raum unterrepräsentiert und bräuchte institutionell und finanziell Verstärkung (während Wirtschafts-, Medien- und Medizinethik gut genährt sind). Andererseits stellt sich die Frage, warum keine KI-Ethik auf den Plan treten soll, wenn schon eine Roboterethik existiert und beide in gewissem Sinne komplementär sind. Allerdings hat sich gezeigt, dass deren Begriff durchaus diffus ist. Hilfsweise und vorläufig soll unter einer KI-Ethik keine neue Bereichsethik und auch keine neue Ethik neben der Menschenethik verstanden werden, sondern ein neues Arbeitsgebiet. Dieses kann man aus den klassischen Bereichsethiken und der Maschinenethik heraus entfalten.

Kindchenschema

Das Kindchenschema beinhaltet die für Kleinkinder und Kinder typischen Merkmale, die bei Erwachsenen Emotionen und Empathie wecken sollen. Ein relativ großer Kopf, große Augen und ungelenke Bewegungen gehören dazu.

Soziale Roboter werden häufig nach dem Kindchenschema umgesetzt. Beispiele hierfür sind Pepper und Roboy. Auch Marvin aus „Per Anhalter durch die Galaxis" („The Hitchhiker's Guide to the Galaxy") und etliche seiner Science-Fiction-Kollegen folgen diesen Gestaltungsprinzipien.

Kismet

Kismet ist ein Roboterkopf, der Ende der 1990er-Jahre von Cynthia Breazeal am Massachusetts Institute of Technology (MIT) für experimentelle Zwecke entwickelt wurde. Die Gestaltung changiert zwischen animaloid und humanoid, unter mehr oder weniger vollständiger Offenlegung der maschinellen Funktionen.

Kismet konnte Emotionen simulieren – etwa mit Hilfe von Gesichtsausdrücken, Lautäußerungen und Bewegungen – und Gesichtsausdrücke mit Blick auf Emotionen analysieren. Das System verfügte über Augen-, Bewegungs- sowie Hautfarbenerkennung. Der Roboterkopf ist heute im MIT-Museum in Cambridge (Massachusetts) zu bewundern.

Kognitive Architektur

Kognitive Architekturen sind nach Antonio Lieto sowohl Modelle der Kognition in natürlichen und künstlichen Agenten als auch die entsprechenden Umsetzungen. Sie sind in der Künstlichen Intelligenz (KI) und in der Sozialen Robotik relevant.

Beispiele für kognitive Architekturen sind ACT-R, AIS, CLARION, MAX und SOAR. Künstliche Agenten, die auf solchen Infrastrukturen basieren, wurden mit Blick auf verschiedene kognitive Aufgaben wie Denken, Lernen, Wahrnehmen und Erkennen getestet.

Kognitive Verzerrung

Kognitive Verzerrung (engl. „cognitive bias") ist ein Begriff aus der Kognitionspsychologie. Er ist für die Philosophie und speziell die Ethik von Bedeutung. Angesprochen werden systematische Fehlleistungen von Menschen (auch von Benutzern) in ihrem Wahrnehmen, Erkennen, Erinnern, Vermuten und Urteilen. Die meisten Betroffenen sind sich der kognitiven Verzerrungen nicht bewusst. Kognitive Verzerrungen können unabsichtlich oder absichtlich auf Roboter und KI-Systeme übertragen werden. Deren Fehlleistungen sind problematisch etwa bei einer automatisierten Bewerberauswahl.

Kognitivismus

Der Kognitivismus befasst sich mit der menschlichen Intelligenz und dem menschlichen Denken und untersucht und beschreibt die im menschlichen Gehirn ablaufenden Prozesse des Wissenserwerbs. Zu diesen Prozessen – den kognitiven Vorgängen – zählen u. a. Wahrnehmen, Erkennen, Verstehen, Bewusstwerden, Denken, Vorstellen, Interpretieren, Problemlösen, Entscheiden oder Urteilen. Gegenstand der Betrachtung ist der Mensch als ein Individuum, das nicht durch äußere Reize steuerbar ist, sondern vielmehr diese aktiv und selbstständig verarbeitet.

Aus kognitivistischer Sicht ist Lernen ein komplexer Prozess der Informationsverarbeitung, der auch die Interpretation und die Bewertung des Informationsangebots umfasst. Dies bedeutet, dass Informationen selektiert werden, also einer subjektiven Auswahl unterliegen, die von den Vorkenntnissen und Fähigkeiten des Lernenden abhängig ist.

Informationen werden in mentale Modelle, welche die interne subjektive Sichtweise eines Lernenden abbilden, überführt. Bei jedem

Lernprozess wird Wissen entweder verändert oder neu erworben. Was gelernt wird, ist allerdings von dem Vorrat an Erfahrungen und bereits vorhandenem Wissen abhängig.

Kommunikation

Kommunikation kann verstanden werden als die Übermittlung von Informationen über ein Medium im weitesten Sinne zwischen zwei oder mehreren Kommunikationspartnern. Die menschliche Kommunikation dient neben dem Austausch von Erfahrung und Wissen auch der Koordination als Basis kooperativen Handelns. Dabei stehen neben der gesprochenen und geschriebenen Sprache bildhafte Darstellungen sowie Mimik (Gesichtsausdruck), Gestik (Körperhaltung und -bewegung) und Taktilität (Berührungen) zur Verfügung.

Sachinhalte einer Nachricht werden meistens sprachlich und bildlich vermittelt. Man erklärt, wie eine Maschine funktioniert, und zeigt auf Komponenten, Knöpfe und Hebel, oder man erstellt ein Handbuch mit Texten und Grafiken. Beim Transport von Emotionen, die für den Aufbau einer Beziehung zwischen Kommunikationspartnern wichtig sind, spielen dagegen häufig Mimik und Gestik sowie Gerüche (die nicht durchgehend beeinflussbar sind) eine Rolle.

Im virtuellen Bereich – beispielsweise im Internet – wird Kommunikation immer wichtiger. Sie erfolgt zwischen den Teilnehmern stets indirekt, d. h. mithilfe von Kommunikationswerkzeugen, und kann synchron (über Chats sowie Audio- und Videokonferenzen) oder asynchron (über E-Mail und Diskussionsforen) stattfinden. Teilweise können Mimik und Gestik durch klassische Emoticons und moderne Emojis ersetzt werden.

Soziale Roboter haben häufig natürlichsprachliche sowie mimische und gestische Fähigkeiten. Im Kontext der Kommunikation – einer ihrer fünf Dimensionen – sind bei ihnen zudem Geräusche und Töne wichtig, die durch das Sound Design gestaltet werden. Ihre Kommunikationsmöglichkeiten dienen dem Aufbau von Beziehungen und ihrer Steuerung durch den Benutzer. Eng verbunden mit der

Kommunikation ist die Interaktion. Beide Bereiche müssen aufeinander abgestimmt sein.

Kooperations- und Kollaborationsroboter

Kooperations- und Kollaborationsroboter sind moderne Industrieroboter, die mit uns Schritt für Schritt an einem gemeinsamen Ziel (Kooperationsroboter) bzw. Hand in Hand an einer gemeinsamen Aufgabe arbeiten, wobei wiederum ein bestimmtes Ziel gegeben ist (Kollaborationsroboter). Sie nutzen dabei ihre mechanischen und sensorischen Fähigkeiten und treffen Entscheidungen (wenn man diesen Begriff zulässt) mit Blick auf Produkte und Prozesse im Unternehmen bzw. in der Einrichtung. Co-Robots oder Cobots, wie sie gelegentlich genannt werden, können in Einzelfällen auch als Serviceroboter auftreten, etwa im medizinischen und pflegerischen Bereich. Die intensive Beschäftigung mit kooperativen und kollaborativen Robotern hat ihren Startpunkt in den 1990er-Jahren. In den 2010er-Jahren begannen sie sich durchzusetzen und in der Produktion zu verbreiten.

Kooperations- und Kollaborationsroboter haben meist einen Arm oder ein Armpaar und zwei bis drei Finger. Sechs bis sieben Freiheitsgrade erlauben eine entsprechende Beweglichkeit und Anpassungsfähigkeit. Es handelt sich mehrheitlich um Leichtbauroboter, die zwischen den Orten bewegt werden können, also mobil mindestens in diesem passiven Sinne sind. Sie kooperieren oder kollaborieren mit Menschen, wobei sie ihnen ausgesprochen nahe kommen und die Tätigkeiten ineinander greifen können. Trotz der engen Zusammenarbeit verspricht man sich eine hohe Sicherheit im Betrieb, vor allem in Bezug auf das Gegenüber, das nicht verletzt werden darf, sondern im Gegenteil geschützt und entlastet werden soll. Co-Robots sind autonome, intelligente, lernfähige Systeme und als Generalisten angelegt, wobei die Veränderungen auf Software- ihre Entsprechungen auf Hardwareseite haben müssen, etwa insofern Werkzeuge und Greifhände ausgewechselt und erweitert werden können. Sie sind in der Lage, von Menschen zu lernen, indem diese ihre Arme bewegen oder ihnen etwas vor ihren Kameras und Sensoren vormachen.

Soziale Robotik und Maschinenethik können zur Verbesserung der Roboter auch im sozialen und moralischen Sinne beitragen. Aus Technik- und Informationsethik heraus ist danach zu fragen, ob Co-Robots wie ein menschliches Gegenüber wirken und wie weit ihre autonomen und intelligenten Fähigkeiten reichen sollen. Gerade die (selten realisierte) Zweiarmigkeit scheint die Industrieroboter in Lebewesen zu verwandeln, was Erwartungen weckt und Bindungen stärkt, und Tablets können für Mimik genutzt werden, die im Zusammenspiel mit natürlichsprachlicher Kommunikation eine humanoide Anmutung erzeugt. Die Wirtschaftsethik widmet sich den Chancen und Risiken bei Ergänzung und Ersetzung von Werktätigen. Einerseits können Kooperations- und Kollaborationsroboter anstrengende und stumpfsinnige Arbeiten übernehmen, andererseits nach entsprechendem Training alleine oder zusammen mit ihresgleichen mannigfaltige Aufgaben ausführen, was den menschlichen Partner letztlich überflüssig machen könnte.

Künstliche Intelligenz

Der Begriff „Künstliche Intelligenz" („KI"; engl. „artificial intelligence" bzw. „AI") steht für einen eigenen wissenschaftlichen Bereich der Informatik, der sich mit dem menschlichen Denk-, Entscheidungs- und Problemlösungsverhalten beschäftigt, um dieses durch computergestützte Verfahren ab- und nachbilden zu können. Zudem kann man das tierische Denken zum Vorbild nehmen – oder eine ganz andere Vorstellung von Intelligenz. Die Intelligenz von Maschinen selbst kann ebenfalls mit dem Begriff gemeint sein, also die künstliche Intelligenz als Gegenstand und Ergebnis. Um beides zu unterscheiden, wird vorgeschlagen, den Namen der Disziplin groß zu schreiben, die Bezeichnung ihres Gegenstands dagegen klein.

Bis zuletzt hat der Intelligenzbegriff der schwachen KI dominiert. Ihr geht es vornehmlich um die Simulation intelligenten Verhaltens bzw. die Berücksichtigung einzelner Aspekte menschlicher Intelligenz, bezogen auf bestimmte Anwendungsgebiete. Durch die Praxis werden inzwischen Fähigkeiten nachgefragt, die man eher der starken KI zuordnen würde, die – seit ihren Anfängen in den 1950er-Jahren – im eigentlichen Sinne denkende Maschinen (womöglich auch deren Bewusstsein und Gefühle) erreichen will und bisher in wesentlichen Aspekten gescheitert ist. Roboter (insbesondere Cobots und soziale Roboter) sollen vorsichtig gegenüber Menschen sein, in ihren Worten und Handlungen, und sie sollen sich moralisch verhalten. Tatsächlich genügt aber auch hier zunächst die schwache KI.

Für die klassische und Soziale Robotik spielt die KI eine zentrale Rolle. Nicht nur humanoide Kunstwesen müssen eine gewisse Intelligenz aufweisen, sondern z. B. auch Maschinen der Industrie 4.0. Sie alle bringen die Software sozusagen in die Realität, wo sie beobachten und dazulernen kann (wobei künstliche Intelligenz nicht zwingend Machine Learning umfasst). Ferner profitieren spezialisierte Agenten, hervorgebracht von der Informatik, von einschlägigen Fähigkeiten. Die Maschinenethik wird von Vertretern der Künstlichen Intelligenz und Philosophen dominiert, und ihr geht es um die (auch emotionale) Intelligenz von Maschinen bei Entscheidungen und Handlungen mit moralischen Implikationen.

Mehr und mehr wird die KI zum Experimentier- und Spielfeld von IT-Konzernen, Suchmaschinenanbietern und Betreibern von Social Networks. Diese wollen u. a. ihre Benutzer durchleuchten und sie auf Produkte aufmerksam machen, wollen sie kategorisieren und instrumentalisieren. Gerade die Ökonomisierung der Künstlichen Intelligenz könnte dieser enorme Sprünge ermöglichen, sie dabei aber u. U. neuen Zwängen und Beschränkungen unterwerfen. Auch die Ethik hat sich der künstlichen Intelligenz zugewandt und versucht sich, was nicht unbedingt ihre Aufgabe ist, als Reguliererin, wobei sie häufig von Politik und Wirtschaft an die Hand genommen wird.

Künstliche Moral

Künstliche Moral (engl. „artificial morality"), auch maschinelle Moral (engl. „machine morality") genannt, ist die Fähigkeit einer Maschine, sich an moralische Regeln zu halten respektive unter verschiedenen Optionen diejenige auszuwählen, die gut und richtig ist.

Die moralischen Regeln sind der sogenannten moralischen Maschine gleichsam eingepflanzt worden; diese kann sie aber u. U. auch abändern und anpassen, etwa indem sie das Verhalten anderer – künstlicher oder natürlicher – Systeme übernimmt oder anderweitig aus Situationen lernt.

Der Begriff der künstlichen Moral wird ähnlich gebraucht wie derjenige der künstlichen Intelligenz und des maschinellen Bewusstseins. Die zugehörige Disziplin ist die Maschinenethik. Sie erforscht die künstliche oder maschinelle Moral und bringt sie hervor, eben in Gestalt der moralischen Maschine. Die Disziplinen der Maschinenethik, der Künstlichen Intelligenz (die die künstliche Intelligenz erforscht und hervorbringt) und des Maschinellen Bewusstseins (das das maschinelle oder künstliche Bewusstsein erforscht und hervorbringt) sind wichtig für die Soziale Robotik.

„Künstliche Moral" ist wie „künstliche Intelligenz" und „maschinelles Bewusstsein" ein Terminus technicus. Er hat sich durchgesetzt, um das Simulieren der Moral durch rechnerische und – bei physischen Maschinen – sensomotorische Prozesse zu bezeichnen. Er behauptet nicht, dass Maschinen so etwas wie Bewusstsein oder einen freien Willen haben – dies wären menschliche Qualitäten, über die die Maschine nicht verfügt (die sie aber wiederum simulieren könnte). Auch der Begriff des sozialen Roboters folgt dieser Logik, und er kann an die Seite des Begriffs der moralischen Maschine, des künstlich intelligenten Systems und des künstlich bewussten Systems gestellt werden.

Kultur

Unter Kultur (lat. „cultura": „Bearbeitung, Anbau, Pflege") wird das vom Menschen materiell und immateriell Geschaffene verstanden, im Gegensatz etwa zur Natur. Landschaften wandeln sich zu Kulturlandschaften, in Forst- und Landwirtschaft wachsen in systematischer und kultivierter Form sowohl Pflanzen als auch Tiere heran (Kulturflächen in Verbindung mit Bodenkultur), Dörfer, Städte, Gewerbegebiete und Industrieanlagen wuchern ebenso wie Straßennetze und

Schienenstränge für den Verkehr (Kulturflächen im Zusammenhang mit Siedlungs- und Betriebsflächen). Die Technik bringt Geräte, Maschinen, Roboter und Systeme mit sich, die der Erweiterung menschlicher Handlungsfähigkeit dienen. Die Kulturtechnik der Schrift ermöglicht Literatur und Wissenschaft, und in der Kunst wird man zum Schöpfer um der Schöpfung willen (Geisteskultur). Spezifische Entwicklungen und Nutzungen von Kultur formen die Kulturen (wie die Subkulturen). Die Kulturwissenschaft untersucht die Grundlagen, Merkmale und Folgen der Kultur und der Kulturen.

Unter der (der Kultur gegenübergestellten) Natur wird der Teil der Welt verstanden, der nicht vom Menschen geschaffen wurde, sondern von selbst entstanden ist. Bei einem engen Begriff ist die Natur der Erde gemeint, die natürliche Umwelt, bei einem weiten die Natur des Kosmos, sodass beispielsweise der Mond und die Sonne dazu zu zählen wären. Die Natur wird von den Naturwissenschaften erforscht, die belebte von der Biologie (einschließlich der Ökologie), die unbelebte u. a. von Physik und Geologie. Kultur ist oft ein Eingriff in die Natur. Sie mag ihr die Zivilisation entgegensetzen, in der Grundbedürfnisse einfach und bequem befriedigt werden, und sie kann einerseits die Natur der Zerstörung ausliefern (z. B. durch Exzesse der Wirtschaft), andererseits die Zerstörung durch die Natur verhindern (etwa durch Naturgewalten oder durch giftige Pflanzen und räuberische Tiere). Durch Kultur und Technik wird Natur auch verändert, etwa im Falle von Züchtungen und Zusammenfügungen (bis hin zum Cyborg), und überhaupt erst in bestimmter Weise wahrgenommen (z. B. durch ein Mikroskop oder ein Teleskop).

Kulturgüter sind materielle oder immaterielle Güter, die geschützt werden sollen. Dazu zählen bestimmte Bauwerke, Kunstwerke oder Sprachen. In ihrer Gesamtheit sind die Kulturgüter das kulturelle Erbe oder Kulturerbe der Menschheit. Die UNESCO (United Nations Educational, Scientific and Cultural Organization) hilft dabei, das Weltkulturerbe zu bestimmen und zu erhalten. Die materiellen oder immateriellen Güter werden zu diesem Zweck in einer Liste erfasst. Immer wieder ist das Welterbe – das Weltkulturerbe wie das Weltnaturerbe – durch Strömungen und Radikalisierungen in Kulturen (die sich dann gegen andere Kulturen bzw. Religionen richten) bedroht. So zerstörten die Taliban im März 2001 die Buddha-Statuen von Bamiyan, die Anhänger des IS im August 2015 den Baal-Tempel von Palmyra. Auch Kulturen können geschützt werden. So gibt es Naturvölker, die kaum in Kontakt mit Zivilisationen kamen und besondere Sitten und Gebräuche oder Sprachen und Dialekte haben, und Berg- und Inselbewohner mit Traditionen und Trachten, die einen hohen Stellenwert genießen (Volkskultur).

Der Begriff der Kultur kann verwendet werden, um sich über eine angebliche Unkultur zu erheben, also eine andere Form der Kultur zu missbilligen oder die eigene durchzusetzen (wie im Kulturkampf des 19. Jahrhunderts oder im Aufeinandertreffen von unterschiedlichen Geschmäckern im 19. und 20. Jahrhundert, mit Begrifflichkeiten wie „Kunstbanause" oder „Kulturbanause"), oder über die Natur mit ihren Pflanzen und Tieren, die als primitiv und instinktiv angesehen werden (die Menschen dagegen als reflektierend und rational). Umwelt- und Tierethik können dies thematisieren und problematisieren, Umwelt- und Tierschutz dem entgegentreten. Technik-, Informations- und Roboterethik widmen sich den Folgen des Einsatzes von Technik bzw. Informations- und Kommunikationstechnologien und (teil-)autonomen Maschinen, Wirtschaftsethik und speziell Unternehmensethik den Abhängigkeiten von Kultur und Wirtschaft und der Tendenz von Konzernen, die Kultur (respektive Ideologie) des Wachstums als Raubbau an der Natur zu zelebrieren.

L

Leben

Das Leben entstand mit der chemischen Evolution und bildete sich dann im Zuge der biologischen Evolution (auch einfach Evolution genannt) weiter aus. Lebewesen sind zum Leben fähige Einheiten, sogenannte Organismen, die u. a. zu den Bakterien, Pilzen, Pflanzen und Tieren zählen. Die Biologie (gr. „bíos“: „Leben“) erforscht das Leben bzw. Lebewesen, zusammen mit der Chemie, einer weiteren Naturwissenschaft. Zu den Lebenswissenschaften gehören zudem Medizin, Agrartechnologie und Ernährungswissenschaften. Das Leben auf der Erde benötigt Ribonukleinsäure (RNA) und Desoxyribonukleinsäure (DNA), die Informationen zur Entwicklung von Organismen enthalten. Dass es Leben auf anderen Planeten gibt, ist wahrscheinlich, aber nicht gesichert. Neben dem naturwissenschaftlichen Begriff des Lebens existiert der sozial- und geisteswissenschaftliche. Im allgemeinen Sprachgebrauch geht es häufig einfach um Lebenszeit und -alter des Menschen (oder des Tiers).

Mit dem Leben der Individuen ist i. d. R. der Tod verbunden, die Auslöschung geistiger und mit der Zeit – im Zuge der Verwesung –

O. Bendel, *300 Keywords Soziale Robotik*,
https://doi.org/10.1007/978-3-658-34833-5_12

auch körperlicher Zustände. Man spricht von einem Kreislauf der Natur, vom Entstehen und Vergehen. Die Angst der Menschen vor dem Tod und der Austausch darüber in Familien und Gesellschaften sowie der Aufbau von Machtstrukturen münden in religiöse Vorstellungen und Vorschriften zu einem Leben vor dem und nach dem Tod und in technische Ideen zu einem ewigen Leben, wie sie bei Transhumanisten verbreitet sind. Soziale Roboter mögen animaloid oder humanoid gestaltet sein und Eigenschaften von Lebewesen simulieren, sind aber nicht im eigentlichen Sinne sterblich: Sie verlassen nicht die Welt, sondern werden zu Schrott. Die Angst des Tiers vor dem Tod führt zu Fluchtbewegungen, Schutzmaßnahmen und Kampfhandlungen. Unsterblichkeit oder zumindest extreme Langlebigkeit wird einigen wenigen Lebewesen nachgesagt, etwa Turritopsis nutricula, einer Quallenart, oder Hydra, also Süßwasserpolypen.

Der Mensch muss seine Ernährung sicherstellen, um seinen Energiebedarf zu decken und damit sein Überleben zu ermöglichen. Bereits Jäger, Sammler und Hirten bilden traditionelle Formen der Wirtschaft aus, die auf die Beschaffung von Essen zielen. Die Landwirtschaft fördert die Sesshaftigkeit, insofern Bauern ihre Felder wiederholt bestellen wollen und Flächen zunehmend begehrt und besetzt werden. Wasser wird sowohl direkt konsumiert als auch zur Bewässerung verwendet. Die Erwerbswirtschaft ist vom Austausch von Waren bestimmt, oft über größere Distanzen hinweg, und führt nach und nach zur globalen Wirtschaftswelt. Der Händler wird zu einer zentralen Figur. Er gestattet ein abwechslungsreiches Leben selbst in abgelegenen Gegenden und gleicht die Lebensformen und -träume in der Welt ein Stück weit an.

Die Philosophie stellt in der Ontologie die Frage nach dem Sein bzw. Seienden und damit auch nach dem Leben. Die Naturphilosophie hat eine Nähe zur Ontologie und erforscht zusammen mit der Philosophie der Biologie, der Philosophie der Chemie und der Philosophie der Physik die Prinzipien der belebten und unbelebten Natur. Bereits Leukipp und Demokrit haben eine Atomtheorie entwickelt und Leben auf anderen Planeten für möglich gehalten. Die Ethik untersucht Voraussetzungen, Eigenschaften und Folgen eines guten Lebens und interessiert sich in diesem Zusammenhang für Lust, Glück und Glückseligkeit. Sie kann sich wie andere Disziplinen der Frage nach dem Sinn des Lebens widmen, die allerdings nicht unbedingt sinnvoll ist. Das Leben auf der Erde ist vor knapp vier Milliarden Jahren entstanden und wird vielleicht noch sechs Milliarden bestehen, bis zum Erlöschen der Sonne, doch in welcher Form, steht in den Sternen.

Lebewesen

Lebewesen sind zum Leben fähige Einheiten, auch als Organismen bekannt, die u. a. zu den Bakterien, Pilzen, Pflanzen und Tieren zählen. Sie haben einen eigenen Stoffwechsel und sind zur Fortpflanzung imstande. Im Zuge der Evolution haben sich Trillionen von Individuen und Millionen von (Unter-)Arten entwickelt. Viren wie HIV oder SARS-CoV-2 gehören nicht zu den Lebewesen, sind jedoch auf deren Stoffwechsel angewiesen. Die Biologie (gr. „bíos": „Leben") erforscht das Leben bzw. Lebewesen, zusammen mit der Chemie, einer weiteren Naturwissenschaft, die ebenso (wie die Physik) auf die unbelebte Natur zielt. Dass es Lebewesen auf anderen Planeten gibt, in welcher Form auch immer, ist wahrscheinlich, doch keineswegs gesichert.

Die Wirtschaft hat über Jahrtausende tierische und menschliche Lebewesen für Vorbereitung, Herstellung, Vertrieb und Entsorgung benötigt. Freiwillige und unfreiwillige Arbeitskräfte (Sklaven bzw. Nutz- und Lasttiere) stehen in Arbeitsprozessen zur Verfügung. Wild- und Nutztiere werden gefangen, gezüchtet, gehalten und getötet, um Rohstoffe, Kleidungsstücke oder Nahrungsmittel aus ihnen zu gewinnen. In der Industrie 4.0 werden Menschen durch Industrieroboter ersetzt oder ergänzt. Serviceroboter übernehmen Aufgaben in Alten- und Pflegeheimen und in Hotels. Als Endverbraucher und Interaktionspartner (bzw. Datenlieferant) ist nach wie vor das Lebewesen gefragt. Das Geschäft mit dem Tod (und mit dem Leben) beherrschen religiöse Organisationen ebenso wie Bestattungsunternehmen und Versicherungen.

Die Philosophie stellt in der Ontologie die Frage nach dem Sein bzw. Seienden und damit auch nach dem Leben und dem Status der Lebewesen. Die Wirtschaftsethik widmet sich dem Umstand, dass menschliche Arbeitskräfte mehr und mehr durch Industrie- und Serviceroboter, z. T. auch durch soziale Roboter, insgesamt also Nichtlebewesen, substituiert werden. Sie sieht einerseits Risiken für den Lebensunterhalt und die Sinnstiftung (trotz der Entfremdung von der Arbeit), andererseits Chancen für die Lebensgestaltung. Technikethik, Informationsethik und Roboterethik untersuchen die Folgen des Einsatzes von Technik bzw. Informations- und Kommunikationstechnologien und (teil-)autonomen Maschinen, auch mit Blick auf Bodyhacking. Gen- und biotechnische Eingriffe und Entwicklungen, bis hin zu Chimären, sind der Gegenstand der Bioethik.

Leuchtdioden

Leuchtdioden (engl. „light-emitting diodes", kurz „LEDs") werden bei sozialen Robotern häufig eingesetzt, um Zustände anzuzeigen und – u. a. neben dem Hilfsmittel der Töne – Emotionen darzustellen. Sie befinden sich z. B. im Bereich der Augen oder der Hüfte und sind farblich abgestimmt. Bei Servicerobotern können LEDs dazu dienen, eine Brücke zu sozialen Robotern zu schlagen.

Liebespuppen

Liebespuppen (engl. „love dolls") – profaner Sexpuppen (engl. „sex dolls") – unterscheiden sich von klassischen Gummipuppen durch ihre lebensechte Gestaltung. Sie haben Kopf und Körper, die täuschend echt anzusehen sind. Sie verfügen über künstliche Haut, unter der sich Gel befindet, sodass sich ihre Gliedmaßen echt anfühlen. An ausgewählten Stellen erwärmen sie sich oder sondern sie Flüssigkeit ab. Metallskelette erlauben unterschiedliche Positionen. Man kann Liebespuppen kaufen, um sie zu Hause zu benutzen, man kann sie mieten, stunden- oder tageweise, oder in speziellen oder normalen Bordellen antreffen. Die meisten von ihnen sind Mädchen und Frauen nachempfunden, nur wenige dem männlichen Geschlecht.

Man stattet Liebespuppen zuweilen mit künstlicher Intelligenz und Sprachfähigkeit aus und ermöglicht ihnen das Bewegen der Augen und der Lider. Damit werden sie nach und nach zu Sexrobotern – die Unterschiede verwischen, wie bei Harmony, einer vielseitig begabten Figur aus den USA. Die lebensechte Gestaltung kann in der Gesamtschau im Einzelfall infrage gestellt sein. Das Wunschdenken einiger Hersteller und Nachfrager führt zu übergroßen Brüsten und superschlanken Taillen. Zudem sind Mangamädchen mit riesigen Augen und Elfenfiguren mit spitzen Ohren auf dem Markt bzw. in den Bordellen vorzufinden.

Anscheinend werden Fantasy- und Comicfiguren von manchen „Freiern" gezielt gesucht bzw. bevorzugt. Wie weit die Abweichung vom Menschen gehen darf, ist weitgehend unerforscht. Ist jemand bereit, sich sexuell mit Daisy Duck oder Minnie Mouse einzulassen? Es könnte sein, dass für die Mehrheit hier eine Grenze überschritten wäre, zumal es sich für Erwachsene vielfach um Figuren aus der Kindheit handelt. Auch andere Aspekte werden diskutiert, etwa die Frage, ob Liebespuppen und Sexroboter die Einstellung von Männern zu Frauen in negativer Weise verändern oder ob sie eine therapeutische Wirkung entfalten können. Informations- und Roboterethik untersuchen Chancen und Risiken des Einsatzes, Maschinenethik und Ethics by Design die Potenziale angepasster Artefakte.

LOVOT

LOVOT (aus den Wörtern „love" und „robot") ist ein kleiner Roboter von GROOVE X (Japan), der 2019 vorgestellt wurde. Er bewegt sich auf drei Rollen, während er mit den kurzen Armen rudert, ist 43 cm hoch und mit Plüsch überzogen. Er verfügt über eine Kamera, Lautsprecher, Mikrofone und zusätzliche Sensoren, etwa Berührungssensoren, sowie Gesichts- und Stimmerkennung.

Auf zwei kleinen Displays im Gesicht sind animierte Augen zu sehen. Damit und mit Hilfe von Tönen und Bewegungen seiner Arme kann LOVOT Emotionen zeigen. Er soll Emotionen auslösen und zu Berührungen veranlassen. Auf der Website des Herstellers steht geschrieben: „Our goal is simple: create a robot that makes you happy. When you touch your LOVOT, embrace it, even just watch it, you'll find yourself relaxing, feeling better. It's a little like feeling love toward another person."

Robot Enhancement und Personalisierung sind bei LOVOT in vielfältiger Form möglich, etwa durch das Hinzufügen von Kleidung oder von Accessoires wie Brillen – alles erhältlich beim Hersteller selbst. Damit setzt GROOVE X von Anfang an auf Zusatzgewinne durch Begleitprodukte und überlässt dieses Feld nicht anderen Anbietern.

Lüge

Eine Lüge ist die Äußerung einer Unwahrheit. Sie ist an sprachliche Möglichkeiten gebunden. Nach einer engen Definition kann nur jemand lügen, der dies bewusst und absichtsvoll tut. Nach einer weiten kann auch jemand oder etwas lügen, der oder das die Wahrheit kennt bzw. etwas aus verlässlichen Quellen nimmt und ins Gegenteil verkehrt.

Nach der weiten Definition können Chatbots, Voicebots und soziale Roboter ebenfalls lügen. Zu beachten ist, dass diese umgekehrt grundsätzlich nicht immer faktengetreu sein können. So sind viele Dialogsysteme mit Wikipedia verbunden, das neben Wahrheiten auch Halbwahrheiten oder Unwahrheiten enthält. Damit ist auch das Lügen nur eingeschränkt möglich.

Der LÜGENBOT (LIEBOT) von 2016 war ein Chatbot, der systematisch die Unwahrheit sagen konnte. Er suchte nach Antworten, die als wahr gelten konnten, und manipulierte sie mit sieben unterschiedlichen Strategien. Sein Avatar veränderte sich je nach Art der Lüge – mal wurde seine Nase länger, wie bei Pinocchio, mal wurden seine Wangen rot. Systeme wie der LIEBOT können in soziale Roboter eingebaut werden.

M

Machine Learning

Machine Learning oder maschinelles Lernen umfasst unterschiedliche Formen des Selbstlernens bei Systemen der Künstlichen Intelligenz und der Robotik. Diese erkennen beispielsweise Regel- und Gesetzmäßigkeiten in den Daten und leiten Konklusionen und Aktionen daraus ab. Vorbild ist das menschliche oder tierische Lernen, also ein Aspekt menschlicher oder tierischer Intelligenz. Es kann aber ebenso bewusst davon abgewichen werden. Innerhalb der Disziplin der Künstlichen Intelligenz spielt Machine Learning eine immer wichtigere Rolle.

Nach Ethem Alpaydin heißt maschinelles Lernen, „Computer so zu programmieren, dass ein bestimmtes Leistungskriterium anhand von Beispieldaten oder Erfahrungswerten aus der Vergangenheit optimiert wird". Bei Deep Learning werden große Mengen von Daten (Big Data) verwendet. Neuronale Netze oder Netzwerke haben eine zentrale Funktion beim maschinellen Lernen. Dieses kann auch die Nachahmung evolutionärer Prozesse bedeuten, etwa beim Einsatz genetischer Algorithmen.

O. Bendel, *300 Keywords Soziale Robotik*,
https://doi.org/10.1007/978-3-658-34833-5_13

Machine Learning ist für etliche Anwendungsgebiete ein vielversprechender Ansatz. Es kann freilich zu unwillkommenen Ergebnissen führen, etwa wenn die Umgebung, in der das System lernt, problematisch ist, und wenn es mit falschen oder unvollständigen Daten bzw. Datensätzen gefüttert wird. Es gibt verschiedene Möglichkeiten, um Fehler zu korrigieren, etwa Anleitung und Beeinflussung durch Experten. Informations- und Roboterethik widmen sich den Chancen und Risiken maschinellen Lernens, die Maschinenethik nutzt es für ihre moralischen Maschinen.

Manipulation

Manipulation bedeutet, dass Menschen in ihrem Denken und Verhalten gesteuert werden, ohne dass ihnen dies bewusst bzw. ohne dass dies von ihnen gewollt wird. Sie kann mit Informations- und Kommunikationstechnologien und neuen Medien zusammenhängen, die Inhalte auf bestimmte Art und Weise zusammen- und darstellen.

Technische Manipulation ist die gezielte Beeinflussung von Funktionen und Ergebnissen an technischen Einrichtungen bzw. durch technische Hilfsmittel und kann in die Manipulation von Menschen münden. Soziale Roboter können durch ihre Fähigkeit, Emotionen und Empathie zu zeigen, die Benutzer manipulieren.

Markt für soziale Roboter

Soziale Roboter im engeren Sinne haben noch keine nennenswerte volkswirtschaftliche Bedeutung. Am ehesten verkaufen sich Spielzeug- und Unterhaltungsroboter. Bei Therapierobotern gibt es deutliche Zuwächse, und Modelle wie Paro sind weltweit verbreitet. Pflegeroboter liegen vornehmlich als Prototypen oder – wie im Falle von Lio und P-Care – in Kleinserien vor. Während Liebespuppen guten Absatz finden, ist dies bei Sexrobotern kaum der Fall, schon wegen des hohen Preises. Volkswirtschaftlich durchaus relevant sind Serviceroboter wie Transport-, Reinigungs- und Sicherheitsroboter. Manche von ihnen haben soziale Merkmale, beispielsweise Relay mit seinen animierten Augen.

Marvin

Marvin – mit vollem Namen Marvin the Paranoid Android – ist eine fiktive Roboterfigur aus „Per Anhalter durch die Galaxis" („The Hitchhiker's Guide to the Galaxy") von Douglas Adams. Auf der Basis einer Hörspielserie entstand von 1979 bis 1992 eine fünfteilige Romanreihe, deren erstes Werk den genannten Titel trägt. Der humanoide Roboter hat, wie im gleichnamigen Film sichtbar wird, einen riesigen kugelförmigen Kopf und schleppt sich neben den Menschen durch die Gegend. Er äußert regelmäßig den Satz „Leben, erzähl mir bloß nichts vom Leben".

Maschine

Artikel 2a der Richtlinie 2006/42/EG des Europäischen Parlaments und des Rates vom 17. Mai 2006 begreift eine Maschine als „eine mit einem anderen Antriebssystem als der unmittelbar eingesetzten menschlichen oder tierischen Kraft ausgestattete oder dafür vorgesehene Gesamtheit miteinander verbundener Teile oder Vorrichtungen, von denen mindestens eines bzw. eine beweglich ist und die für eine bestimmte Anwendung zusammengefügt sind". Man kann vereinfachend von komplexen künstlichen Werkzeugen oder auch künstlichen Wesen sprechen. Das Maschinenzeitalter begann im 18. Jahrhundert.

Maschinen sind in der Landwirtschaft, in der Fertigung, im Militär und im Alltag vertreten, als Landwirtschaftsmaschinen, Produktionsanlagen, Industrieroboter, Kampfdrohnen und Fahrkartenautomaten. René Descartes war der Meinung, dass Tiere seelenlose Automaten seien. In der Folge entwickelte sich die Maschinentheorie, in der Lebewesen als Maschinen aufgefasst wurden. Es werden immer mehr (teil-)autonome Systeme eingesetzt, die in bestimmten Situationen selbstständig entscheiden und handeln müssen, wie Drohnen, Roboter und

Chatbots (inzwischen werden auch Softwareroboter als Maschinen verstanden). Der Frage nach ihrer Moral widmet sich die Maschinenethik.

Maschinelles Bewusstsein

Maschinelles Bewusstsein (engl. „machine consciousness") ist ein Arbeitsgebiet, das zwischen Künstlicher Intelligenz und Kognitiver Robotik angesiedelt ist. Ziel ist die Schaffung eines maschinellen Bewusstseins oder Selbstbewusstseins. Dieses simuliert das menschliche Bewusstsein oder Selbstbewusstsein, nähert sich diesem ein Stück weit an oder bildet es in Teilen ab. Oder es erreicht das Original, ist mit diesem in wesentlichen Teilen identisch, was bis auf weiteres fernab der Realität ist. Man spricht auch von Maschinenbewusstsein, künstlichem Bewusstsein (engl. „artificial consciousness") oder synthetischem Bewusstsein (engl. „synthetic consciousness"). Zum maschinellen Bewusstsein bzw. Selbstbewusstsein mag man (Selbst-)Wahrnehmung, Erinnerung, Voraussicht, (Selbst-)Lernen sowie subjektive Erfahrung zählen.

Der Begriff des Bewusstseins wird wie der des Selbstbewusstseins nicht einheitlich verwendet. Oft versteht man darunter mentale oder phänomenale Zustände von Menschen oder Tieren. Man erkennt die Welt, indem man sie erlebt, und sich selbst, indem man sich spürt. Solche Zustände sind schwer zu simulieren, wie die Gefühle, die mit ihnen zusammenhängen; dagegen kann man den Ausdruck der Gefühle abbilden. Ähnlich kann man Intelligenz simulieren, indem man Maschinen natürlichsprachliche Möglichkeiten verleiht, und Moral, indem man ihnen Regeln mitgibt, an die sie sich halten. Man kann Bewusstsein und Selbstbewusstsein auch schwächer deuten. Man erkennt die Welt, indem man sie wahrnimmt, und sich selbst, indem man sich verortet und abgrenzt. Ein solches Zugangsbewusstsein kann man Maschinen durchaus einpflanzen, wie erste Prototypen zeigen.

Die Maschinenethik benötigt das maschinelle Bewusstsein oder Selbstbewusstsein nicht, um moralische Maschinen herzustellen. Man könnte damit aber auf eine neue Stufe maschineller Moral gelangen.

Zudem wäre es vielleicht in der Zukunft möglich, so etwas wie Gewissensbisse und Schuldgefühle zu erzeugen. Wenn Intuition und Empathie hinzukommen, ist es im Prinzip nicht auszuschließen, dass man sich der menschlichen Moral im Ganzen annähern kann – ein Ziel, das im Moment jedoch weit entfernt ist und kaum angestrebt wird. Die Roboterethik fragt nach den moralischen Rechten von bewussten Maschinen. Nur Entitäten mit Empfindungs- und Leidensfähigkeit bzw. (Selbst-)Bewusstsein können solche Rechte haben, wodurch Maschinen zunächst einmal ausscheiden. Allerdings müsste man wohl Robotern mit künstlichem Bewusstsein, das echte mentale Zustände beinhaltet, moralische Rechte zugestehen, ebenso wie umgekehrten Cyborgs, also z. B. Artefakten mit eingepflanzten biologischen Gehirnen, deren Funktionen im Wesentlichen erhalten bleiben. Rechte und Pflichten im juristischen Sinne sind nicht an ein Bewusstsein oder Selbstbewusstsein gebunden.

Das Gebiet des Maschinellen Bewusstseins ist von unterschiedlichen Positionen bestimmt. Während die einen darauf hinweisen, dass menschliches Bewusstsein im engeren Sinne nur schwer abgebildet werden kann, auch weil es schwer zu fassen ist, sind die anderen zuversichtlich, solche mentalen Zustände wie im Original entstehen lassen zu können, etwa indem sie das menschliche Gehirn selbst in seinen wesentlichen Strukturen nachbauen. Einige gehen sogar davon aus, dass ein Superbewusstsein (engl. „superconsciousness") möglich sein wird. Die Schaffung von maschinellem Bewusstsein und Selbstbewusstsein kann der Erforschung der entsprechenden menschlichen Zustände dienen oder auf eine Optimierung der maschinellen Erledigung von Aufgaben ausgerichtet sein, im wissenschaftlichen, wirtschaftlichen und privaten Kontext. Tatsächlich könnten Roboter und KI-Systeme mit Bewusstsein ihre Umwelt anders einschätzen und behandeln und mit Selbstbewusstsein besser ihre Interessen durchsetzen. Ihre Existenz hätte gravierende Folgen, die bereits heute von Roboter- und Informationsethik sowie der Rechtswissenschaft zu untersuchen sind. Zudem muss die Maschinenethik klären, wie sie mit Formen künstlichen Bewusstseins bei der Implementierung moralischer Maschinen umgehen will.

Maschinenethik

Die Maschinenethik erforscht die maschinelle Moral und bringt, zusammen mit Künstlicher Intelligenz und Robotik, moralische Maschinen hervor. Ihr Ausgangspunkt sind in der Regel teilautonome oder autonome Maschinen, etwa Chatbots, Pflegeroboter und Roboterautos. Diese sollen sich moralisch adäquat verhalten. Auch unmoralische Maschinen sind möglich.

Zu beachten ist, dass „maschinelle Moral“ (wie „moralische Maschine“) ein Terminus technicus ist, so wie „künstliche Intelligenz“. Die heutige maschinelle Moral hat mit der menschlichen einfach bestimmte Aspekte gemein. So kann eine moralische Maschine beispielsweise moralische Regeln befolgen. Intuition oder Empathie hat sie nicht, genauso wenig Bewusstsein oder Selbstbewusstsein im Sinne mentaler Zustände.

Der Begriff der Algorithmenethik wird teilweise synonym, teilweise eher in der Diskussion über Suchmaschinen und Vorschlagslisten sowie Big Data verwendet. Die Roboterethik ist eine Keimzelle und ein Spezialgebiet der Maschinenethik (oder ein Gebiet, das gezielt andere Fragen behandelt, etwa zu den Rechten von Robotern).

In der Diskussion der Umsetzung maschineller Moral wird häufig von Top-down- und Bottom-up-Ansätzen gesprochen. Die einen kann man mit Prinzipienethiken verbinden, mit der Pflichtenethik wie mit der Folgenethik. Die anderen passen etwa zur Tugendethik. Insgesamt scheinen sich klassische Modelle normativer Ethik zu eignen.

Die Maschinenethik wird für die Soziale Robotik immer wichtiger, wie das Künstliche Bewusstsein (das Maschinelle Bewusstsein). Zusammen mit der Künstlichen Intelligenz handelt es sich um Partnerdisziplinen, die seit langem gewünschte Merkmale sozialer Roboter umzusetzen helfen.

Maschinenstürmer

Das Maschinenzeitalter begann im 18. Jahrhundert. Schon in der Antike gab es Maschinen aller Art, sogar Automaten. Aber die Mechanisierung und Automatisierung im großen Maßstab erfasste die Welt erst spät. Die Stürmer zerstörten Maschinen, etwa mechanische Webstühle, und ganze Fabriken. Sie wollten sich dadurch ihre Existenzgrundlage erhalten, freilich ohne Erfolg. Erstes Ziel der alten Wirtschaft war die Sicherstellung des Lebensunterhalts: von der Hand in den Mund und von Hand zu Hand, im Handel und im Tausch. Die moderne Ökonomie erreichte bei den Betroffenen das Gegenteil. Handwerker verloren ihre Arbeit und versanken mit ihren Familien in Armut.

In der Informationsgesellschaft können moderne Maschinenstürmer auftreten, die sich gegen Industrieroboter wenden, die Arbeitskräfte ersetzen, oder gegen Roboterautos, die Verkehrsteilnehmer verletzen und töten. Dies ist ein Thema von Technik- und Informationsethik, die die Motive und Motivationen der Aufständischen und ihren moralischen Anspruch herausarbeiten mögen. Die Maschinenethik kann versuchen, solche Maschinen zu schaffen, die die Maschinenstürmer beruhigen und bei deren Aktionen die Vorteile die Nachteile überwiegen.

Mechanischer Türke

Ein sozialer Roboter wird in Tests und Studien oftmals teilweise oder vollständig ferngesteuert, um dem Teilnehmer gegenüber den Eindruck fortgeschrittener Fähigkeiten der Interaktion und Kommunikation zu vermitteln. Er wird in solchen Fällen als mechanischer Türke („mechanical turk") bezeichnet, nach dem Pseudoroboter von Wolfgang von Kempelen aus dem Jahre 1769 (in der Apparatur saß ein zwergwüchsiger Mann), bzw. als Wizard of Oz, nach der Figur des Buchs „The Wonderful Wizard of Oz" von Lyman Frank Baum.

Medien

Im allgemeinen Sprachgebrauch werden unter Medien in der Regel entweder Einrichtungen zur Vermittlung von Nachrichten, Meinungen und Informationen wie Rundfunkanstalten bzw. Verlagshäuser verstanden oder Übertragungstechnologien, die der Kommunikation zwischen Personen und der Speicherung und Vermittlung von Information dienen. Beispiele für Medien im letzteren Sinne sind gedruckte Medien wie Bücher, Zeitungen oder Zeitschriften, Audiomedien wie bestimmte Compact Discs oder Tonbänder, visuelle Medien wie Dia, Film oder Video sowie neue Medien wie Computer oder Software. Massenmedien heißen Medien dann, wenn sie, von zentralen Stellen ausgehend, die Distribution von Informationen an große Gruppen erlauben. In den Kommentarbereichen, die vor allem von den Onlineausgaben der Printmedien und von Onlinezeitungen angeboten werden, kann man ein Gegengewicht einbringen und eine Mindermeinung aufscheinen lassen, sofern der Moderator dies zulässt. Soziale Medien (Social Media), eigentlich partizipative Medien, schließen Benutzer zusammen und erlauben ihnen die Verbreitung und Bewertung von Inhalten. Mehr und mehr werden sie vom Marketing ge- und missbraucht.

Medienethik

Die Medienethik hat die Moral der Medien und in den Medien zum Gegenstand. Es interessieren sowohl die Arbeitsweisen der Massenmedien als auch die Verhaltensweisen der Benutzer von sozialen Medien. Zudem rücken Automatismen und Manipulationen durch Informations- und Kommunikationstechnologien in den Fokus, wodurch eine Nähe zur Informationsethik entsteht. Auch zur Wirtschaftsethik sind enge Beziehungen vorhanden, zumal die Medienlandschaft im Umbruch ist und die ökonomischen Zwänge stark sind.

Nach Annemarie Pieper beschäftigt sich die Medienethik mit Fragen einer korrekten Information seitens der Journalisten, Redakteure und übrigen Medienschaffenden, die auf der Basis genauer Recherchen und unvoreingenommener Berichterstattung ihrer Wahrheitspflicht nachkommen sollen. Otfried Höffe betont, dass die Medienethik vor allem unter Rückgriff auf das journalistische Berufsethos sowie aus der Perspektive der Medienpädagogik behandelt wurde; ein denkbares Paradigma für eine umfassende Disziplin könne u. U. eine journalistische Freiheit nach dem Vorbild der akademischen bilden. Nach Pieper disqualifizieren fingierte Fakten, einseitig selektive Nachrichten, manipulative Maßnahmen und tendenziöse Berichte den Journalismus und stehen daher im Mittelpunkt des Interesses.

Neben den Medienschaffenden spielen immer mehr Maschinen eine Rolle, die Nachrichtenportale füttern und Zeitungen zusammenstellen. Der Matthäus-Effekt scheint in verschiedenen Zusammenhängen zu wirken: Suchmaschinen rücken in der Trefferliste diejenigen Websites nach oben, die bereits viel besucht werden bzw. auf die viel verlinkt wird, Vorschlagslisten und Tag Clouds in Onlinezeitungen und -zeitschriften locken die Leser zu Artikeln, die bereits häufig gelesen wurden. User-generated Content und Berichte von Leserreportern ersetzen den Qualitätsjournalismus, wo er noch vorhanden ist; umgekehrt sind hochwertige neue Angebote im Internet zu finden. Live- oder Realtime-Journalismus scheint das Gebot der Stunde zu sein, führt aber tendenziell zu oberflächlichen Beiträgen. Fake News, ob von Menschen oder Maschinen erstellt, werden mit Hilfe von sozialen Medien verbreitet und bestimmen diese mehr und mehr. Soziale Roboter übernehmen Content von Plattformen wie Wikipedia und tragen so Wahrheiten, Halbwahrheiten und Unwahrheiten weiter. Die Medienethik muss, zusammen mit Informations- und Wirtschaftsethik, auf diese Umwälzungen reagieren.

Medienkompetenz

Medienkompetenz ist die Befähigung, mit Medien aller Art souverän umgehen zu können, sie also in ihrer Vielfalt und Funktion zu kennen und in ihrer Wirkung zu beurteilen, sie aktiv einzusetzen und passiv zu gebrauchen sowie zu gestalten. Insbesondere in Bezug auf die

Beurteilung der Wirkung neuer Medien bestehen Verbindungen mit der Informationsethik. Ob Medienkompetenz als eigenes Fach eingerichtet oder in die vorhandenen Curricula integriert werden sollte, ist bei Experten und Betroffenen stark umstritten. Wenig umstritten ist, dass es Medienbildung in irgendeiner Form braucht, gerade mit Blick auf neue und soziale Medien.

Medizinethik

Die Medizinethik hat die Moral in der Medizin zum Gegenstand. Eine empirische Medizinethik – jede Bereichsethik weist, wie die Ethik an sich, einen empirischen und einen normativen Teil auf – untersucht das moralische Denken und Verhalten in Bezug auf die Behandlung menschlicher Krankheit und die Förderung menschlicher Gesundheit. Eine normative Medizinethik befasst sich nach Bettina Schöne-Seifert „mit Fragen nach dem moralisch Gesollten, Erlaubten und Zulässigen speziell im Umgang mit menschlicher Krankheit und Gesundheit". Zudem kann insgesamt der Umgang mit tierischer Krankheit und Gesundheit reflektiert werden.

In der normativen Medizinethik kann, frei nach einer Einteilung von Schöne-Seifert, wie folgt gefragt werden: a) Wie ist die Autonomie von Patienten zu bewerten und zu schützen? b) Wie steht es um die Zulässigkeit fürsorglicher Fremdbestimmung? c) Wie soll mit Patientenverfügungen umgegangen werden? d) Was ist ein lebenswertes Leben und welchen Wert hat das Leben an sich? e) Wie aktiv oder passiv darf man im medizinischen Kontext sein? f) Wie weit darf man in die Natur und in den Körper eingreifen? Mit der Wirtschaftsethik sollte sich die Medizinethik ständig austauschen, schon insofern das Gesundheitswesen unter einem hohen ökonomischen Druck leidet. In angrenzenden Bereichsethiken wie der Altersethik und der Sterbeethik wird z. B. die Kommerzialisierung und Instrumentalisierung von Alterspflege und Sterbehilfe erforscht. Im Zentrum der angewandten Ethik kann man die Informationsethik verorten. Einige Fragen der Medizinethik sind angesichts technologischer Innovationen neu zu stellen: Wie ist die Autonomie von Patienten in der Informationsgesellschaft zu schützen? Wie steht es um die Zulässigkeit fürsorglicher Fremdbestimmung im virtuellen Raum?

Mit der Entwicklung von medizinischen Apps, elektronischen Assistenzsystemen sowie Operations-, Pflege- und Therapierobotern sieht sich die Medizinethik vor neuen Herausforderungen. Auch die Verschmelzung von Mensch und Maschine in sogenannten Cyborgs wird ein wichtiges Anwendungs- und Forschungsfeld sein. Mediziner und Medizinethiker müssen sich informationstechnisch weiterbilden, Informationsethiker sich im Medizinischen und Medizinethischen qualifizieren. Bei Erwerb und Nutzung der Apps, Geräte und Roboter ergeben sich informations- und wirtschaftsethische Herausforderungen, z. B. hinsichtlich des Missbrauchs von Daten und des Ausschlusses von Risikopatienten von Versicherungsleistungen. Nicht zuletzt muss sich die Medizinethik gesellschaftlichen und politischen Diskussionen öffnen, beispielsweise solchen um die Beschneidung von Kindern oder die Durchführung von Schönheitsoperationen.

Mensch

Der Mensch gehört zur Gattung Homo, mit der Art des Homo sapiens („verständiger, vernünftiger, kluger, weiser Mensch") und dessen Vorgänger Homo erectus („aufgerichteter, aufrecht gehender Mensch"). Er bewohnt seit Jahrmillionen die Erde und hat nie einen anderen Planeten besucht, wenn man vom Entsenden von Weltraumfähren und -robotern absieht; lediglich auf den Trabanten der Erde, den Mond, hat er seinen Fuß gesetzt. Als Homo oeconomicus maximiert er seinen Nutzen, ist Teil der Wirtschaft, als Produzent, Konsument oder Prosument. Als Homo politicus und Homo sociologicus ist er in ein Staats- und Gemeinwesen eingebunden, in dem er Rechte und Pflichten wahrnimmt und spezifische Handlungen ausführt, die sich auf Regierung, Verwaltung oder Gesellschaft beziehen. Im Homo faber erscheint der ein Handwerk oder eine Kunst ausübende, ein Werkzeug oder eine Technik schaffende Mensch, der damit seine Umwelt und sich selbst verändert.

Der Mensch hat sich in einem langen Evolutionsprozess nach der einen Lesart aus dem Tier heraus entwickelt, nach der anderen ist und bleibt er ein Tier. Auf die Frage, was ihn womöglich von diesem unterscheidet, hat man zahlreiche Antworten gefunden, die auf körperliche und geistige Merkmale sowie kulturelle Techniken und künstlerische Fähigkeiten verweisen. Der aufrechte Gang ist ein Beispiel, der Gebrauch von Werkzeug, der allerdings auch im Tierreich zu finden ist, ein anderes, oder die Sprachfähigkeit, die freilich auch in der Tierwelt vorhanden ist; überhaupt muss man sagen, dass sich fast jedes scheinbar eindeutige Merkmal bei längerem Nachdenken und Umschauen relativieren lässt. Man muss konkret werden, um die Grenze sichtbar werden zu lassen, das Anfertigen von Geräten und Maschinen herausgreifen, das Herstellen und Verkaufen von Produkten, das Bezahlen mit Geld, das Schreiben und Unterschreiben.

Verknüpft mit dem Menschsein wird vielfach die Moralfähigkeit. Zwar kann man bei (nichtmenschlichen) Tieren vormoralische Qualitäten annehmen, und sie können sich in altruistischer Weise um abhängige und verletzte Lebewesen der eigenen oder einer anderen Art kümmern; sie können sich aber nicht bewusst für eine böse oder gute Handlung entscheiden, sodass man feststellen muss, dass es z. B. keine bösen oder guten Haie oder Hunde gibt. Ob der Mensch als grundsätzlich gut angesehen werden kann, wird oftmals bezweifelt; seine Moral scheint nicht nur ambivalent zu sein, sondern es bestehen auch Dissonanzen zwischen Denken und Verhalten und zwischen Moral und Moralität. Im Ökonomischen wird dies immer wieder sichtbar, sei es in der Zerstörung von Lebensraum, der Ausbeutung von Arbeitskräften oder der Massentierhaltung. Sicherlich lassen sich einige Vorgänge auch mit unterschiedlichen Interessen von Personen und Gruppen erklären, und es würde zu kurz greifen, in jedem Menschen eine gewisse Schizophrenie als Motivation für das erwähnte Destruktive anzunehmen.

Der Humanismus als gesellschaftspolitisches Programm der Gegenwart betont den Menschen als vernunftbegabtes und in gewisser Weise herausragendes Wesen. Meistens wird das Tier ausgeblendet, manchmal berücksichtigt, etwa indem Verwandtschaft (zwischen den Lebewesen) und Verantwortung (des Menschen für das Tier) erkannt werden. Der

Transhumanismus, an den Humanismus anknüpfend und ihn zugleich überwindend, wirbt für die selbstbestimmte Weiterentwicklung des Menschen, seine biologische, chemische und technische Erweiterung und Verbesserung, und wenn man nicht als Cyborg das ewige Leben erreicht, von dem manche Anhänger träumen, dann vielleicht, so propagieren es einige Wissenschaftler, durch die Sicherung der individuellen Gedankenwelt und des persönlichen Bewusstseins in virtuellen Speichern. Ob der unsterbliche Mensch noch ein Mensch wäre, muss diskutiert werden, und man könnte als wesentliches Merkmal höheren Lebens durchaus die Sterblichkeit des Organismus verstehen. Darüber, ob der nicht dem Tod geweihte Mensch überhaupt noch eine Umwelt antreffen würde, in der er dauerhaft existieren könnte, mag man ebenfalls debattieren.

Mit Androiden hat sich der Mensch ein Ebenbild geschaffen. Allerdings machen sie ihm deutlich, wie komplex er ist in seinem Aussehen und in seinen Verhaltensweisen und welch weiten Weg die Technik noch vor sich hat, wenn sie sich dem Biologischen annähern will, was für Anwendungen der Bionik ebenso gilt wie für die der Sozialen Robotik. Im gesamten Spektrum der humanoiden Roboter wird das Erscheinungsbild des Menschen variiert. Die frühen ASIMO-Versionen sind noch halb Mensch, halb Maschine, Pepper und NAO sind Karikaturen von Menschen. Mit Harmony, Sophia und Erica schließlich stehen Androiden zur Verfügung, nicht solche der Filme und Serien, aber doch verblüffend lebensähnliche Figuren. Weiterentwicklungen könnten die Unterschiede mehr und mehr einebnen, zumindest was den ersten Eindruck angeht. Dennoch bleiben die Maschinen letztlich Maschinen. Diese erlauben uns, neben ihren eigentlichen Aufgaben, mehr über das Menschsein zu erfahren und die Einzigartigkeit des Lebens zu begreifen.

Die Philosophie fragt mit Immanuel Kant u. a. danach, was der Mensch ist und was er wissen kann. Die Technikphilosophie widmet sich dem modernen Homo faber und den Vorstellungen und Überzeugungen des Transhumanismus und erkundet, wiederum mit dem Königsberger Aufklärer, was man hoffen darf. Die Maschinenethik entdeckt im autonomen System ein neues mögliches (überaus merkwürdiges und unvollständiges) Subjekt der Moral. In Technik- und

Informationsethik kann der ausdrückliche Wunsch nach dem Cyborg ein Thema sein, wobei moralische Probleme in den Vordergrund rücken, etwa die Bevorzugung oder Schädigung der eigenen oder einer anderen Person, in Wirtschafts-, Umwelt- und Tierethik der sichtbare Wille, die Welt mit ihren natürlichen Ressourcen umzuformen und zu zerstören, wodurch das (höherentwickelte, nichtmenschliche) Tier, das Interessen und Rechte besitzt, seine Lebensgrundlage verliert, und letztlich auch der Homo oeconomicus seine Wirtschaftsgrundlage. Es sind in der Ethik die Pflichten des Menschen zu untersuchen, nicht nur seinen Mitmenschen und seinen Nachkommen, sondern auch seiner Umwelt gegenüber. Am Ende sollte deutlich werden, ob der Homo sapiens seinem Namen gerecht geworden ist.

Menschenethik

Menschenethik ist die Ethik, die die Moral des Menschen betrachtet. Bis in die heutige Zeit hinein war Ethik immer Menschenethik. Tieren kann man allenfalls vormoralische Qualitäten zusprechen. Maschinen dagegen fällen Entscheidungen, die moralisch relevant sind, und man kann ihnen eine Form der Moral beibringen; dies ist Thema der Maschinenethik, die als Pendant zur Menschenethik verstanden werden kann. Dabei ist unbestritten, dass die Subjekte der Moral ganz unterschiedlich sind und die Moral der Menschen eine ganz andere ist als die der Maschinen, es sei denn, die Menschen beziehen sich stur auf einen Kodex, ein bestimmtes Regelwerk, das von Maschinen ebenfalls recht problemlos befolgt werden kann.

Mensch-Maschine-Interaktion

Die Mensch-Maschine-Interaktion (MMI), im Englischen „human-machine interaction“ (HMI) genannt, behandelt die Interaktion zwischen Mensch und Maschine. Synonym oder mehr auf die Kommunikation bezogen spricht man auch von Mensch-Maschine-Kommunikation („human-machine communication“). In vielen

Fällen ist die Maschine ein Computer bzw. enthält Informations- und Kommunikationstechnologien (IKT) und Anwendungs- oder Informationssysteme. Von daher existieren enge Beziehungen zur und erhebliche Überschneidungen mit der Mensch-Computer-Interaktion (MCI), im Englischen „human-computer interaction" (HCI). Spektakuläre jüngere Produkte, an denen die MMI mitgewirkt hat, sind Touchscreen und Datenbrille.

Der Fachbereich Mensch-Computer-Interaktion der Gesellschaft für Informatik (GI) in Deutschland definiert auf seiner Website unter der Überschrift „Ziele und Aufgaben" als Themen der MCI – die auch solche der Mensch-Maschine-Interaktion sind – u. a. „die benutzerorientierte Analyse und Modellierung von Anwendungskontexten", „Prinzipien, Methoden und Werkzeuge für die Gestaltung von interaktiven, vernetzten Systemen" und „multimodale und multimediale Interaktionstechniken". Evaluation und Zertifizierung spielen ebenfalls eine wichtige Rolle. Zudem wird die Integration der benutzergerechten Gestaltung von Informatiksystemen in die Softwareentwicklung angeführt.

Innerhalb der MMI und neben der MCI ist die Mensch-Roboter-Interaktion („human-robot interaction") relevant, überdies die Mensch-Roboter-Kollaboration („human-robot collaboration"). Roboter sind nicht einfach Computer; oft sind sie mobil und haben, vor allem wenn sie tier- oder menschenähnlich umgesetzt sind, einen Körper und Gliedmaßen. Ihre Art der Verkörperung („embodiment") hat mannigfache Implikationen, für Fortbewegung und Selbstlernen sowie die Mensch-Maschine-Interaktion. In der Tier-Maschine-Interaktion geht es, wenn man den Begriff analog zu demjenigen der MMI denkt, um Design, Evaluierung und Implementierung von (in der Regel höherentwickelten bzw. komplexeren) Maschinen und Computersystemen, die mit Tieren interagieren und kommunizieren. Im englischsprachigen Raum taucht der Begriff „animal-machine interaction" (AMI) durchaus auf. Der deutsche Begriff muss sich erst etablieren.

Bei (teil-)autonomen Maschinen wie Agenten, bestimmten Robotern, bestimmten Drohnen und selbstständig fahrenden Autos stellt sich die Frage nach dem adäquaten Design nicht bloß im herkömmlichen, sondern auch im sozialen und moralischen Sinne. Sie sollen sich z. B. zum Wohle ihrer Interaktionspartner verhalten und diese weder verletzen noch beleidigen. Die Maschinenethik („machine ethics", um auch hier den englischen Begriff anzubringen) begreift Maschinen als Subjekte der Moral, Menschen und Tiere als Objekte. Sie kann, wie die Soziale Robotik, die sich mit (teil-)autonomen Maschinen beschäftigt, die in Befolgung sozialer Regeln mit Menschen (evtl. auch mit Tieren) interagieren und kommunizieren, eine wichtige Partnerin der Mensch-Maschine-Interaktion sein.

Die MMI gewinnt offensichtlich neue Bereiche hinzu. Für die beteiligten Disziplinen – die GI nennt auf ihrer Website, ausgehend von der Informatik, u. a. Design, Pädagogik, Psychologie, Organisations-, Arbeits- und Wirtschaftswissenschaften, Kultur- und Medienwissenschaften sowie Rechts- und Verwaltungswissenschaften (hinzuzufügen wären noch Philosophie und Ethik im Allgemeinen und Maschinen- oder Roboterethik im Besonderen sowie die Künstliche Intelligenz) – ergeben sich damit verschiedene Herausforderungen. Sie müssen sich mit bis dato unbekannten Objekten befassen, und sie müssen weitere Disziplinen wie Tierethik und Biologie neben sich zulassen. Ist die interdisziplinäre Kraftanstrengung von Erfolg gekrönt, sind innovative und disruptive Technologien zu erwarten, die auch für die Wirtschaft erhebliche Bedeutung haben, sei es als Teil cyberphysischer Systeme in der Industrie 4.0, sei es in Form von innovativen Endbenutzerwerkzeugen.

Mensch-Roboter-Kollaboration

Bei der Mensch-Roboter-Kollaboration arbeiten Mensch und Roboter in Kooperations- und Kollaborationszellen oder Arbeitsräumen zusammen. Es findet eine Arbeitsteilung statt, etwa indem sich Mensch und Roboter bei der Bearbeitung von Produkten abwechseln, wie beim Einsatz von Kooperations- und Kollaborationsrobotern in der Industrie, oder indem der Roboter benötigte Teile und Werkzeuge bringt und holt. Auch besonders schwere oder gefährliche Arbeiten kann die Maschine übernehmen. Damit der Mensch in der Nähe der

Zusammenarbeit nicht zu Schaden kommt, braucht es die Soziale Robotik, womöglich auch die Maschinenethik. Die Mensch-Roboter-Kolloboration ist ein Thema der Mensch-Roboter-Interaktion bzw. steht als Disziplin neben dieser.

MILO

MILO (auch als ZENO bekannt) ist ein sozialer Roboter von RoboKind. Er richtet sich an autistische Kinder. Bereits im Jahre 2014 zeigte Dr. Pamela Rollins, Professorin an der UT Dallas School of Behavioral and Brain Sciences, wie Milo die Lernenden anspricht. Der humanoide Roboter ist karikaturenhaft gestaltet. Er ist einem Jungen mit braunem Haar nachempfunden, kann gehen und sprechen und hat mimische und gestische Fähigkeiten. In seiner Brust sitzen ein Touchscreen und eine Kamera. Weitere Modelle der Firma sind Carver, Veda und Jemi. Mit ihnen versucht man – über die Variation von Geschlecht und Ethnie – Diversity abzubilden.

Mimik

Mimik ist das Zusammenspiel von Gesichtsbewegungen bei Menschen oder auch bei bestimmten Tieren wie Schimpansen und Gorillas. So werden etwa die Augenbrauen oder die Mundwinkel hochgezogen und bewusst oder unbewusst Emotionen gezeigt, die vom Gegenüber gedeutet werden können. Die Gestik ergänzt die Mimik.

Soziale Roboter können ebenfalls über mimische Fähigkeiten verfügen. Diese werden mit Hilfe von Motoren im Gesichtsbereich umgesetzt oder mit Hilfe von Animationen auf einem Bildschirm, der für das Gesicht steht. Oft werden Augen und Mund in stilisierter Form gezeigt.

Mimikerkennung ist ein Teil der Emotionserkennung, die von manchen sozialen Robotern beherrscht wird. Wird sie mit Stimmerkennung kombiniert, ist es möglich, die tatsächliche Gefühlslage des

Benutzers oder Gegenübers mehr oder weniger präzise zu bestimmen. Eine weitere technische Option stellt Emotionserkennung durch Textanalyse dar. Neben der Mimikerkennung ist die Gestenerkennung (auch Gestikerkennung genannt) von Bedeutung.

Moral

Der Begriff der Moral zielt auf die normativen Aspekte im Verhalten des Menschen gegenüber sich selbst, gegenüber anderen Menschen und gegenüber der belebten (und evtl. auch unbelebten) Umwelt. Die Moral ist wie die Sprache intersubjektiv und kann wie diese subjektiv ausgestaltet werden. Zu ihr zählen, Otfried Höffe folgend, Tabus, Verhaltensregeln, Wertmaßstäbe und Sinnvorstellungen. Die Moral ist der Gegenstand der Ethik.

Der Einsatz von IT- und Informationssystemen und die Aktionen von (teil-)autonomen Maschinen können moralische Implikationen haben und sich an moralischen Maßstäben orientieren. Die Informationsethik hat die Moral der Mitglieder der Informationsgesellschaft zum Gegenstand, die Maschinenethik die Moral der Maschinen, wobei „maschinelle Moral" ein Terminus technicus ist und die damit bezeichnete Implementierung nicht bzw. nur teilweise der menschlichen Moral entspricht.

Von religiösen Einrichtungen und totalitären Staaten wird die Moral von oben vorgegeben und als Mittel zur Machtausübung benutzt. Wird diese korrumpierte Form der Moral von den Mitgliedern bzw. Bürgern nicht befolgt, drohen Sanktionen. Viele Menschen internalisieren eine solche Moral, vor allem dann, wenn diese bereits in ihrer Kindheit zur Norm erklärt und eine Abweichung bestraft wurde.

Moralische Maschinen

Moralische Maschinen sind mehr oder weniger autonome Systeme, die über moralische Fähigkeiten verfügen. Entwickelt werden sie von der Maschinenethik, einer Gestaltungsdisziplin im spezifischen

Sinne. „Maschinelle Moral“ ist ein Terminus technicus wie „künstliche Intelligenz“. Man spielt auf ein Setting an, das Menschen haben, und man will Komponenten davon imitieren bzw. simulieren. So kann man etwa moralische Regeln adaptieren. Moralische und unmoralische Maschinen sind nicht gut oder böse, sie haben keinen freien Willen, keine Intuition und keine Empathie.

Moralische Maschinen werden entweder als solche konzipiert oder auf der Basis von gewöhnlichen Maschinen implementiert, die den Prozess des Moralisierens durchlaufen müssen. Eine mögliche Form sind einfache moralische Maschinen. Es ist sehr schwer, komplexe moralische Maschinen zu bauen, die in offenen Welten eine Vielzahl von Situationen beurteilen können, aber relativ simpel, einfache Maschinen in einfache moralische Maschinen zu verwandeln.

Die Maschinenethik benötigt kein maschinelles Bewusstsein oder Selbstbewusstsein, um moralische Maschinen herzustellen. Man könnte damit aber auf eine neue Stufe maschineller Moral gelangen. Wenn Intuition und Empathie hinzukommen, wäre es im Prinzip möglich, menschliche Moral im Ganzen zu erreichen – ein Ziel, das im Moment jedoch weit entfernt ist und kaum angestrebt wird.

Beispiele für Konzeptionen und Prototypen sind Saugroboter, die Spinnen und Käfer verschonen, Pflegeroboter, die das Wohl des Patienten in den Mittelpunkt rücken, und Chatbots, die auf heikle Aussagen adäquat reagieren. Robotik, Künstliche Intelligenz und Informatik sind Hilfsdisziplinen der Maschinenethik, Informations- und Technikethik Reflexionsdisziplinen, die sich den Folgen der Artefakte widmen.

Eine wichtige Frage ist, welche Maschinen man moralisieren soll und welche nicht. Gerade bei komplexen moralischen Maschinen, die über Leben und Tod befinden sollen, ist Vorsicht angezeigt. Das autonome Auto könnte Menschen quantifizieren und qualifizieren, aber es gibt gute Gründe gegen den Versuch, ihm dies beizubringen. Dasselbe gilt für Kampfroboter, die zudem weitere Probleme aufwerfen, etwa in Bezug auf die Automatisierung und Ökonomisierung des Kriegs.

Moxie

Moxie ist ein sozialer Roboter von Embodied aus den 2020er-Jahren. Der kleine, blaue Roboter mit rundem Kopf (samt gerundetem Display, auf dem das animierte Gesicht zu sehen ist) und einfachen Armen fördert nach Angaben des Herstellers bei Kindern (nicht nur autistischen) Freundlichkeit und lehrt sie emotionale Fähigkeiten.

Münchhausen-Maschinen

Der Begriff der Münchhausen-Maschinen steht für Roboter, Chatbots, Sprachassistenten oder Internetdienste, denen man beigebracht hat, die Unwahrheit zu sagen. Es sind Lügen in Wissensbasen abgelegt, oder es werden Informationen und Wissen aus verlässlichen Quellen in Falschinformationen und -behauptungen umgewandelt, etwa durch Negation. Eine bekannt gewordene Umsetzung war der LIEBOT (Vorarbeiten ab 2013, Designstudie und Prototyp 2016), der sieben verschiedene Strategien zur Lügenbildung (wenn man diesen Begriff bei Maschinen zulässt) benutzte.

N

Nähe

Mit dem Begriff der Nähe wird eine geringe Entfernung zwischen Menschen, aber auch zwischen Menschen und Tieren, zwischen Menschen und Dingen, zwischen Tieren, zwischen Tieren und Dingen sowie zwischen Dingen bezeichnet. Die Nähe ist neben der Interaktion, der Kommunikation, der Abbildung (von Aspekten) und dem Nutzen eine der fünf Dimensionen sozialer Roboter. Diese halten sich nicht weit von Menschen oder Tieren auf oder rücken sogar eng an sie heran, um sie zu berühren bzw. zu umarmen (oder umarmt zu werden).

Die (durchaus kontrovers diskutierte) Theorie der Proxemik definiert vier zwischenmenschliche Distanzzonen. Eine Umarmung findet in der ersten statt, innerhalb des sogenannten intimen oder engen Abstands. In diesem wird unter Menschen besondere Rücksicht genommen, vor allem die Berührung der Geschlechtsteile vermieden. Gegenüber sozialen Robotern ist eine ähnliche Sensibilität vorhanden. Auch Tiere halten einen gewissen Abstand zu sozialen Robotern ein bzw. suchen eine bestimmte Nähe zu ihnen auf.

O. Bendel, *300 Keywords Soziale Robotik*,
https://doi.org/10.1007/978-3-658-34833-5_14

NAO

NAO ist ein sozialer Roboter von Aldebaran Robotics (heute Teil von SoftBank). Er wurde 2006 der Öffentlichkeit präsentiert. NAO ist in der beim RoboCup eingesetzten Version ca. 57 cm hoch, bei etwas über 5 kg. Er ist ein humanoider Roboter und karikaturenhaft gestaltet. Anders als Pepper vom gleichen Unternehmen kann er auf zwei Beinen laufen. Er vermag mit den Armen zu gestikulieren und ist zu tänzerischen Bewegungen fähig, zudem dazu, kleine und leichte Dinge aufzunehmen und zu tragen. Er ist wie Pepper eines der Lieblingsmodelle von Roboterlaboren (Robolabs) an Hochschulen und in Forschungseinrichtungen.

Natural Language Processing

Natural Language Processing (NLP) umfasst Technologien und Methoden zur maschinellen Erkennung und Verarbeitung natürlicher Sprache. Eine zentrale Disziplin in diesem Zusammenhang ist die Computerlinguistik, die zwischen Informatik und Sprachwissenschaft angesiedelt ist. Die Künstliche Intelligenz spielt eine immer größere Rolle. Zum Einsatz kommt NLP bei Chatbots und virtuellen Assistenten, sowohl bei geschriebener als auch bei gesprochener Sprache.

Neue Medien

Neue Medien, die auch digitale Medien genannt werden, basieren auf Informations- und Kommunikationstechnologien und können die Aspekte Multimedialität, Hypertextualität, Vernetztheit, Interaktivität und Adaptivität aufweisen. Beispiele sind im Allgemeinen Computer und Software, im Besonderen Internet, elektronische Bücher, Chats und Diskussionsforen. Neue Medien können in unterschiedlichen Kontexten eingesetzt werden, beispielsweise in der Unterhaltung oder für Bildungszwecke, und sind somit zunächst verwendungsneutral.

New Work

New Work ist ein Ansatz von Frithjof Bergmann, nach dem zwei Drittel der klassischen Erwerbstätigkeit ersetzt werden sollen, mit einem Drittel, das aus Arbeit besteht, nach der man wirklich strebt, und einem Drittel, das eine Kombination aus intelligentem Verbrauch und technisch hochstehender Selbstversorgung ist. Der Philosoph hatte eine Analyse des Kapitalismus vorgenommen, Skepsis gegenüber dem Kommunismus gezeigt und eine umfassende Idee von Freiheit entwickelt, Entscheidungs- und Handlungsfreiheit beinhaltend.

Eine Antwort auf Digitalisierung und Automatisierung könnte auch eine Reduktion der Arbeitszeit im Sinne von Halbtags- bzw. Teilzeitarbeit sein. Die Probleme des geringeren Einkommens und der gefährdeten Rente – heute Hauptkritikpunkte – müssten gelöst werden. Der Rest des Tages wird als Freizeit genutzt oder beispielsweise mit Freiwilligenarbeit gefüllt. Eine Verbindung mit dem Ansatz der New Work sowie mit dem des bedingungslosen Grundeigentums ist verschiedentlich möglich.

Novelty Effect

Der Begriff des Neuheitseffekts (engl. „novelty effect") wird u. a. in der Didaktik und in der pädagogischen Psychologie verwendet. Er verweist dort darauf, dass der Einsatz neuer Medien und von Informations- und Kommunikationstechnologien häufig kurzfristig durch deren Neuheit (für eine bestimmte Person oder Gruppe) begünstigt werden kann.

Maike Paetzel und ihre Mitautorinnen stellen fest, dass es aufgrund des Neuheitseffekts oft einfach ist, eine anfängliche Bindung zu (sozialen) Robotern herzustellen. Dagegen habe es sich als schwierig erwiesen, die Bindung über einen längeren Zeitraum aufrechtzuerhalten, vor allem, weil die Benutzer von den engen oder sich wiederholenden Interaktionsmöglichkeiten des Roboters gelangweilt werden.

Nutzen

Ein Nutzen ist ein Vorteil oder Gewinn, den man von einer Umsetzung, einer Tätigkeit, einer Anwendung etc. hat. Er wird durch den Menschen in unmittelbarer oder mittelbarer Weise generiert. Auch der Einsatz einer Maschine in der Fabrik kann Nutzen bringen und Mehrwert schaffen, und die Wirtschaft selbst ist sozusagen eine riesige (ökonomische, oft weniger ökologische) Nutzenmaschine.

Der Nutzen des sozialen Roboters besteht meist in der Erfüllung einer bestimmten Aufgabe, etwa in Pflege und Therapie, in einem Haushalt oder in einer Shopping Mall, womit eine Nützlichkeit im engeren Sinne verbunden ist. Es handelt sich um eine seiner fünf Dimensionen neben Interaktion, Kommunikation, Nähe und Abbildung (von Aspekten).

O

Online

Der Begriff „online" drückt aus, dass von einem Computer mit Netzanschluss aus aktuell eine Verbindung zu einem Server bzw. zum Internet oder Intranet besteht (oder dass ein Handy Empfang hat). Eine Person, die online ist, nutzt eine Netzverbindung, etwa um mit anderen per E-Mail, Chat oder Instant Messaging zu kommunizieren. „Online" wird oft in Wortkombinationen benutzt, wie im Falle von „Onlinezeitung" und „Onlinesucht". Der Gegensatz zu „online" ist „offline".

Open Content

Unter „Open Content" (dt. „freier Inhalt") werden veröffentlichte digitale Inhalte wie Texte, Bilder, Audio oder Video subsumiert, die in unterschiedlichem Umfang von Dritten verwendet werden können. Anders als der Begriff suggeriert, ist Open Content allerdings nicht immer gänzlich frei verfüg- und manipulierbar. Der Umfang der

O. Bendel, *300 Keywords Soziale Robotik*,
https://doi.org/10.1007/978-3-658-34833-5_15

Nutzung ist vielmehr durch Bestimmungen und Lizenzen genau geregelt und mehr oder weniger stark eingeschränkt. So gibt es neben Lizenzen, die den freien Zugang und die freie Nutzung und Verwertung für alle oder für eine bestimmte Nutzergruppe festlegen, auch Lizenzen, die die freie Nutzung, nicht aber die Änderung von Inhalten erlauben. Zudem ist häufig ein kommerzieller Gebrauch untersagt. Die Open-Content-Lizenzen – wie die von GNU oder Creative Commons – gehen auf Modelle zurück, die im Rahmen der Open-Source-Bewegung entwickelt worden sind.

Ein Gefäß für Open Content ist die ebenso beliebte wie umstrittene Onlineenzyklopädie Wikipedia, deren Inhalte im Internet prinzipiell frei zugänglich, nutz- und bearbeitbar sind. Einschränkungen bezüglich Erstellung und Bearbeitung treten bei einzelnen (zur Löschung vorgeschlagenen oder gesperrten) Artikeln auf. Beispiele für frei zugängliche Inhalte, die kopiert, aber nicht verändert werden dürfen, sind die Materialien des Massachusetts Institute of Technology (MIT), die über OpenCourseWare angeboten werden, oder das Literaturprojekt Gutenberg. Für soziale Roboter ist Open Content eine wichtige, oft zu wenig spezifische Ressource. Es bräuchte mehr domänenbezogenes und auch mehr abgesichertes Wissen.

Open Source

Bei Open Source handelt es sich um Software, deren Quellcode frei verfügbar ist und kopiert, geändert und weitergegeben werden kann. Das Prinzip wird auch auf Roboter und soziale Roboter übertragen. Mehrere Projekte wollen die technischen Hürden zur Programmierung und Entwicklung von robotischen Systemen abbauen und geeignete Programmierumgebungen und Quellcodes oder Baupläne für Teile (etwa für den 3D-Druck) zur Verfügung stellen (Open-Source-Hardware oder Open Hardware). Dazu gehören Open Roberta unter der Schirmherrschaft des deutschen Bundesministeriums für Bildung und Forschung (BMBF) sowie die Open Dynamic Robot Initiative.

Operationsroboter

Mit einem Operationsroboter lassen sich Maßnahmen innerhalb einer Operation oder gar ganze Operationen durchführen. Er ist in der Lage, sehr kleine und sehr exakte Schnitte zu setzen und präzise zu fräsen und zu bohren. Er wird entweder – das ist die Regel – durch einen Arzt gesteuert, der vor Ort ist, oder er arbeitet – in einem engen zeitlichen und räumlichen Rahmen – mehr oder weniger autonom. Eine Operation ist ein mithilfe von Instrumenten und Geräten vorgenommener Eingriff am oder im Körper eines menschlichen bzw. tierischen Patienten zum Zweck der Behandlung, der Erkennung oder der Veränderung. Sie findet im besten Falle in geschützten Räumen statt, etwa in einem Krankenhaus oder einer Arztpraxis. Der Operationsroboter wurde ursprünglich mit Blick auf ungeschützte Räume geschaffen, etwa ein Schlachtfeld. Der Arzt sollte die Verwundeten aus sicherer Entfernung operieren können.

Das da Vinci Surgical System von Intuitive Surgical ist weit verbreitet und in Kliniken für die radikale Prostatektomie und die Hysterektomie zuständig. Es ist ein Teleroboter und als solcher nicht autonom oder auch nur teilautonom, kann aber z. B. das Zittern der Hände ausgleichen. Das Amigo Remote Catheter System wird bei Herzoperationen eingesetzt, das CyberKnife Robotic Radiosurgery System zur Krebsbehandlung, das Magellan Robotic System für Eingriffe in Blutgefäße. Der Smart Tissue Autonomous Robot (Star) des Sheikh Zayed Institute, ein autonomer Operationsroboter, kann Wunden mit großer Sorgfalt und Gleichmäßigkeit zunähen, ist aber noch zu langsam für den regulären Einsatz. MIRO vom DLR ist ein Roboterarm für chirurgische Anwendungen. Er ist verwandt mit Kooperations- und Kollaborationsrobotern (Co-Robots oder Cobots) in der Industrie und kann dem Chirurgen assistieren und sich mit ihm bei Tätigkeiten so abwechseln, dass beide ihre Stärken auszuspielen vermögen und ihre Schwächen ausgeglichen werden.

Zu den Vorteilen eines Operationsroboters gehört, dass die Operation meist schonender ist als bei konventionellen Verfahren und damit vom

Patienten besser vertragen wird. Der Arzt kann das Operationsfeld bei vielen Apparaturen optimal einsehen und beherrschen. Zu den Nachteilen gehört, dass künstliche Operationsassistenten sehr teuer sind und nach einer zusätzlichen gründlichen Einarbeitung der bedienenden und betreuenden Personen verlangen. Überhaupt ist die Amortisierung umstritten. Aus Sicht der Ethik, etwa der Informationsethik oder Medizinethik, ist die Frage der Verantwortung zentral. Diese wird bei manchen Modellen einfach zu beantworten sein, da sie lediglich Werkzeuge des Arztes sind. Allerdings gibt es zuweilen die Option, eine definierte (Teil-)Aufgabe autonom ausführen zu lassen, und es wird eben mit autonomen Systemen experimentiert. Bei ihrem Gebrauch wäre nicht nur der Mediziner (wenn überhaupt), sondern auch der Hersteller bzw. der Entwickler in die Verantwortung zu nehmen, mithin das Krankenhaus.

Ontologie

Ontologien stellen ein einheitliches Vokabular mit einheitlicher Syntax und Semantik zur Verfügung. Das Vokabular bezieht sich auf Phänomene eines Realitätsausschnitts und versucht sie hinsichtlich eines bestimmten Zwecks möglichst treffend zu beschreiben. Auf diese Weise rekonstruieren Ontologien die Bedeutung natürlichsprachlich gedachter und ausgedrückter Realitätswahrnehmung und erschließen und strukturieren Wissen. Von praktischer Bedeutung sind Ontologien z. B. im Zusammenhang mit dem Semantic Web und der Sozialen Robotik.

P

Pädagogische Agenten

Pädagogische Agenten sind Softwareagenten, die bei Anforderungen und Aufgaben im Lernbereich assistieren. In manchen Fällen – wie bei Gandalf aus den 1990er-Jahren – sind sie mit Hardwarekomponenten wie Eye-Trackern und Sensoren für die Messung der Armbewegungen des Benutzers verbunden.

Bei zahlreichen Aufgaben ist ihre Sichtbarkeit unverzichtbar, ja in vielen Fällen bedarf es einer Gestalt, die Handlungsmöglichkeiten besitzt, sei es über Mimik und Gestik, sei es mittels der über die Körpersprache hinausgehenden Aktionen einer Hand oder anderer Gliedmaßen. Nahe liegt hierbei die anthropomorphe, also menschenähnliche Gestaltung. Diese geht über das rein Äußerliche hinaus und schließt Verhalten und Sprache mit ein.

In vielen Fällen schlüpft der pädagogische Agent – wie bei den frühen Entwicklungen namens Adele, Steve, Herman the Bug, Cosmo und Einstein – in die Haut eines Lehrers, Trainers, Tutors, Ratgebers und Experten. In dieser Rolle – sozusagen aus einer Position des

O. Bendel, *300 Keywords Soziale Robotik*,
https://doi.org/10.1007/978-3-658-34833-5_16

anerkannten Fortgeschrittenen heraus – vermittelt er Wissen, leitet den Lernenden an und begleitet ihn. Pädagogische Agenten können in soziale Roboter integriert werden, die Funktionen im Bildungsbereich übernehmen.

Paro

Die künstliche Babysattelrobbe Paro wurde seit den frühen 1990er-Jahren am National Institute of Advanced Industrial Science and Technology (AIST) in Japan entwickelt und 2001 der Öffentlichkeit präsentiert. Sie ist weltweit in Alten- und Pflegeheimen sowie Therapiezentren im Einsatz.

Die Roboterrobbe versteht ihren Namen, erinnert sich daran, wie gut oder schlecht sie behandelt und wie oft sie gestreichelt wurde, und zeigt Emotionen durch Töne und Bewegungen. So kann sie sich auf ihren Flossen abstützen und dabei fiepen. Sie wird vor allem bei Dementen gebraucht, in Ersetzung oder Ergänzung von Tiertherapie, und dient nicht nur als Gegenüber, sondern auch als Gesprächsgegenstand.

Pepper

Pepper ist ein sozialer Roboter von Aldebaran Robotics SAS und SoftBank (nach Übernahme des französischen Unternehmens und Neubenennung SoftBank Robotics). Die Vorstellung erfolgte 2014 bei Tokio. Er ist ein humanoider Companion-Roboter und kann Emotionen zeigen und erkennen. Er ist so groß wie ein Kind – viele sehen ein Mädchen in ihm, andere einen Jungen – und karikaturenhaft gestaltet. Die Fortbewegung erfolgt auf Rollen. Arme und Hände dienen lediglich der Gestik und der Begrüßung. Pepper ist in Bibliotheken, Einkaufszentren sowie Alten- und Pflegeheimen zu finden. Dort hat er vor allem Informations- und Unterhaltungsfunktionen. Pepper ist wie NAO einer der Lieblingsroboter von Roboterlaboren (Robolabs) an Hochschulen.

Persönlichkeit

Die Persönlichkeit ist gemäß Dorsch, des Lexikons der Psychologie, die Gesamtheit der über Wochen oder Monate stabilen individuellen Besonderheiten im Erleben und Verhalten eines Menschen. Die Intelligenz ist ebenso eine Dimension wie die Aggressivität oder die Geselligkeit. Wenn sich die Persönlichkeit über einen längeren Zeitraum verändert, spricht man von Persönlichkeitsentwicklung. Ein verwandter Begriff ist der Charakter, der negativ (schlechter Charakter) oder positiv (guter Charakter) konnotiert sein kann.

Die Persönlichkeit ist – darauf weisen etwa Kwan Min Lee und seine Mitautoren hin – ein wesentliches Merkmal bei der Entwicklung sozialer Roboter. In einem Experiment mit AIBO konnten sie feststellen, dass die Teilnehmer dessen Persönlichkeit anhand seines verbalen und nonverbalen Verhaltens genau erkennen konnten. Sie genossen die Interaktion mit einem Roboter zudem mehr, wenn die Persönlichkeit des sozialen Roboters komplementär zu ihrer Persönlichkeit war, als wenn sie der eigenen Persönlichkeit ähnelte. Die Persönlichkeit des sozialen Roboters entspricht seinem Charakter, wobei dieser vieldeutige Begriff hier auch auf die Ausgestaltung der Figur (engl. „character“) zielt.

Person

Die Person ist aus Sicht der Ethik das Subjekt der Moral, der moralische Akteur. Der Mensch kommt im Heranwachsen von der Freiheit von Entscheidung zur Freiheit der Entscheidung und wird zur Person, die Verantwortung tragen und zur Verantwortung gezogen werden kann, die nicht bloß Rechte, sondern auch Pflichten hat. Nicht jeder Mensch ist also von Anfang an eine Person in diesem Sinne, und nicht jeder muss es bis zum Ende seines Lebens bleiben. Kleinstkinder können nicht verantwortlich für etwas gemacht werden, sie haben Rechte, selbst wenn manche davon eingeschränkt sind, aber keine Pflichten; das Gleiche gilt für Demenzkranke in einem fortgeschrittenen Stadium.

Ganz anders wird der Personenbegriff von manchen Tierethikern, Tierrechtlern und Biologen gedeutet, die eine starke Ausweitung der Tierrechte (als Grundrechte) oder sogar die Anwendung der Menschenrechte auf Tiere anstreben. Für sie sind Menschenaffen, Elefanten oder Delfine durchaus Personen, etwa aufgrund ihrer Intelligenz, ihrer Kommunikationsfähigkeit und ihrer Zielorientiertheit.

Auch die Maschine kann – ein Gegenstandsbereich der Maschinenethik – Subjekt der Moral sein. Das Objekt der Moral muss keine Person, sondern mag ein Tier oder zukünftig unter Umständen auch ein Roboter sein (dafür müsste er z. B. empfinden und leiden können, ein hehres Ziel, das derzeit außer Reichweite ist). Der Benutzer ist nicht per se eine Person im engeren Sinne, und man kann in der Informationsethik fragen, ob seine Verantwortung mit seiner Medienkompetenz zusammenhängt.

In der Rechtswissenschaft deutet man Rechte und Pflichten abweichend. Ein Roboter kann im Moment keine moralischen Rechte haben, womöglich aber Ansprüche im Zivilrechtlichen. Seine Pflichten können mit der Haftung zusammenhängen. Möglich macht dies alles das Konstrukt der elektronischen Person, das von Rechtswissenschaftlern und politischen Gremien vorgeschlagen wurde.

Personalisierung

Personalisierung bezeichnet den Vorgang, eine Dienstleistung, ein Produkt, ein System oder eine virtuelle Umgebung an individuelle oder gruppenbezogene Anforderungen und Bedürfnisse anzupassen, oder das Ergebnis, zu dem der Vorgang führt. Sie ist verwandt mit der Individualisierung, zudem mit der Markierung, die sich auf alle möglichen Dinge – etwa Autos, die mit Duftbäumchen und Stoffpuppen ausgestattet werden – beziehen kann.

Bei Informations- und Kommunikationstechnologien, Informationssystemen und Robotern mit der Fähigkeit der Adaptivität wird die Personalisierung von selbst vollzogen. Die Nutzung von Algorithmen kann zur sogenannten Filter Bubble (Filterblase) führen, vor allem bei

Websites und Apps. Ansonsten ist die Anpassung Sache der Benutzer oder anderer zuständiger Personen, wobei diese meist von den Technologien unterstützt werden.

Pflegeroboter

Pflegeroboter unterstützen menschliche Pflegekräfte bzw. Betreuerinnen und Betreuer und stehen Pflegebedürftigen zur Verfügung. Sie bringen und reichen Kranken und Alten die benötigten Medikamente und Nahrungsmittel, helfen ihnen beim Hinlegen und Aufrichten oder alarmieren den Notdienst. Manche haben natürlichsprachliche Fähigkeiten, sind lernende und intelligente Systeme. Einige Patienten bevorzugen Maschinen gegenüber Menschen bei bestimmten Tätigkeiten, etwa Waschungen im Intimbereich. Andere Tätigkeiten, vor allem sozialer Art, scheinen ungeeignet für Pflegeroboter zu sein. Allerdings werden diese mehr und mehr als soziale Roboter konzipiert. Therapieroboter sind nahe Verwandte, Sexroboter ferne. Der Begriff „Roboter in der Pflege" zielt nicht nur auf Serviceroboter, die speziell für Pflege und Betreuung entwickelt wurden, eben Pflegeroboter, sondern z. B. auch auf Reinigungs- und Transportroboter, die in diesem Bereich eingesetzt werden können.

Beispiele für Prototypen und Produkte sind JACO, Care-O-bot, Cody, Robear (Vorgängerversionen RIBA und RIBA-II), HOBBIT und TWENDY-ONE. JACO, ein Arm samt Hand mit drei Fingern, kann alles in Griffnähe besorgen, Care-O-bot, ein mobiler Assistent, sogar alles aus dem Nebenraum. Cody wäscht ans Bett gefesselte Patienten. Robear, der an einen Teddy erinnert, hebt sie hoch und lagert sie um, zusammen mit einem Pfleger. Der als wandelndes Infoterminal gestaltete HOBBIT soll Seniorinnen und Senioren helfen. Er soll das Sicherheitsgefühl stärken und kann Gegenstände vom Boden aufheben. TWENDY-ONE, ein humanoider Roboter, hilft Bettlägrigen beim Sichaufrichten und bei Haushaltsarbeiten. P-Rob ähnelt JACO, hat aber lediglich zwei Finger. Er kann sowohl in der Pflege als auch in der Therapie seine Funktion erfüllen. Weitere Modelle des Unternehmens und seiner Partner sind Lio, ein mobiler Roboter mit einem Arm, und P-Care, ein mobiler, animaloider oder humanoider Roboter mit zwei Armen. Sie liegen als Kleinserien in Europa respektive in China vor. 2021 wurde der Android Grace präsentiert.

Vorteile von Pflegerobotern sind durchgehende Verwendbarkeit, beschränkt auch in Zwischenphasen, in denen keine Pflege notwendig ist, und gleichbleibende Qualität der Dienstleistung. Nachteile sind Kostenintensität (bei möglicher Amortisation) und Komplexität der Anforderungen. Ein Pflegeroboter, der die vielfältigen Aufgaben einer Pflegekraft erledigen könnte, ist nicht in Sicht. Bereichsethiken wie Wirtschafts-, Medizin- und Informationsethik müssen Fragen dieser Art stellen: Wer trägt die Verantwortung bei einer fehlerhaften Betreuung und Versorgung durch die Maschine? Inwieweit kann diese die persönliche und informationelle Autonomie des Patienten unterstützen oder gefährden? Ist der Roboter in unpassender Weise umgesetzt, etwa in Form einer stereotyp dargestellten Krankenschwester? Ist er eine Entlastung oder ein Konkurrent für Pflegekräfte? Antworten müssen von Wissenschaft und Gesellschaft gefunden werden. Die Maschinenethik kann Pflegeroboter als moralische Maschinen denken und bauen.

Philosophie

Die Philosophie (gr. „philosophía": „Weisheitsliebe") ist die Lehre vom Erkennen und Wissen und die Prinzipien- und Methodenlehre der Einzelwissenschaften, als deren Ursprung und Rahmen sie angesehen werden kann. Ihre Erkenntnisse gewinnt sie u. a. mithilfe der logischen, analytischen, dialektischen, diskursiven und hermeneutischen Methode, in neuerer Zeit auch in Zusammenarbeit mit empirischen Wissenschaften. Zu ihren heutigen Disziplinen gehören Logik, Ethik, Ästhetik und Wissenschaftstheorie. An diesen kann man ihr enormes Spektrum erkennen und ihren Brückenschlag bzw. Treppenbau zwischen formal unterschiedlichen Ansprüchen, verschiedenen (Meta-)Ebenen und einer mathematisch-naturwissenschaftlichen und geisteswissenschaftlichen Ausrichtung. Die Theologie zeigt sich meist entweder als Fremdkörper oder Feindin der Philosophie, die ihr Selbstverständnis im Kontrast zu mythologischen und religiösen Deutungen entwickelt hat. Scharf getrennt werden sie durch ihre Grundannahmen und ihre Haltung zur Rationalität.

Die Vorsokratiker der griechischen Antike verantworteten (vor-) wissenschaftliche Prognoseinstrumente und Modellbildungen, wobei das Atommodell von Demokrit hervorgehoben werden kann. Auf Sokrates, den mündlichen Philosophen, folgten Platon und Aristoteles, die sich mit schriftlichen Äußerungen gegenüber ihren Zeitgenossen und Schülern und für die Nachwelt festlegten. Aristoteles ist als früher Hauptvertreter des systematischen, wissenschaftlichen Denkens anzusehen und hat die Ethik ebenso geprägt wie die Logik. In ganz anderer Tradition erblühte die östliche Philosophie unter der Obhut des legendären Laotse und des chinesischen Konfuzius. Höhepunkte in der westlichen Philosophie als Erkenntnistheorie waren die Leistungen von René Descartes, David Hume und Immanuel Kant. In der Ethik sind neben Aristoteles u. a. Jeremy Bentham (Begründer des Utilitarismus) und Arthur Schopenhauer herauszustellen, nicht zuletzt wegen ihrer Betonung der Leidensfähigkeit und des Mitleids, über die Tiere als moralische Objekte sichtbar werden. Ludwig Wittgenstein gab Logik und Sprachphilosophie neue Impulse, Jürgen Habermas der Kritischen Theorie, welche die gesellschaftlichen und geschichtlichen Bedingungen der Theorieentwicklung untersucht. Friedrich Nietzsche und Martin Heidegger sind nicht allein als bemerkenswerte Stilisten in die Philosophiegeschichte eingegangen.

Die Wirtschaftsphilosophie, mit Fritz Berolzheimer als geistigem Vater, behandelt die Grundlagen der Wirtschaft und – zusammen mit der Wissenschaftstheorie – die Methoden der Wirtschaftswissenschaften. Die Wirtschaftsethik hat die Moral in der Wirtschaft zum Gegenstand. Dabei ist der Mensch im Blick, der wirtschaftliche Interessen hat, der produziert, handelt, führt, ausführt (verschiedene Formen der Individualethik) und konsumiert (Konsumentenethik), und das Unternehmen, das Verantwortung gegenüber Mitarbeitern, Kunden und Umwelt trägt (Unternehmensethik). Zudem interessieren die moralischen Implikationen von Wirtschaftsprozessen und -systemen sowie von Globalisierung und Monopolisierung (Ordnungsethik). Unterschieden werden eine moralphilosophische, moralökonomische und integrative

Position. In der Informationsgesellschaft ist die Wirtschaftsethik eng mit der Informationsethik verzahnt. Mehr und mehr rückt auch die Umweltethik, mitsamt der Tierethik, in den Wahrnehmungsbereich.

Die Philosophie hat einerseits ihre ehemalige Bedeutung verloren, andererseits über Sachbücher und Massenmedien neue Popularität erlangt. Ihr Potenzial wird von manchen Personen und Gruppen nicht in genügender Weise erkannt, was mit einer Begriffsverwirrung („Philosophie" als Wort der Umgangssprache mit ganz anderer Konnotation), mit der Lobbyismustätigkeit wissenschaftsfremder, esoterischer und religiöser Kreise und mit Kompetenzstreitigkeiten zu tun haben mag. Ethik z. B. wird häufig als Angelegenheit der Kirchen und der Religion missverstanden. Gläubige und Theologen zementieren die Verhältnisse, indem sie die von ihnen vertretene theonome bzw. theologische Ethik nicht als solche kennzeichnen, sich in Bereichsethiken einmischen und etwa den Deutschen Ethikrat und die Ethikzentren an Hochschulen besetzen. Gerade in der Wirtschaftsethik engagieren sich religiöse Vertreter stark, wobei sie sich gerne auf untergegangene Gesellschafts- und Wirtschaftsformen und pauschale Wertvorstellungen beziehen. Vor diesem Hintergrund muss sich die Philosophie, will sie sich erneut und dauerhaft etablieren, auf ihre Wesensmerkmale besinnen, muss ihre Streitlust wiederentdecken, ihren Platz an Schulen, Fachhochschulen und Universitäten zurückerobern und sich in den gesellschaftlichen, politischen und wirtschaftlichen Diskurs einbringen, ihren methodischen Zweifel, ganz im Sinne von Descartes, auf sich und die Welt anwendend.

Pilot

Ein Pilot steuert ein Luftfahrzeug, einen Roboter oder ein Exoskelett. Der Flugzeugpilot startet, navigiert und landet den Flieger, koordiniert sich mit dem Flugverkehrsleiter und informiert Passagiere über den Flugverlauf. Der Roboterpilot benutzt den Roboter entweder als Avatar, etwa im Schulunterricht, den er krankheitshalber nicht besuchen kann, oder als Maschine, in der er sich selbst befindet und mit der er sich umherbewegt. Der Pilot des Exoskeletts richtet sich mit diesem auf oder setzt sich mit diesem hin, oder er nimmt Lasten auf und transportiert sie durch die Gegend. Der Autopilot lenkt ein Fahr- oder Flugzeug über eine bestimmte Zeit ohne Zutun des Menschen.

Privacy by Default

Mit Privacy by Default soll durch entsprechende Voreinstellungen bei Diensten, Geräten und Systemen die Privatsphäre bewahrt und der Datenschutz sichergestellt werden. „Privacy" ist das englische Wort für Privatsphäre und Privatheit. Es wird auch mit Blick auf den Datenschutz verwendet. Der Besitzer bzw. Benutzer kann die Einstellungen in der Regel verändern und dadurch z. B. zusätzliche Funktionen freischalten, mit dem Risiko der Beeinträchtigung der Privatsphäre und der Preisgabe und Verarbeitung personenbezogener Daten.

Privacy by Default ist neben Privacy by Design eines der wesentlichen Konzepte der Datenschutz-Grundverordnung (DSGVO). Diese vereinheitlicht die Regeln zur Verarbeitung personenbezogener Daten durch Unternehmen, Behörden und Vereine, die innerhalb der Europäischen Union einen Sitz haben. Man kann Privacy by Default als einen Aspekt von Privacy by Design (der Schutz der Daten wird schon bei der Gestaltung der Systeme berücksichtigt) oder als eigenen Ansatz auffassen (der Schutz der Daten ist durch „Werkseinstellungen" gewährleistet, kann aber durch den Anwender ausgehebelt werden).

Mit Privacy by Default soll eine Logik umgekehrt werden, die jahrzehntelang den Betrieb von Diensten und das Angebot von Geräten und Systemen beherrscht hat. Unternehmen und Behörden sind an personenbezogenen Daten interessiert, um ökonomische und informationelle Vorteile zu erlangen. Die Voreinstellungen waren daher meist in ihrem Sinne, nicht unbedingt im Sinne des Verbrauchers und Bürgers. Die Informationsethik untersucht Voraussetzungen und Auswirkungen von Privacy by Default, auch im Zusammenhang mit Informationsfreiheit und informationeller Autonomie. Die Wirtschaftsethik beschäftigt sich ebenfalls mit dem Thema.

Privatsphäre

Die Privatsphäre ist der nichtöffentliche Raum eines Menschen, in dem er seine Persönlichkeit und Individualität auslebt und entfaltet und Grundbedürfnisse wie Sexualität, Reinigung und Entleerung befriedigt (Intimsphäre). Das Recht auf Privatsphäre ist ein Menschenrecht und vom allgemeinen Persönlichkeitsrecht abgedeckt. Mit dem englischen Begriff „privacy" wird die Privatsphäre oder das Privatleben bezeichnet. Im Deutschen hat er sich ebenfalls durchgesetzt, etwa mit Blick auf Luxusimmobilien. Auch Tieren kann eine Privatsphäre zugesprochen werden. Diese bleibt freilich gewahrt, wenn man ihnen mit versteckten Kameras und anderen verdeckten Mitteln auf den Leib rückt.

Die Privatsphäre (wie die Intimsphäre) wird zu unterschiedlichen Zeiten unterschiedlich verstanden. So konnten sich im Mittelalter und in der Renaissance nicht viele in ihrem Alleinsein oder in ihrer Zweisamkeit einrichten. Die Armen mussten rund um die Uhr die Blicke der Mitbewohner ertragen. An Höfen war es entgegen der allgemeinen Sitte im Barock nicht unüblich, dass die Könige vor den Augen ihrer Untertanen ihre Notdurft verrichteten. Die Digital Natives sind angeblich weniger an Privatheit interessiert als frühere Generationen, gerade im virtuellen Raum. Allerdings versuchen sie i. d. R. ebenso ihre Intimsphäre zu schützen, außer bei gewollten Tabubrüchen.

Die Digitalisierung ist mit unterschiedlichen Gefahren für die Privatsphäre verbunden. Persönliche bzw. personenbezogene Daten können auf einfache Weise an zahlreichen Orten – sowohl im privaten als auch im halböffentlichen oder öffentlichen Raum – gesammelt und dann weitergegeben und ausgewertet werden. Technologien wie Sprachassistenten (womöglich zusammen mit Stimmerkennung und Emotionserkennung) und Gesichtserkennungssysteme (womöglich zusammen mit Emotionserkennung) – etwa bei sozialen Robotern – stellen bei allen Vorzügen bei der Bedienung und Möglichkeiten der Forschung in der Anwendung eine Bedrohung für den Einzelnen und die Gesellschaft dar.

Die Datenschutz-Grundverordnung (DSGVO) vereinheitlicht die Regeln zur Verarbeitung personenbezogener Daten durch Unternehmen,

Behörden und Vereine, die innerhalb der EU einen Sitz oder ihre Kundschaft haben. Es sind technische, wirtschaftliche, gesellschaftliche und individuelle Aspekte vorhanden. In der DSGVO sind Prinzipien verankert wie Privacy by Design (der Schutz der Daten wird schon bei der Gestaltung der Systeme berücksichtigt) und Privacy by Default (der Schutz der Daten ist der Normalfall, wobei der Benutzer ihn unter Umständen selbst durch Anpassung der Dienste oder Geräte abschwächen kann).

Die Privatsphäre wurde immer wieder in der Medienethik und in der Rechtsethik behandelt, etwa im Zusammenhang mit der Berichterstattung über Prominente. Sie ist ein wichtiges Thema der Informationsethik, vor allem mit Blick auf die informationelle Autonomie, also die Möglichkeit, selbstständig auf Informationen zuzugreifen, über die Verbreitung von eigenen Äußerungen und Abbildungen selbst zu bestimmen sowie die Daten zur eigenen Person einzusehen und gegebenenfalls anzupassen. Nicht zuletzt können Wirtschaftsethiker diverse Fragen aufwerfen. So mag der Arbeitsplatz, auch wenn er in einem Büro oder in einer Fabrik angesiedelt ist, die Privatsphäre verletzen, z. B. wenn private E-Mails gelesen werden oder Überwachungskameras installiert sind.

Probo

Probo ist ein sozialer Roboter, der ab ca. 2008 an der Freien Universität Brüssel in Belgien entwickelt wurde. Er ist animaloid gestaltet und ähnelt einem Elefanten. Der Name spielt nach Angaben der Erfinder auf eine Ordnung der Säugetiere an, nämlich die Rüsseltiere (Proboscidea), zudem auf die Umsetzung als Roboter.

Probo ist ca. 80 cm hoch und für Kinder gedacht. Er hat mimische Fähigkeiten und ein Display im Bauchbereich. Er erkennt Emotionen und zeigt solche durch Mimik, Gestik und Sprache. Kinder können sich an ihn anschmiegen und ihn umarmen – er wird von der Hochschule auch „the huggable robotic friend" genannt. Dadurch sollen sie sich wohlfühlen und sich entspannen.

Programmierung

Programmierung ist die Entwicklung von Computerprogrammen. Verwendet wird dabei eine Programmiersprache. Erstellt wird Programmcode, weshalb man auch von Coding spricht. Programmiererinnen und Programmierer (zuweilen Coder genannt) übersetzen Pflichtenheft und Algorithmen in die Programmiersprache. Immer wichtiger werden in der Softwareentwicklung agile Methoden. In den 1940er- und 1950er-Jahren war Programmieren eher ein Frauen- als ein Männerberuf.

Soziale Roboter werden oft mit Grundfunktionen ausgeliefert. Um ihr Sprach- und Aktionsvermögen zu erweitern, werden programmiertechnische Eingriffe vorgenommen. Diese sind auch notwendig, um sie an eine bestimmte Domäne anzupassen, etwa den Detailhandel oder den Gesundheitsbereich. Die Programmierung findet häufig über ein zusätzliches Gerät wie ein Tablet oder Notebook statt. Funktionen, die eine hohe Rechenleistung benötigen, können über die Cloud abgewickelt werden.

Prostitution

Prostitution ist die Bereitstellung sexueller Dienstleistungen gegen Entgelt. Sie kann in Freiheit und Freiwilligkeit erfolgen oder unter Zwang (Zwangsprostitution), in Verbindung mit Menschenhandel und Sklaverei. Man spricht augenzwinkernd vom horizontalen Gewerbe (wobei es sich gerade beim schnellen Sex häufig um ein vertikales handelt), übertreibend vom ältesten Gewerbe der Welt und mehrdeutig von käuflicher Liebe. Die Existenzsicherung kann ebenso das Ziel sein wie die Beschaffung von Konsum- und Luxusgütern (in diesem Sinne meist Gelegenheitsprostitution, wie im Falle von Schülerinnen in Japan) oder (eher die Ausnahme) der Lustgewinn. In der Antike trat neben der Erwerbs- womöglich die Tempelprostitution auf.

Es prostituieren sich vor allem Frauen, weibliche Jugendliche und Kinder (was zu Kindesmissbrauch führt). Sie werden umgangssprachlich bzw. abwertend Huren, Dirnen und Nutten genannt. Begriffe wie „Liebesdienerin", „Freudenmädchen" und „Bordsteinschwalbe" ironisieren und romantisieren die Tätigkeit. Hetären, Mätressen, Kurtisanen und Geishas sind in ihrer Zeit respektive ihrer Kultur mehr oder weniger angesehene Anbieterinnen sexueller und anderweitiger Dienstleistungen. Auch Männer und männliche Jugendliche und Kinder nehmen sexuelle Handlungen gegen Entgelt vor und bieten ihren Körper sowohl Männern als auch Frauen an. Man spricht von Strichern und Strichjungen, Lustknaben und Callboys. Die Vermittler zwischen Prostituierten und Kunden (Freiern) bzw. Kundinnen sind die Zuhälter. Liebespuppen und Sexroboter ersetzen oder ergänzen menschliche Prostituierte. In mehreren Ländern haben Bordelle eröffnet, in denen ausschließlich Liebespuppen zu finden sind.

Prostitution findet in Bordellen und Laufhäusern statt, in Nachtclubs und Striplokalen, in Privat- und Modellwohnungen – oder im Freien (Raststätten, Straßenstrich), wobei Toiletten, Parkanlagen und Fahrzeuge zum Vollzug verwendet werden. In Swingerclubs kommen Prostituierte mit Einzelnen und Paaren zusammen. Massagestudios bieten entweder erotische Massagen oder die ganze Bandbreite sexueller Handlungen an, ähnlich wie Einrichtungen und Personen, die sich mit Sexualassistenz an Behinderte und Betagte richten. Ob Pflegeroboter solche Aufgaben übernehmen sollen, wird kontrovers diskutiert. Callgirls und -boys als Selbstständige oder Mitarbeitende von Escortservices bedienen die Kunden und Kundinnen zu Hause oder im Hotel oder begleiten sie auf Reisen. Liebespuppen sind in immer mehr Freudenhäusern zu finden und können über Agenturen ausgeliehen werden. Portale und Websites dienen der Werbung, Vermittlung und Bewertung.

Tatsächlich ist das Internet zur wesentlichen Informationsquelle und Kommunikationsplattform in Bezug auf die Prostitution geworden. Frauen und Männer offerieren auf eigenen Homepages und über die Websites von Laufhäusern und Escortservices ihre Liebesdienste, Bordelle veröffentlichen den Tagesplan online und liefern Informationen zu Praktiken, Preisen und Anfahrt. Meist stellt sich jeder Sexworker mit mehreren Fotos zur Schau. Manchmal sind die Gesichter und Geschlechter verschwommen oder verpixelt, manchmal klar und deutlich zu erkennen; tendenziell handelt es sich um echte, wenngleich nicht ausnahmslos aktuelle Bilder. Bewertungsplattformen erlauben den Austausch zum Straßenstrich und zu Etablissements und ihren Mitarbeiterinnen und Mitarbeitern.

Prototyp

Ein Prototyp (gr. „protos": „Erster", „typos": „Urbild, Vorbild, Gestalt") ist ein Modell, das in Wissenschaft oder Wirtschaft erstellt wird, um die wesentlichen Elemente bzw. Funktionen eines erdachten und gewünschten Bauteils oder Produkts zu zeigen. Es sollen damit Ideen überprüft, Reaktionen getestet und Sponsoren gefunden werden. Grundsätzlich will man demonstrieren, dass etwas im Prinzip umsetzbar ist. Prototypen spielen in der Technik und in der Informatik eine große Rolle.

Ein Prototyp geht oft über ein statisches Modell hinaus und kann dynamische Züge haben bzw. durch den Benutzer (etwa den möglichen Kunden) manipuliert werden. Digitale Zwillinge können als virtuelle Prototypen eingesetzt werden. Allerdings bilden sie hauptsächlich fertige Produkte (sowie Produktionsstätten und -prozesse) ab und unterstützen eine Weiterentwicklung. Virtuelles Prototyping hat eine gewisse Tradition und kann Kosten sparen. Mit dem 3D-Druck haben sich neue, ebenfalls relativ günstige Möglichkeiten für die Erstellung von Prototypen und Modellen überhaupt eröffnet (Rapid Prototyping).

Prototypen sind essenziell für den Entwicklungsprozess. War ihre Herstellung früher u. U. mit erheblichen Kosten verbunden, kann heute durch moderne Mittel ein überzeugendes Ergebnis erzielt werden. Es gibt dennoch nach wie vor Prototypen, etwa im Automobilbereich, die einen hohen Aufwand verursachen, der sich freilich rechnen mag. Der Frage, ob ein Prototyp falsche Vorstellungen vermittelt und damit zu falschen Entscheidungen führt, können Wissenschaftsethik und Wirtschaftsethik – vor allem in ihrer Form als Unternehmensethik – nachgehen.

Q

QTrobot

QTrobot ist ein sozialer Roboter von LuxAI (Luxemburg). Er wurde 2017 entwickelt und ist seit 2018 kommerziell verfügbar. Er ist für autistische Kinder gedacht – das Unternehmen spricht von „special need education" –, wird jedoch auch in Projekten mit Erwachsenen eingesetzt. Der humanoide Roboter hat eine weiße Oberfläche, was für soziale Roboter nicht untypisch ist, einen breiten Kopf mit einem Display im Querformat und Arme mit mehreren Achsen. Er ist mit Mikrofon, Lautsprecher, 3D-Kamera sowie Gesichtserkennung ausgerüstet. Vor der Auslieferung kann unter mehreren Stimmen ausgewählt werden.

Qualität

Qualität ist die Güte von Produkten, Prozessen, Dienstleistungen oder auch von Kompetenzen und Handlungen von Personen. Sie setzt sich immer aus mehreren Eigenschaften zusammen, und die Qualitätsbestimmung ist

O. Bendel, *300 Keywords Soziale Robotik*,
https://doi.org/10.1007/978-3-658-34833-5_17

stets abhängig von der Zielgruppe, den Zielen, der Umwelt und dem Ressourceneinsatz.

Grundsätzlich ist zwischen einer objektiven Qualität, die sich auf vorab definierte und messbare Eigenschaften im Erstellungsprozess oder beim fertigen Produkt bezieht, und der subjektiven Qualität, die sich in der Zufriedenheit eines Kunden oder Benutzers mit einem Produkt oder einer Dienstleistung manifestiert, zu unterscheiden.

Qualität kann entweder produkt- und dienstleistungsbezogen (mit Blick auf Funktionen und Merkmale) verstanden werden, oder kundenbezogen, also hinsichtlich der Erfüllung von Kundenbedürfnissen. Um die definierten Qualitätsziele zu erreichen, bedarf es einer Qualitätssicherung.

Qualitätssicherung

Qualitätssicherung stellt Methoden bereit, um die Qualität in allen Prozessen und für alle Produkte, Dienstleistungen und Beteiligten zu gewährleisten und zu verbessern. Qualitätssicherung kann in die drei Bereiche Qualitätsplanung, -steuerung und -kontrolle untergliedert werden. Bei der Qualitätsplanung werden die Qualitätskriterien sowie die Komponenten, auf die diese angewendet werden, bestimmt. Die Qualitätssteuerung regelt Durchführung und Überwachung der Qualitätssicherungsverfahren. Im Rahmen der Qualitätskontrolle findet eine Überwachung der Einhaltung der Kriterien sowie der sachgerechten Durchführung der Qualitätssicherungsmaßnahmen statt. In bestimmten Bereichen nennt man Qualitätssicherung auch Audit, etwa in der Ethik und in der Ökologie. Zusammenhänge gibt es mit der Evaluation.

R

Raumfahrt

Zur Raumfahrt (Weltraumfahrt) gehören Reisen und Transporte in den, durch den und aus dem Weltraum zu zivilen oder militärischen Zwecken. Der Start auf der Erde erfolgt in der Regel mit einer Trägerrakete. Das Raumschiff (Raumfahrzeug) ist, wie die Landefähre, bemannt oder unbemannt. Das Ziel kann die Umlaufbahn eines Himmelskörpers sein, ein Trabant, Planet oder Komet, der durch einen Astronauten respektive Kosmonauten oder Roboter (etwa einen Rover oder einen Helikopter) erkundet, oder eine Gegend, die fotografiert und analysiert wird. Nicht nur Menschen, auch Tiere wurden wiederholt ins All geschossen, Fliegen, Affen und Hunde. Raumsonden dringen immer weiter ins Universum vor und hinterlassen immer mehr Spuren.

Die Geschichte der Raumfahrt begann 1957 mit dem sowjetischen Satelliten Sputnik 1. Davor hatte es jahrelange Planungen und Entwicklungen gegeben, ganz abgesehen von fiktionalen Erkundungen von Autoren wie Jules Verne, H. G. Wells und Stanisław Lem. Der Sputnik-Schock führte zur Intensivierung amerikanischer Bemühungen und

O. Bendel, *300 Keywords Soziale Robotik,*
https://doi.org/10.1007/978-3-658-34833-5_18

schließlich zum Start von Apollo 11 im Jahre 1969 und zum Betreten des Monds durch Neil Armstrong und Buzz Aldrin, nebenbei zur Erfindung des Internets, das als Kommunikations- und Kommandonetzwerk unzerstörbar sein sollte. Die Mondlandung war das erste Ereignis, das die Menschheit vor den Fernsehapparat brachte, so wie die Lewinsky-Affäre das erste war, das die Massen in das Internet (genauer das WWW) lockte. Die Weltraumstation MIR wurde ab 1986 aufgebaut, die ISS ab 1998. 1997 hob die europäische Rakete Ariane 1 ab. Die kommerzielle Nutzung begann früh, mit Kommunikations- und Fernsehsatelliten.

Die Raumfahrt ermöglicht neue Ein- und Ausblicke, in Bezug auf Erde, Mond und Sonne sowie fremde Planeten und Sterne. Die Erkenntnisse, die von Astronomie bzw. Astrophysik gewonnen werden, befruchten andere Wissenschaften. Robotik und Informatik (speziell Künstliche Intelligenz) werden ständig wichtiger für die Missionen und ermöglichen Forschungsroboter und Serviceroboter. Künftig könnten auch soziale Roboter eine Rolle spielen, als empathiesimulierende Sprachassistenten, die Astronautinnen und Astronauten während eines langen Flugs zur Seite stehen, oder als Companion Robots auf Mond oder Mars, in der Tradition von R2-D2 und seinem humanoiden Kollegen C-3PO.

Die Raumfahrt bedeutet die Zunahme von Müll im Weltraum. Mond, Mars und Venus werden mit Blick auf Bodenschätze betrachtet und jetzt oder künftig ausgebeutet. Das All, der Mond und der Mars gelten als touristische Ziele, die vor allem von Unternehmen erschlossen werden sollen. Die Umweltethik, die sich für gewöhnlich auf die Umwelt der Erde richtet, muss verstärkt Weltraum, Trabanten und Planeten einbeziehen. Die Informationsethik kann sich mit ihr zusammen mit den Folgen des Einsatzes von Informations- und Kommunikationstechnologien in einer unberührten, nichttechnisierten Welt befassen. Die Raumfahrt könnte sich als Rettungsanker der Menschheit erweisen, aber auch als Todesstoß für bewohnbare Planeten und Exoplaneten.

Rechte

Rechte im moralischen Sinne werden in der Regel denjenigen zugesprochen, die die Fähigkeit haben zu denken oder zu fühlen. Diese muss sozusagen prinzipiell vorhanden sein, sodass auch Wesen mit eingeschlossen sind, die man vorübergehend der Fähigkeit – etwa durch Narkotisierung oder Gewaltanwendung – beraubt hat. Wer Rechte hat, hat noch keine Pflichten; diese hat nur eine Person im engeren Sinne. Denken kann die Form von Interessen (Pläne, Wünsche etc.) annehmen, Fühlen die Form von Leiden oder Glück. Die Wahrnehmung von Rechten kann in der Bewahrung von Interessen bestehen oder in der Maximierung von Glück bzw. in der Minimierung von Leiden. Der Utilitarismus in seinen verschiedenen Ausprägungen ist die dazugehörige Strömung. Existenzielle Rechte werden auch Grundrechte genannt.

Kinder sind nach der vorgetragenen Argumentation ebenso Träger von Rechten wie Tiere. Mindestens allen geborenen Menschen kommen Menschenrechte zu, mindestens allen höheren Tieren Tierrechte. Die Tierethik begründet Tierrechte oder Grundrechte von Lebewesen und sucht nach Argumenten über die Empfindungs- und Leidensfähigkeit hinaus, wie der Interessensbekundung oder dem Lebenswillen. Roboter und Computer sind keine Objekte der Moral in diesem Sinne; es ist aber nicht ausgeschlossen, dass sie es eines Tages sein werden; dass sie Subjekte der Moral sein können, ist das Thema der Maschinenethik. Ob der Zugang zum Internet zu den Grundrechten gehört, ist umstritten und wird von der Informationsethik abgehandelt.

Regulierung

Regulierung im Sinne von Marktregulierung bezeichnet nach Bernd-Thomas Ramb die „Verhaltensbeeinflussung von Unternehmen und Konsumenten durch gesetzgeberische, meist marktspezifische Maßnahmen mit dem Ziel der Korrektur bzw. Vermeidung von vermutetem Marktversagen, z. B. zur Verhinderung monopolistischen

Machtmissbrauchs und ruinöser Konkurrenz". In Deutschland ist die Bundesnetzagentur für Elektrizität, Gas, Telekommunikation, Post und Eisenbahnen regulierend tätig. Nach eigener Aussage will sie nicht zuletzt Verbraucherrechte stärken. In den Medien, in der Politik und in der Wissenschaft wird die Art und Weise der Regulierung von Facebook, Google, Twitter und Co. diskutiert. Auch Robotikunternehmen werden mehr und mehr betroffen sein, vor allem bei einem Einsatz von KI-Systemen.

Die EU-Kommission entwirft in ihrem am 21. April 2021 veröffentlichten Dokument „Vorschlag für eine Verordnung des Europäischen Parlaments und des Rates zur Festlegung harmonisierter Vorschriften für künstliche Intelligenz (Gesetz über künstliche Intelligenz) und zur Änderung bestimmter Rechtsakte der Union)" einen Rechtsrahmen für den Einsatz von KI-Systemen. Diese werden nach ihrem vermeintlichen Risiko kategorisiert. Als inakzeptabel gilt alles, was als eindeutige Bedrohung für die EU-Bürger angesehen wird, von Social Scoring durch Regierungen bis hin zu Spielzeug mit Sprachassistenz, etwa in der Art von Hello Barbie.

Zu den Bereichen mit hohem Risiko gehören laut EU-Kommission kritische Infrastrukturen, die das Leben und die Gesundheit von Personen gefährden könnten. Damit wird das autonome Fahren einer ständigen Kontrolle unterworfen sein. Auch Operationsroboter fallen in diese Kategorie, obwohl diese heute fast ausnahmslos vom Arzt gesteuert werden. Ein begrenztes Risiko wird etwa bei Chatbots gesehen. Hier sollen lediglich minimale Transparenzpflichten gelten. So kann die Maschine deutlich machen, dass sie nur eine Maschine ist. Ein minimales Risiko ist laut Kommission bei der Mehrheit der KI-Systeme vorhanden. Als Beispiele werden KI-fähige Videospiele oder Spamfilter genannt.

Bei den Anbietern von KI-Systemen im Hochrisikobereich sollen laut EU-Kommission vier Schritte durchlaufen werden. Nach der Entwicklung finden Überprüfung und Eintrag in eine Datenbank statt. Dann wird eine Konformitätserklärung unterzeichnet und eine CE-Kennzeichnung aufgebracht. Mit dieser wird laut Verordnung (EG) Nr. 765/2008 erklärt, „dass das Produkt den geltenden Anforderungen genügt, die in den Harmonisierungsrechtsvorschriften der Gemeinschaft über ihre Anbringung festgelegt sind". Am Ende kann man das KI-System in die Anwendung einbauen bzw. auf den Markt werfen.

Reinforcement Learning

Bestärkendes Lernen (engl. „reinforcement learning") gehört zum maschinellen Lernen. Ein System oder Roboter erlernt eine Vorgehensweise, um möglichst viele Belohnungen zu erhalten. Die Methoden des Reinforcement Learning werden auch in der Sozialen Robotik angewandt, etwa um soziale Verhaltensweisen anzupassen.

Replika

Replika ist ein Chatbot, der auf künstlicher Intelligenz basiert. Er wurde 2017 der Öffentlichkeit vorgestellt. Er kann über eine Website oder über eine App aufgerufen werden. Das Replika-Projekt wurde von Eugenia Kuyda und Phil Dudchuk mit der Idee begonnen, ein persönliches KI-System zu schaffen, das einem hilft, sich auszudrücken, zu beobachten und „zu erfahren". Zu diesem Zweck bietet es ein hilfreiches Gespräch an. So sehen es zumindest die Macher und formulieren es auf ihrer Website replika.ai. Es sei ein Raum, in dem man seine Gedanken, Gefühle, Überzeugungen, Erfahrungen, Erinnerungen und Träume sicher teilen kann, eine „private perceptual world". Replika stellt viele Rückfragen, fordert gar ein Selfie des Benutzers an, lernt aus den Antworten und zeigt Emotionen und Empathie, natürlich ohne solche zu haben.

Responsible AI

Mit dem Begriff der Responsible AI (engl. „AI" steht für „artificial intelligence") werden Bestrebungen zusammengefasst, Systeme künstlicher Intelligenz in verantwortungsvoller Weise zu entwickeln respektive einzusetzen und Systeme zu schaffen, die über bestimmte

Merkmale und Fähigkeiten – etwa sozialer oder moralischer Art – verfügen. Angesprochen werden damit u. a. Erklärbarkeit (Explainable AI), Vertrauenswürdigkeit (Trustworthy AI), Datenschutz, Verlässlichkeit und Sicherheit. Der Ausdruck hat sich allmählich seit der Jahrtausendwende und dann verstärkt ab ca. 2010 verbreitet. Er wird – wie „Explainable AI" und „Trustworthy AI" – vielfach im Marketing von Staaten und Verbünden wie der EU, technologieorientierten Unternehmen bzw. Unternehmensberatungen sowie wissenschaftsfördernden Stiftungen verwendet, die sich, ihre Produkte, ihr Consulting und ihr Funding ins rechte Licht rücken wollen. Er kann aber ebenso den Namen einer Forschungsgruppe mit entsprechender Ausrichtung schmücken.

Responsible AI kann als Arbeitsgebiet der Künstlichen Intelligenz oder von Informations-, Roboter- und Maschinenethik angesehen werden, zudem als gewünschtes Ergebnis dieser Disziplinen, womit ein normativer Charakter gegeben wäre, entweder mit Blick auf Forschung und Entwicklung oder auf die Anwendung. Entsprechend würde man fordern, dass nur bestimmte, etwa moralischen und sozialen Kriterien genügende KI-Systeme hervorgebracht oder betrieben werden sollen. Während in KI, Informationsethik und Roboterethik vor allem das verantwortungsbewusste Handeln des Herstellers oder Entwicklers thematisiert und mit Entscheidungen von Ethikkommissionen und mit ethischen Leitlinien flankiert wird, programmiert die Maschinenethik den Systemen bestimmte moralische Regeln ein, die entweder strikt befolgt oder je nach Situation adaptiert werden. Die entstehende künstliche oder maschinelle Moral, die menschliche simuliert, kann vor allem bei autonomen Systemen, die in überschaubaren und beschränkten Räumen unterwegs sind, als sinnvolle Lösung gelten, etwa bei Haushaltsrobotern oder Sicherheitsrobotern auf dem Betriebsgelände.

Wissenschaft, mithin wissenschaftliche Methoden gebrauchende Ethik, verfolgt in erster Linie Erkenntnisgewinn. Ein Arbeitsgebiet, das sich verantwortungsvollen Systemen (also solchen, die verantwortungsvoll entwickelt oder mit bestimmten Regeln und Grenzen ausgestattet werden) verschrieben hat, kann dieses Ziel durchaus erreichen. Problematisch wird es, wenn Responsible AI zur allgemeinen Forderung wird, und zwar zunächst eben aus philosophischen und wissenschaftstheoretischen Gründen. Im Labor darf durchaus auch „verantwortungslose KI“ entstehen, wenn dies dem Erkenntnisgewinn dient, wie ein Gesichtserkennungssystem, eine Münchhausen-Maschine (eine Maschine, die die Unwahrheit sagt) oder ein autonomer Kampfroboter. Per Gesetz kann dann bestimmt werden, was in der Praxis zulässig ist. Wenn ein Moralisieren in die Wissenschaft einzieht, ist das dieser nicht zuträglich, da es sie beschneidet, was nicht bedeutet, dass in ihr alles möglich sein soll – so gibt es gute Gründe, Tierversuche abzulösen, Genmanipulationen zu beschränken und das Abgreifen von Fotos auf Plattformen für den Zweck von Machine Learning und Deep Learning zu verbieten. Es ist weiter die Frage, wer überhaupt definiert, was verantwortungsvoll ist, und wer davon profitiert, dass bestimmte Systeme entstehen und andere nicht. Letztlich ist „Responsible AI“ ein diffuser Begriff, der hohe Erwartungen weckt, jedoch kaum erfüllt.

Roboselfie

Roboselfies oder Roboter-Selfies sind Selfies von Robotern, vor allem von Weltraumrobotern. Sie ermöglichen es Ingenieuren, den Zustand der Hülle, der Räder und der Werkzeuge zu überprüfen. Manche Roboter und Fahr- bzw. Flugzeuge können die Kamera mithilfe ihres Arms auf sich richten (wie Curiosity im Jahre 2012), andere fotografieren ihren Schatten, wie Hayabusa (2005) oder Ingenuity (2021).

Robot Enhancement

Robot Enhancement ist die Erweiterung und damit einhergehende Veränderung oder Verbesserung des Roboters durch den Benutzer bzw. eine Firma, etwa in funktionaler, ästhetischer, ethischer oder ökonomischer Hinsicht. Das Wort wurde in Anlehnung an „Human Enhancement“ und „Animal Enhancement“ gebildet, und man kann damit sowohl das Arbeitsgebiet als auch den Gegenstand bezeichnen. Eine Form des

Robot Enhancement ist das Social Robot Enhancement, bei dem ein sozialer Roboter erweitert bzw. verändert und verbessert wird. Insgesamt bietet der Hersteller z. B. vor dem Finishing unterschiedliche Optionen an, eine Tuningfirma nach der Produktion diverse Add-ons. Auch der Benutzer selbst kann in verschiedener Weise aktiv werden, etwa indem er das Gegenüber markiert und es dadurch personalisiert.

Ein Beispiel für Robot Enhancement (und für Social Robot Enhancement) ist die Ausstattung von NAO, Pepper und Co. mit Kleidungsstücken, Perücken und Accessoires. Die erweiterten sozialen Roboter erhalten oft je nach Einsatzgebiet, etwa im Pflege- oder Altenheim, einen anderen Namen. Eine weitere Methode ist, den Plastik- oder Metallkopf mit Silikonhaut zu überziehen oder Make-up-Aufkleber zu verwenden. Dabei muss man – wenn dies nicht standardmäßig vorgesehen ist – auf eine mögliche Überhitzung und Einschränkung ebenso achten wie auf eine unbeabsichtigte Wirkung. Weiter können die Gliedmaßen verlängert und verändert sowie die Körper mit Komponenten ergänzt werden. So sind für Liebespuppen und Sexroboter zusätzliche oder andersartige Geschlechtsteile erhältlich. Nicht zuletzt ist es zuweilen möglich, die Stimme oder die mit künstlicher Intelligenz zusammenhängenden Fähigkeiten anzupassen.

Robot Enhancement spielt insbesondere bei sozialen Robotern eine Rolle, die sich weltweit verbreiten, die eine gewisse Uniformität besitzen und die man an Anwendungsfelder und Bedürfnisse adaptieren und für den eigenen Gebrauch markieren will. Man kann dadurch eine Maschine menschlicher und individueller wirken lassen. Zudem kann man ein Geschlecht und ein Alter zuschreiben. Nicht immer ist die Veränderung eine Verbesserung, vor allem dann nicht, wenn das Original dafür technisch gar nicht vorgesehen ist. Es besteht die Gefahr, dass es Schaden nimmt und sein Nutzen eingeschränkt ist. Die Roboterethik untersucht zusammen mit der Informationsethik die Chancen und Risiken von Robot Enhancement und fragt bei sozialen Robotern danach, welche Transformationen welche Implikationen in moralischer Hinsicht haben, etwa wenn Erwartungen geweckt und enttäuscht werden.

Roboter

Roboter sind nach Thomas Christaller sensumotorische (sensomotorische) Maschinen zur Erweiterung der menschlichen Handlungsfähigkeit. Entsprechend bestehen sie aus mechatronischen Komponenten, Sensoren und rechnerbasierten Kontroll- und Steuerungsfunktionen. Die Komplexität eines Roboters unterscheidet sich nach demselben Autor deutlich von anderen Maschinen durch die größere Anzahl von Freiheitsgraden und die Vielfalt und den Umfang seiner Verhaltensformen. Mit dem Begriff der Freiheitsgrade sind Achsen bzw. Gelenke angesprochen.

Neben der Erweiterung der Handlungsfähigkeit wäre die Abschaffung der Arbeitsmöglichkeit, die teilweise oder vollständige Ersetzung des Menschen durch die Maschine, zu nennen. Auch die Entscheidungsfähigkeit ist mehr und mehr von Relevanz, und die menschliche Autonomie, die wiederum an die Freiheit (auch von der Fremdgesetzlichkeit) denken lässt, wird durch die maschinelle (die einen anderen Charakter hat) verdrängt.

Unterscheiden kann man Roboter in verschiedene Typen wie Industrieroboter, Serviceroboter, Weltraumroboter und Kampfroboter, zudem in Hardwareroboter – zu denen die genannten Arten zählen – und Softwareroboter wie Chatbots, Social Bots, Agenten und Crawler. Seit einigen Jahren wird eine Brücke geschlagen zwischen Industrie- und Servicerobotern, und man darf sagen, dass Kooperations- und Kollaborationsroboter (Cobots) sozusagen Spuren des zweitgenannten Typs enthalten bzw. dass sie in der Regel Industrieroboter sind, aber auch als Serviceroboter auftreten können, etwa im Pflegebereich.

Roboterauto

Selbstständig fahrende oder autonome Autos bewegen sich als Prototypen durch die Städte und Landschaften, in den USA genauso wie in Europa und Asien. Umgangssprachlich werden sie als Roboterautos bezeichnet. Sie nehmen dem Fahrer bzw. dem Insassen wesentliche oder sogar sämtliche Aktionen ab (vollautomatisiertes und fahrerloses Fahren). Ein Verkehr, der von Wagen dieser Form geprägt wird, ist eine Vision, allerdings eine, deren Umsetzung von Herstellern und anderen Unternehmen verfolgt, von verschiedenen Disziplinen erforscht und in Gesellschaft und Medien eifrig diskutiert wird sowie technisch gesehen in einem gewissen Rahmen möglich ist. Vorstufen sind das assistierte sowie teil- und hochautomatisierte Fahren.

Ziele des Einsatzes von selbstständig fahrenden Autos sind Erhöhung der Fahrsicherheit, Steigerung des Fahrkomforts und Verbesserung der Effizienz (z. B. durch Senkung des Verbrauchs). Einige Systeme sind so konzipiert, dass der Insasse sie temporär deaktivieren kann, sodass eine manuelle Steuerung bzw. eine individuelle Anweisung möglich wird. Dies hat nicht zuletzt haftungs- und sicherheitstechnische Gründe. Manche Produzenten verzichten aber auch bewusst auf Lenkrad und Gaspedal, mit dem Argument, dass menschliche Aktionen nicht notwendig oder nicht erwünscht sind. Die Freiheit, die für andere Tätigkeiten entsteht, wird von Wissenschaft und Wirtschaft untersucht. Man überlegt beispielsweise, die Sitze wie in Straßenbahnen oder Zügen anzuordnen und Bildschirme zur Unterhaltung und für die Arbeit einzubauen.

Die Informationstechnologie im Automobil, die sogenannte Car IT, nimmt in diesem Fall breiten Raum ein. Das selbstständig fahrende Auto ist ein rollender Computer und, wie der alternative Name sagt, ein Roboter, und zwar einer, der mobil ist, seine Umwelt beobachtet und seine Schlüsse daraus zieht. Wichtig ist die Car-to-Car Communication, die Kommunikation zwischen autonomen sowie zwischen autonomen und konventionellen, aber mit IT angereicherten Fahrzeugen. Diese verständigen sich hinsichtlich ihrer Abstände, sowohl innerhalb der Spur als auch von Spur zu Spur, der Dichte des Verkehrs sowie der Gefahren in der näheren und weiteren Umgebung. Möglich könnte eine selbstständige Einigung sein, z. B. wenn ein geparktes Auto beschädigt wurde. Eine übergeordnete Kategorie ist die Maschine-Maschine-Kommunikation. Selbstständig fahrende Autos sind eingebunden in ein Netzwerk, das Internetanwendungen, u. a. das Internet der Dinge, und Informationssysteme aller Art umfasst.

Fahrerassistenzsysteme (FAS) stellen wichtige Bausteine des selbstständig fahrenden Autos dar. Sie unterstützen den Lenker von PKW und übernehmen in bestimmten Situationen seine Aufgaben. Es handelt sich mehrheitlich um Car IT, die mit Ein- und Ausgabegeräten (auditiv oder visuell realisiert) gekoppelt ist und Zugriff auf ausgewählte Komponenten und Funktionen der Fahrzeuge hat. Beispiele sind Antiblockiersystem (ABS), elektronisches Stabilitätsprogramm (ESP), Lichtautomatik, Scheibenwischerautomatik, Verkehrszeichenerkennung, elektrische Feststellbremse, Bremsassistent, Notbremsassistent, Stauassistent, Spurwechselassistent, Spurwechselunterstützung, intelligente Geschwindigkeitsassistenz, Abstandsregeltempomat, Abstandswarner, Reifendruckkontrollsystem und Einparkhilfe. Die Akzeptanz gegenüber FAS ist hoch, und Wert und Preis von Autos werden immer mehr von ihnen bestimmt.

Autonome Autos können nach Ansicht verschiedener Experten die Unfallzahlen senken und Staus vermeiden helfen, insbesondere bei einer weiten Verbreitung und starken Vernetzung. Der eine oder andere spricht sich allerdings dafür aus, dass sie nur in festgelegten Bereichen – auf der Notfallspur der Autobahn oder auf speziellen Trassen – und zu festgelegten Zeiten fahren dürfen. Ein vollkommen automatisierter und autonomisierter Verkehr würde weitgehende Entscheidungen der Fahrzeuge, nicht zuletzt in moralisch relevanten Situationen, erforderlich machen. Diesbezüglich ist die Maschinenethik gefragt, die sich mit der Moral von Maschinen befasst. Der robotergeprägte Verkehr wird anhand klassischer Gedankenexperimente und theoretischer Dilemmata wie des Trolley- und des Fetter-Mann-Problems sowie mit Blick auf praktische Dilemmata diskutiert. Gefragt ist zudem die Informationsethik, etwa in Bezug auf die informationelle Autonomie der Insassen, die Fahrzeug- und die Datensicherheit. Informations- und Technikethik können sich mit der persönlichen Autonomie befassen, z. B. mit dem Verlust menschlicher angesichts zunehmender maschineller Autonomie, und auch mit dem Wegfall der Freude am Fahren.

Roboterethik

Die Roboterethik ist, so eine mögliche Auslegung, eine Keimzelle und ein Spezialgebiet der Maschinenethik. Gefragt wird danach, ob ein (weitgehend autonomer) Roboter ein Subjekt der Moral sein und wie man diese implementieren kann. Im Fokus sind auch mimische, gestische und natürlichsprachliche Fähigkeiten, sofern sie in einem moralischen Kontext stehen. Man kann indes nicht nur nach den Pflichten (oder, schwächer formuliert, Verpflichtungen bzw. Aufgaben), sondern ebenso nach den Rechten der Roboter fragen. Allerdings werden ihnen – im Gegensatz zu Tieren – solche üblicherweise nicht zugestanden. Nicht zuletzt kann man die Disziplin in einem ganz anderen Sinn verstehen, nämlich in Bezug auf Entwicklung und Herstellung und die Folgen des Einsatzes von Robotern, und in ihr Richt- und Leitlinien für den Gebrauch erarbeiten. In dieser Ausrichtung mag man sie in Technik- und Informationsethik verorten.

Die Robotik oder Robotertechnik beschäftigt sich mit dem Entwurf, der Gestaltung, der Steuerung, der Produktion und dem Betrieb von Robotern. Sie muss, was die Wirkung von Emotionen und die Glaubwürdigkeit von Aussagen, Handlungen und Bewegungen angeht, eng mit der Psychologie und der Künstlichen Intelligenz (KI) zusammenarbeiten. Je mehr ein Roboter durch sein Aussehen verspricht, desto perfekter muss er umgesetzt sein, damit er nicht unheimlich wirkt (Uncanny-Valley-Effekt). Das betrifft auch Fragen der Moral; von einem humanoiden oder sozialen Roboter erwartet man adäquate Aussagen und Entscheidungen. Bei hohen Ambitionen in diesem Kontext muss sich die Robotik mit Roboter- und Maschinenethik zusammentun, nicht ohne kritische Fragen von Technikethik und Informationsethik zuzulassen.

Über moralische Maschinen haben nicht bloß Wissenschaftler, sondern auch Schriftsteller nachgedacht. Robotiker, KI-Experten und Philosophen beziehen sich gerne auf den Science-Fiction-Autor Isaac Asimov und seine drei Robotergesetze („Three Laws of Robotics"), die in einer Kurzgeschichte aus dem Jahre 1942 enthalten sind. Der Katalog ist hierarchisch aufgebaut und gibt so eine Priorisierung vor.

Nach dem ersten Gesetz darf kein Roboter einen Menschen verletzen oder durch Untätigkeit erlauben, dass ein menschliches Wesen zu Schaden kommt. Nach dem zweiten muss ein Roboter den ihm von Menschen erteilten Befehlen gehorchen, es sei denn, einer der Befehle würde mit dem ersten Gesetz kollidieren. Nach dem dritten muss ein Roboter seine Existenz beschützen, solange er dabei nicht mit dem ersten oder zweiten Gesetz in Konflikt kommt. Asimov hat in einem späteren Werk den Katalog erweitert und modifiziert. Aus wissenschaftlicher Sicht sind die Robotergesetze, so durchdacht und visionär sie sein mögen, nicht befriedigend.

Wenn es um die Moral von (und gegenüber) Maschinen ging, war man lange Zeit auf Roboter fokussiert. Zum einen erfüllten sie die Anforderung, mehr oder weniger autonome Systeme zu sein (wenn man Teleroboter einmal ausnimmt), zum anderen erweckten sie – gerade wenn es sich um humanoide oder soziale Roboter handelte – den Eindruck, als müssten sie in sittlicher und sozialer Hinsicht mehr leisten können als normale Maschinen. Als sich zu den Robotern weitere (teil-)autonome Maschinen wie Softwareagenten, Chatbots, bestimmte Drohnen, Computer im automatisierten Handel und selbstständig fahrende Autos gesellten, war es vorbei mit der Einzigartigkeit. Der Vielfalt von Systemen mit ihren unterschiedlichen Möglichkeiten widmet sich die Maschinenethik, wobei sich diese auf Maschinen als Subjekte der Moral konzentriert. Der Begriff der Roboterethik wird sicherlich nicht verschwinden, allenfalls verstärkt auf Roboter als Objekte der Moral und als Verursacher von Problemen und Herausforderungen angewandt.

Robotergesetze

Über die Moral von Maschinen haben nicht nur Wissenschaftler, sondern auch Schriftsteller nachgedacht. Robotiker, KI-Experten und Philosophen sowie Technikjournalisten beziehen sich im Kontext von Roboter- und Maschinenethik gerne auf den Science-Fiction-Autor Isaac Asimov und seine berühmten Robotergesetze bzw. Gesetze der Robotik („The Three Laws of Robotics“), die in der Kurzgeschichte

„Runaround“ aus dem Jahre 1942 und in weiteren Shortstorys enthalten sind.

Der Katalog ist hierarchisch aufgebaut und gibt so eine Priorisierung vor. Nach dem ersten Gesetz darf kein Roboter einen Menschen verletzen oder durch Untätigkeit erlauben, dass ein menschliches Wesen zu Schaden kommt. Nach dem zweiten muss ein Roboter den ihm von Menschen erteilten Befehlen gehorchen, es sei denn, einer der Befehle würde mit dem ersten Gesetz kollidieren. Nach dem dritten muss ein Roboter seine Existenz schützen, solange er dabei nicht mit dem ersten oder zweiten Gesetz in Konflikt kommt. Asimov hat in einem späteren Werk den Katalog erweitert und modifiziert. Zudem spricht er in der 1974 erschienenen Geschichte „… That Thou Art Mindful of Him“ von den „Three Laws of Humanics“, erdacht von Robotern, die die Macht an sich reißen wollen.

Es ist beim Heranziehen der Robotergesetze zu bedenken, dass diese eben für den fiktionalen, nicht den realen Kontext geschaffen wurden. Die Regeln erfüllen damit primär eine Funktion in einer Geschichte, können dort (und in der Literaturwissenschaft) thematisiert und kritisiert werden. Natürlich darf man sich von ihnen inspirieren lassen, und es ist häufig sinnvoll, gerade bei moralischen Maschinen, von bestimmten Metaregeln oder Prinzipien auszugehen.

Roboterparks

Roboterparks sind Themenparks, in denen Kooperations- und Kollaborationsroboter (Cobots) und Serviceroboter sowie soziale Roboter von der Öffentlichkeit oder auch einem Fachpublikum kennengelernt und ausprobiert werden können. Es handelt sich i. d. R. nicht um größere Flächen, sondern um übersichtliche Showrooms.

In Roboterparks der Zukunft, die größere Ausmaße hätten, könnte man auf unterhaltsame Art und Weise mit den Emotionen der Menschen spielen, wie im Jurassic Park aus dem gleichnamigen Film von 1993. Dass sich die sozialen Roboter dabei selbstständig machen und die Besucherinnen und Besucher attackieren, ist eher unwahrscheinlich.

Roboterphilosophie

Roboterphilosophie (engl. „robot philosophy“ oder „robophilosophy“) ist ein Teilgebiet der Philosophie, das sich mit Robotern (Hardware- und Softwarerobotern) sowie mit Erweiterungsoptionen wie künstlicher Intelligenz befasst. Dabei geht es vor allem (aber nicht nur) um mehr oder weniger autonome Serviceroboter, Pflege-, Transport- und Kampfroboter eingeschlossen, und um Chatbots und virtuelle Assistenten, und nicht allein um die Entwicklungs-, sondern auch die Ideengeschichte, angefangen bei den Werken von Homer und Ovid bis hin zu Science-Fiction-Büchern und -Filmen. Beteiligt sind Disziplinen wie Erkenntnistheorie, Ontologie, Ästhetik und Ethik, darunter Roboterethik und Maschinenethik; die Technikphilosophie kann einerseits als übergeordnete Instanz verstanden werden, andererseits auch als gleichgestellte, insofern sie Roboter meist lediglich als technische Hilfsmittel und weniger als künstliche Mitgeschöpfe und Zeitgenossen begreift und die Roboterphilosophie mit ihrer spezifischen Perspektive neben sich braucht. Die Philosophie ist die Lehre vom Erkennen und Wissen und die Prinzipien- und Methodenlehre der Einzelwissenschaften, als deren Ursprung und Rahmen sie angesehen werden kann, durchaus auch von Robotik und Informatik.

Die Roboterphilosophie wendet ihren Blick scheinbar zunächst weg vom Menschen (den sie freilich ständig als Vorbild bemüht) und stellt Fragen zu den Eigen- und Beschaffenheiten von Robotern. Kann der Begriff der Autonomie sinnhaft auf diese angewandt werden? Können sie eines Tages, mittels Sensoren und Formen der künstlichen Intelligenz, Bewusstsein erlangen? Können sie eines Tages denken, fühlen und leiden? Wie Menschen, wie Tiere oder in anderer Weise? Was können sie (wiederum im Vergleich zu Menschen, nach denen die Philosophie im Allgemeinen fragt) erkennen und wissen? Wie wichtig ist ihr funktionsfähiger Körper, sind mimische und gestische Fähigkeiten? Sollen Roboter wie Menschen gestaltet werden, als Androiden, oder wie Tiere – oder als abstrakte Gebilde? Zusammen mit der Roboterethik untersucht die Roboterphilosophie die Möglichkeit von Rechten von Robotern, zusammen mit der Maschinenethik von

Pflichten, wobei diese ebenso schwächer als Verpflichtungen oder einfach als Vorschriften, die Maschinen einzuhalten haben, gedeutet werden können. Selbstlernende Systeme sind allerdings in der Lage, eigene moralische Haltungen (im weitesten Sinne) einzunehmen, was wiederum von der Roboterphilosophie erörtert werden mag. Diese fragt zudem, zusammen mit Informationsethik, Technikethik, Roboterethik, Wirtschaftsethik und Technikfolgenabschätzung, nach den Folgen des Einsatzes von Robotern, etwa dem Vorhandensein, der Veränderung und der Bewertung menschlicher Arbeit. Dabei geht es nicht bloß um Service-, sondern auch um Industrieroboter.

Robotiker warnen regelmäßig davor, (Hardware-)Roboter und künstliche Intelligenz gleichzusetzen. Tatsächlich haben Robotik und Künstliche Intelligenz (KI) – nachdem sie kurz im Zusammenhang gesehen wurden – eine unterschiedliche Entstehungsgeschichte, und ihre Entwicklungen müssen zunächst getrennt betrachtet werden. Ohne Zweifel können Roboter aber dank der Teildisziplin der Informatik ganz neue Möglichkeiten gewinnen, und bei einer entsprechenden Integration wirken sensomotorische Einheit und künstliche Intelligenz zusammen. Bei Softwarerobotern und KI-Systemen besteht häufig eine noch engere Beziehung, bis hin zur Verschmelzung. Andere Experten beanstanden die Überhöhung von Robotern. Diese sind und bleiben sicherlich Maschinen (selbst wenn sie in Organismen eingepasst werden, sodass Cyborgs resultieren), und es kann zum Beispiel nicht überzeugend begründet werden, warum sie Rechte erhalten sollten; eine Leidensfähigkeit etwa ist derzeit nicht in Sicht. Unbestritten kann man ihnen moralisch begründete Regeln einpflanzen, ohne dass sie ein Bewusstsein davon haben, was sie tun und warum sie es tun. Eine weitere Kritik betrifft das Reden über Roboter. Einige Experten sind der Meinung, dass diese nicht entscheiden, nicht handeln etc. Allerdings wird es schwierig bei einer solchen Striktheit, überhaupt über bestimmte Roboter zu sprechen, und vermutlich darf man Metaphern zulassen, die nicht überdehnt und die unmissverständlich sind.

Letztlich sind Roboter, nicht nur Serviceroboter und soziale Roboter, neuartige, merkwürdige Subjekte (mithin der Moral), mit denen wir Lebensräume teilen, die ihre Umwelt und uns beobachten und bewerten, um reagieren und menschliche Subjekte informieren zu können. Dabei werden sie auch wirtschaftlich immer relevanter, gerade dann, wenn sie die Käfige der Fabriken verlassen, als Kooperations- und Kollaborationsroboter eng mit uns in der Produktion zusammenarbeiten und als Serviceroboter und soziale Roboter auf Straßen und Plätzen, in Einkaufszentren, an Hotelrezeptionen und im Haushalt uns unterstützen und begleiten, ergänzen und ersetzen. In diesem Kontext sind Ideen und Konzepte wie Robotersteuer und Roboterquote (etwa für öffentliche Räume) zu diskutieren.

Roboterpsychologie

Im Werk des Science-Fiction-Autors Isaac Asimov tritt die Roboterpsychologin Susan Calvin auf. Sie ist bei U.S. Robots angestellt und betreut humanoide Roboter. In „Evidence" aus dem Jahre 1946 (erneut abgedruckt in der legendären Sammlung „I, Robot") gelangt sie zum Urteil: „Robots are essentially decent."

In der Realität beschäftigt sich Roboterpsychologie nach Martina Mara, einer ihrer Vertreterinnen, nicht mit dem Wohlbefinden von Robotern, sondern mit dem Erleben und Verhalten von Menschen, die in ihrem Alltags- und Berufsleben mit intelligenten Maschinen in der Rolle sozialer und kollaborativer Agenten konfrontiert sind.

Roboterquote

Eine Roboterquote zieht eine Beschränkung der Anzahl oder die Verbannung von Robotern in bestimmten Räumen nach sich. Menschen und Tiere sollen sich dort frei bewegen können, ohne z. B. auf Serviceroboter oder soziale Roboter zu treffen, mit denen sie kollidieren oder die sie detektieren und analysieren könnten.

Roboterrecht

Roboterrecht ist die rechtswissenschaftliche Beschäftigung mit Robotern als Rechtssubjekten oder -objekten bzw. der Erlass von Regelungen und Gesetzen und die Rechtsprechung zum Einsatz und Gebrauch von teilautonomen und autonomen Maschinen. So wird etwa die Idee der elektronischen Person diskutiert, nach der man einen Roboter verklagen und haftbar machen könnte. Es geht in erster Linie um das Zivilrecht. Allerdings werden auch Vorschläge für das Strafrecht unterbreitet.

Robotersex

Robotersex, Sex mit und zwischen Robotern, ist ein Sujet von Science-Fiction-Büchern und -Filmen und – dort teilweise mithilfe von Avataren visualisiert – von Computerspielen. Auf dem Markt sind Sexroboter als handliches Spielzeug und (wie im Falle von Emma und Harmony) in Lebensgröße erhältlich. Mit Cybersex gibt es Berührungspunkte, wenn Sexroboter über das Netz gesteuert werden. Informations-, Technik- und Sexualethik gehen beim Robotersex eine Liaison ein; zudem können Fragen der Maschinenethik aufgeworfen werden, wenn der künstliche Sexarbeiter ein autonomes System ist.

Robotersteuer

Die Robotersteuer ist eine Ausprägung der Maschinensteuer, die man wiederum als Wertschöpfungsabgabe begreifen kann. Die Idee ist, den Betrieb respektive die Arbeit von Robotern (allenfalls von Agenten) in der Produktion und in anderen Bereichen zu besteuern und die Gelder entweder dem System der Sozialversicherung oder beispielsweise dem Bildungswesen zuzuführen. Auch eine Kopplung an das bedingungslose Grundeinkommen wird vorgeschlagen. Zugleich ist die Frage, ob im Gegenzug die Arbeit von Menschen steuerlich entlastet werden soll.

Die Maschinensteuer wurde bereits in den 1970er- und 1980er-Jahren in Deutschland und Österreich diskutiert. Für Joachim Becker handelt es sich um einen sozialpolitischen Begriff bzw. eine politische Forderung „nach Einführung eines zusätzlichen Beitragsanteils zur Sozialversicherung, um die Lohnsummenverluste auszugleichen, die durch die zunehmende Rationalisierung der Arbeitsplätze durch Maschinen und Computer entstehen, weil dadurch weniger Arbeitnehmer den gleichen wirtschaftlichen Ertrag erbringen können, die Beitragseinnahmen zur Sozialversicherung aber (möglicherweise) sinken". Vor dem Hintergrund der Industrie 4.0 bzw. mit Blick auf die weitgehende Automatisierung mithilfe von modernen, teilweise mobilen und intelligenten Robotern ist die wirtschaftliche und politische Forderung nach einer Robotersteuer entstanden, die nicht zwangsläufig mit der Sozialversicherung verbunden sein muss.

Gegen die Robotersteuer spricht, dass nicht klar ist, was man genau besteuern soll. Welche Systeme sind betroffen? Um welche Arbeit geht es konkret? Auch könnten Entwicklung und Einsatz von Robotern, die Menschen ergänzen und entlasten, gehemmt und Wege zur Befreiung von der Bürde des beruflichen Alltags blockiert werden. Für die Steuer spricht, dass der Roboter als Risiko für die Vollbeschäftigung im Vollzeitmodell erkannt und eine sozialpolitische Antwort auf die zunehmende Automatisierung gefunden wird. Die Wirtschaftsethik ist gefragt bei der Beurteilung der Chancen und Risiken für Betriebe, Mitarbeitende und Arbeitslose. Auch Technik- und Informationsethik können einbezogen werden, da es um das Verhältnis von Technik und Mensch und die Nutzung von Informations- und Kommunikationstechnologien und Formen von Robotik und Künstlicher Intelligenz geht.

Robotik

Die Robotik oder Robotertechnik beschäftigt sich mit dem Entwurf, der Gestaltung, der Steuerung, der Produktion und dem Betrieb von Robotern, z. B. von Industrie- oder Servicerobotern sowie – nach einer anderen Kategorisierung – von sozialen Robotern. Bei anthropomorphen oder humanoiden Robotern geht es auch um die Herstellung von Gliedmaßen und Haut, um Mimik und Gestik sowie um natürlichsprachliche Fähigkeiten. Im Fokus sind Hardwareroboter mit Hard- und Software. Reine Softwareroboter (Bots) werden in erster Linie in der Informatik entwickelt, Nanoroboter in der Zukunft in der Nanotechnologie.

Die Robotik integriert Ansätze aus Maschinenbau, Elektrotechnik und Informatik, insbesondere Künstlicher Intelligenz (KI). Sie muss eng mit Mensch-Maschine-Interaktion und Mensch-Roboter-Kollaboration, Psychologie und Soziologie (Soziale Robotik) sowie Philosophie (Maschinenethik) zusammenarbeiten. Die Ergebnisse der Robotik sind wichtig u. a. für Wirtschaft (Industrie-, Landwirtschafts- und Serviceroboter), Wissenschaft (Raumfahrt-, Forschungs- und Experimentierroboter), Gesellschaft (Serviceroboter, Assistenzsysteme und soziale Roboter), Gesundheitswesen (Serviceroboter und soziale Roboter wie Pflege- und Therapieroboter), Verkehrswesen (Roboterautos) und Militärwesen (Kampfroboter).

Die Robotik entwickelt sich neben und mit der Informatik (mitsamt KI) zu einer der Leitdisziplinen des 21. Jahrhunderts, was im Fach selbst nicht durchgehend diskutiert und ausreichend reflektiert wird. Die sozialen und moralischen Implikationen des Einsatzes der Maschinen sind Gegenstand von Technikfolgenabschätzung, Technikethik, Informationsethik und Roboterethik. Auch die Wirtschaftsethik ist von Bedeutung, da menschliche durch maschinelle Arbeitskraft unterstützt und ersetzt wird. Neue Herausforderungen entstehen nicht zuletzt für Rechtswissenschaft (Roboterrecht), Rechtsprechung und Gesetzgebung.

Roboy

Roboy ist ein humanoider Roboter, der von Pascal Kaufmann und Rolf Pfeifer an der Universität Zürich erfunden und dort entwickelt wurde. Seitdem er 2013 der Öffentlichkeit und dem Fachpublikum vorgestellt wurde, dient er als Anschauungsbeispiel und Experimentierfall für das Embodiment. Er verfügt über nachgebildete Knochen, Gelenke,

Muskeln und Sehnen. Mit seinem großen Kopf und seinen großen Augen wirkt er niedlich. Er hat mimische und gestische Fähigkeiten und kann als sozialer Roboter gelten. Auf einer Messe wurde gezeigt, dass Roboy gerne und oft umarmt wird. An der TU München wird Roboy fortentwickelt.

Rolle

Der Begriff der Rolle ist vielschichtig. In der Soziologie bezeichnet man damit ein System von Verhaltensweisen, die durch die Erwartungen und Vorgaben der Gesellschaft dem Einzelnen gemäß seiner sozialen Position abverlangt werden. Allgemeiner kann man Rollen auch als Verantwortungen, Aufgaben, Kompetenzen, Eigenschaften und Verhaltensweisen von Personen und Gruppen in einem bestimmten Kontext und unter einer bestimmten Zielsetzung ansehen.

Rollen verändern sich durch externe Faktoren (Umwelt im weitesten Sinne, strukturelle Veränderungen, inhaltliche Neuausrichtung), ihre Träger (persönliche Neuausrichtung, Kompetenzenerwerb und -verlust) und ihre Neubestimmung (Änderung bei der Verantwortung, Aufgabenerweiterung und -einschränkung).

Soziale Roboter nehmen unterschiedliche Rollen ein, etwa die des Social Enabler oder des Companion. Im Bildungsbereich sind es u. a. diejenigen von Lehrkräften, Mentoren, Tutoren und Peers. Ein Sexroboter kann einen Sklaven oder eine Domina spielen. Bei manchen sozialen Robotern sind die Persönlichkeiten und Rollen auswechselbar.

R2-D2

R2-D2 (Artoo-Detoo) ist eine fiktionale Roboterfigur aus der „Star-Wars"-Reihe (ab 1977) von George Lucas. Sein zylinderförmiger Körper wird von einer leicht gestreckten Halbkugel gekrönt. Er kommuniziert über Töne und Lichtsignale und kann über diese Emotionen ausdrücken und – was ihm mit Leichtigkeit gelingt – auslösen.

Dieser Prototyp des sozialen Roboters hat Arme, die ihn bei der Vorwärts- und Rückwärtsbewegung stabilisieren, und verschiedene Instrumente. In einem der Filme überbringt Leia als Hologramm, von ihm auf einen Tisch projiziert, eine Nachricht. Als legitimer Nachfolger kann BB-8 gelten. Auch als Spielzeug wurde R2-D2 umgesetzt.

S

Samantha

Samantha ist ein fiktionales Betriebssystem (eigentlich ein fiktionaler Sprachassistent) im Film „Her“ (2013) von Spike Jonze. Scarlett Johansson hat ihm in der Originalversion ihre Stimme geliehen. Theodore Twombly verliebt sich in Samantha. Ähnlich wie Joi in „Blade Runner 2049“ schlägt sie vor, eine körperlich vorhandene Frau (hier eine echte namens Isabella) einzubeziehen, damit der Mann körperliche Liebe erleben kann. Der ist jedoch von Isabella überfordert und schickt sie weg. Eines Tages erfährt er, dass Samanta engen Kontakt mit tausenden weiteren Menschen und „Betriebssystemen“ hat und in 641 von ihnen verliebt ist. Am Ende trennen sich die beiden.

Schwarmintelligenz

Der Begriff der Schwarmintelligenz hat unterschiedliche Bedeutungen, die sich auf die Entscheidungsfindung von Menschen, das Verhalten von Tieren oder das Zusammenwirken von Agenten (Schwarm-

O. Bendel, *300 Keywords Soziale Robotik*,
https://doi.org/10.1007/978-3-658-34833-5_19

intelligenz als Forschungsgebiet der Künstlichen Intelligenz, auch unter der Bezeichnung „Verteilte Künstliche Intelligenz“) und Robotern (Schwarmintelligenz als Forschungsgebiet der Künstlichen Intelligenz und der Robotik, unter Berücksichtigung der Bionik) beziehen.

Science-Fiction

Science-Fiction ist ein Literatur- und Filmgenre. Die Handlung ist meist in der Zukunft, auf der Erde, die kaum wiederzuerkennen ist, auf Weltraumschiffen oder auf Exoplaneten angesiedelt. Es werden Alternativen des Seins, des Zusammenlebens und des Bewohnens und für Technik, Politik und Wirtschaft entwickelt, bis hin zur Utopie, sodass auch einschlägige Romane, beginnend mit „Utopia“ (1516) von Thomas Morus, dazuzählen können. Die Eutopie ist in der Science-Fiction möglich, die Dystopie wahrscheinlich, da sie mehr Spannung verspricht.

Etliche Serien und Filme sind ein mögliches oder tatsächliches Vorbild für die Soziale Robotik, z. B. „Star Wars“ (ab 1977) von George Lucas mit R2-D2 und C-3PO, „WALL-E“ (2008) von Andrew Stanton mit WALL-E und EVE, „Real Humans“ (ab 2012) von Stefan Baron und Henrik Widman (Produzenten) mit den Hubots, „Ex Machina“ (2015) von Alex Garland mit Ava sowie „Blade Runner 2049“ (2017) von Denis Villeneuve mit Joi, wenn man erweiterte Hologramme einbeziehen will.

Andere Filme sind wichtig für die Maschinenethik, wie „2001: Odyssee im Weltraum“ („2001: A Space Odyssey“) von Stanley Kubrick mit dem KI-System namens HAL (1968) und „Moon“ von Duncan Jones mit GERTY (1999). Besonders einflussreich sind die Robotergesetze („The Three Laws of Robotics“) aus Isaac Asimovs Kurzgeschichte „Runaround“ von 1942 geworden, und auch Stanisław Lems Geschichten dienen der Inspiration.

Selfie

Ein Selfie ist ein Selbstporträt, das mit dem Handy, dem Tablet oder dem Fotoapparat aufgenommen wird, indem man diese möglichst weit von sich weghält oder an einer Selfie-Stange (Selfie-Stick) befestigt. Es wird über soziale Medien bzw. über Kommunikationsdienste verteilt. Sonderformen sind Dronies, also Selfies, die man mit Fotodrohnen erstellt, und Roboselfies, also Aufnahmen, die Roboter aus verschiedenen Gründen von sich selbst machen. Daneben tauchen in den Medien immer wieder Neologismen wie „Polfies" (Selfies, die die Ersteller zusammen mit Polizisten zeigen) oder „Velfies" (Video-Selfies) auf.

Viele Selfies werden von jungen Leuten geschossen. Bei Mädchen ist die Entenschnute beliebt, eine weltweit als Duckface bekannte Grimasse, die zu einem vorübergehend volleren Mund führen soll. Zu sehen sind neben Einzelpersonen auch Gruppen. Wenn Nacktheit vorhanden ist, können Selfies zum Sexting gehören. Egozentrik, Sexualisierung und Schädigung der informationellen Autonomie sind Probleme, die auch in der Informationsethik diskutiert werden. Selfies sind allerdings nicht bloß das hässliche Gesicht der Informationsgesellschaft, sondern auch ihr experimenteller, verspielter und ironischer Ausdruck. Sie können damit eine Form des Cyberhedonismus sein.

Server

Ein Server ist ein Rechner, der innerhalb eines Netzwerks Speicher und Ressourcen wie Informationen, Datenbestände, Programme und Peripheriegeräte verwaltet und diese auf Anfrage anderen Rechnern, sogenannten Clients, zur Verfügung stellt. Man spricht bei dieser Konstellation auch von einer Client-Server-Architektur oder vom Client-Server-Prinzip. Ein verwandter Begriff ist „Host".

Server müssen sehr leistungsfähig sein, etwa weil die parallele Nutzung von Ressourcen zu organisieren ist. Wenn sie die Angebote des World Wide Web (WWW) bereitstellen, werden sie als Webserver oder WWW-Server bezeichnet. Mailserver sind Rechner, die E-Mails empfangen und verwalten. Auch beim Betrieb von sozialen Robotern spielen Server eine Rolle, etwa wenn Cloud Computing verwendet wird.

Serviceroboter

Serviceroboter sind für Dienstleistungen und Hilfestellungen aller Art zuständig, sie bringen und holen Gegenstände, überwachen die Umgebung ihrer Besitzer oder das Befinden von Patienten und halten ihr Umfeld im gewünschten Zustand. Wenn sie mit Sensoren ausgestattet sind, wenn sie über künstliche Intelligenz und Erinnerungsvermögen verfügen, werden sie nach und nach zu allwissenden Begleitern. Sie wissen, was ihr Eigentümer oder Gegenüber tut und sagt oder was die Passanten in der Umgebung umtreibt und melden es womöglich an ihre Betreiber oder an Geräte und Computer aller Art. So wie Industrieroboter immer mehr ihre geschützten Bereiche verlassen, so wie sie immer mobiler und universeller geraten, und so wie sie immer mehr an den Menschen heranrücken, so werden Serviceroboter immer eigenständiger und „unternehmungslustiger" und hier und da zu sozialen Robotern. In privaten und (teil-)öffentlichen Bereichen trifft man auf ganz unterschiedliche Typen: a) Sicherheits- und Überwachungsroboter, b) Transport- und Lieferroboter, c) Informations- und Navigationsroboter, d) Unterhaltungs- und Spielzeugroboter, e) Pflege- und Therapieroboter und f) Haushalts- und Gartenroboter. Ob man Kampfroboter und Weltraumroboter ebenfalls dazuzählen kann, ist umstritten. Manche der Modelle sind als Prototypen unterwegs, andere im ständigen und standardisierten Einsatz.

Im Folgenden werden die Typen in Bezug auf ihre Ziele, Zwecke und Merkmale skizziert. a) Sicherheits- und Überwachungsroboter verbreiten sich in den Stadtteilen, in den Einkaufszentren und auf den Firmengeländen, als rollende und fliegende Maschinen. Sie sollen für die Sicherheit der Unternehmen, Besucher und Kunden sorgen. b) Transport- und Lieferroboter befördern Gegenstände aller Art, wie Pakete und Einkäufe, von einem Akteur (oft der Anbieter oder Vermittler) zum anderen (oft der Kunde) oder begleiten und entlasten Fußgänger und Fahrradfahrer. c) Informations- und Navigationsroboter fahren oder gehen durch Parks und über Gelände, durch Museen, Messen und Verkaufsräume und informieren Besucher und Kunden über Veranstaltungen und Möglichkeiten der Besichtigung und führen sie an die gewünschte Stelle. Zudem werden sie in Hotels eingesetzt, etwa an der Rezeption. Sie besitzen häufig Displays respektive Touchscreens und natürlichsprachliche Fähigkeiten. d) Unterhaltungs- und Spielzeugroboter dienen der Unterhaltung und Zerstreuung von Benutzern, von Kindern und Jugendlichen sowie von Erwachsenen. Auch zum Lernen kann man manche von ihnen verwenden. Sie tanzen, singen, spielen Musik, erlauben ihre Konstruktion und Dekonstruktion. e) Pflegeroboter komplementieren oder substituieren menschliche Pflegekräfte. Sie bringen den Pflegebedürftigen benötigte Medikamente und Nahrungsmittel und helfen ihnen beim Hinlegen und Aufrichten und bei ihrem Umbetten. Sie unterhalten Patienten und stellen auditive und visuelle Schnittstellen zu Experten bereit. Manche verfügen über natürlichsprachliche Fähigkeiten und sind in einem bestimmten Umfang lernfähig und intelligent. Therapieroboter unterstützen therapeutische Maßnahmen oder wenden selbst solche an. f) Haushalts- und Gartenroboter helfen im Haushalt oder im Garten, als Saug- und Mähroboter, als Poolroboter oder Fenster- und Grillputzroboter. Sie sind stark verbreitet und fast schon so selbstverständlich wie Wasch- und Spülmaschinen.

Durch Serviceroboter, die sich unter die Menschen begeben, mit ihnen die Wege, Zonen und Plätze teilen und in ihren Gebäuden und Zimmern weilen, entstehen Herausforderungen in Bezug auf unser leibliches Wohl, unsere körperliche Unversehrtheit und unser Weiterleben, womit moralische und soziale Aspekte angesprochen sind. Sie machen uns unseren Lebensraum streitig, können Stolperfallen und Hindernisse darstellen und benötigen teilweise die gleichen Ressourcen wie wir. Sie vermögen uns zu unterstützen und zu ersetzen. Und sie können uns ausspionieren und überwachen. Im vorletzten Problemkreis ist die Wirtschaftsethik einzubeziehen. Eine Frage ist, ob aus dem Umstand, dass Serviceroboter unsere Tätigkeiten übernehmen, nicht nur Risiken resultieren, wie drohende Arbeitslosigkeit, sondern auch Chancen, etwa indem der Betroffene den übermächtigen Brotberuf relativiert und sich an einer andersgelagerten Sinnstiftung probiert. Beim letzten Konfliktbereich ist es naheliegend, die Perspektive der Informationsethik einzunehmen und von ihren Begriffen aus zu denken und zu handeln. Die informationelle Autonomie ist die Möglichkeit, selbst auf Informationen zuzugreifen und die Daten zur eigenen Person einzusehen und gegebenenfalls anzupassen. Gesellschaftliche und politische Gruppen und Einrichtungen müssen auf diese moralische Dimension, jenseits der rechtlichen, immer wieder hinweisen, auch mit Blick auf Serviceroboter. Die informationelle Notwehr entspringt dem digitalen Ungehorsam oder stellt eine eigenständige Handlung im Affekt dar und dient der Wahrung der informationellen Autonomie und der digitalen Identität. Es muss diskutiert werden, wann man sich gegen Serviceroboter zur Wehr setzen und in welcher Weise man sich schützen darf.

Sexroboter

Sexroboter sind Roboter, mit denen Menschen bestimmte Formen von Sex haben können. I. d. R. sind Hardwareroboter gemeint, physisch vorhandene Maschinen. Bei einem weiten Begriff können auch Softwareroboter, also Bots bzw. Agenten, hinzugezählt werden, wobei v. a. Chatbots relevant sind. Es gibt eine Palette von Produkten für den Hausgebrauch. Manche von ihnen werden für den Gesundheitsbereich in Betracht gezogen, etwa als Möglichkeit der Erleichterung für Behinderte und Alte und zur Unterstützung von Therapien. Robotersex, Sex mit und zwischen Robotern, ist ein Sujet von Science-Fiction-Büchern und -Filmen und – dort teilweise mit Hilfe von Avataren visualisiert – von Computerspielen. In den Medien wird emsig über Robotersex berichtet, in der Wissenschaft eifrig über ihn diskutiert.

Sexroboter sind je nach Geldbeutel und Geschmack als handliches Spielzeug oder in Lebensgröße erhältlich. Sie helfen bei der Befriedigung, indem sie Menschen penetrieren (aktive Sexroboter, nur im Ausnahmefall) oder sich penetrieren lassen (passive Sexroboter, der Normalfall). Manche haben – wie auch Chatbots – natürlichsprachliche Fähigkeiten, und es ist daran zu denken, dass in Chats verbale Erotik beliebt und die Nachfrage nach Telefonsex nicht völlig eingebrochen ist. Einschlägige Formulierungen („dirty talk") und erotische Stimmen wirken offenbar, ob Menschen oder Maschinen die Urheber und Besitzer sind. Die sexuellen Interaktionen in 3D-Welten wie Second Life können ebenfalls dem Vergleich dienen. Wichtig ist zudem Virtual Reality (VR), die i. d. R. mit doppelten Bildern umgesetzt und über VR-Brillen oder -Apps für Smartphones erschlossen wird. Die entstehenden Peripheriegeräte sind einfache Stimulationsmaschinen oder echte Sexroboter mit Eigeninitiative.

Fuckzilla, vorgestellt auf der Arse Elektronika 2007, verfügt über ein ganzes Arsenal an Spielzeugen und Hilfsmitteln, vom Dildo bis zur Kettensäge, an der Zungen befestigt sind. Das Ganze wirkt eher (passend zum avantgardistischen Kontext) wie ein randseitiges Kunstprojekt, weniger wie ein ernstzunehmender Liebespartner. Roxxxy von TrueCompanion.com (New Jersey) kann auf ihre Weise zuhören und sprechen sowie auf Berührungen reagieren. Man kann unter verschiedenen Persönlichkeiten auswählen, von „Wild Wendy" bis „Frigid Farrah". Das männliche Pendant ist Rocky. Ob Roxxxy und Rocky wirklich jemals existiert haben bzw. käuflich erwerbbar waren, ist umstritten. Harmony von Realbotix gehört zu den ambitioniertesten Exemplaren, verfügt sie doch über überzeugende mimische Fähigkeiten und künstliche Intelligenz. Zu erwähnen sind ferner Pepper und NAO, die nicht als Sexroboter konzipiert sind, aber als aktive oder passive Komponenten fungieren können. Der japanische Hersteller von Pepper hat sexuelle Handlungen ausdrücklich untersagt, aus moralischen oder Haftungsgründen. Bei Virtual Reality existieren zahlreiche Anwendungen, etwa für Samsung Gear VR oder Oculus Rift, entweder als reine Kunst- oder als reale Filmwelten.

Als Vorteile von Sexrobotern werden die passgenaue Befriedigung persönlicher Vorlieben, die ständige Verfügbarkeit sowie eine gewisse Entlastung von Sexarbeiterinnen und -arbeitern genannt, als Nachteile die Bedienung von spezifischen Stereotypen, die geringe Bandbreite bei der Befriedigung und die geringe Akzeptanz in der Gesellschaft. Bei der Gestaltung der Roboter und aus sozialer Robotik und Maschinenethik heraus stellen sich verschiedene Fragen: Soll der Roboter selbst aktiv werden und die Partnerin bzw. den Partner zum Sex bewegen? Soll er sich unter bestimmten Voraussetzungen weigern können, einen Akt durchzuführen? Soll er gegenüber Partnerinnen und Partnern betonen, dass er nur eine Maschine ist? Sollte die Umsetzung moralischen Kriterien genügen, etwa ein kindlicher Sexroboter verboten sein? Sollten ganz neuartige Möglichkeiten vorgesehen werden oder Menschen das Vorbild sein? Technik- und Informationsethik fragen nach der Abhängigkeit von Technik im Sexuellen oder der Verantwortung bei Verletzungen und nach der informationellen Selbstbestimmung angesichts auditiver und visueller Schnittstellen. Es muss sich zeigen, ob Sexroboter lediglich eine Nische besetzen oder der Normalfall in Privatwohnungen, Betreuungseinrichtungen und Freudenhäusern werden.

Sicherheit

„Sicherheit" ist im Deutschen ein schillernder Begriff. Im Englischen wird zwischen „security" (Sicherheit vor einem Angriff) und „safety" (Sicherheit im Betrieb) unterschieden. IT-Sicherheit (Cybersecurity) kann beide Aspekte umfassen. Datensicherheit meint den Schutz von Daten vor unerwünschter Verfälschung, ungewollter Zerstörung und unzulässiger Verbreitung. Sicherheitsroboter, ob als klassische Serviceroboter oder als soziale Roboter, widmen sich der Sicherheit von Personen und Einrichtungen.

Sicherheitsroboter

Sicherheitsroboter verbreiten sich in den Stadtteilen, in den Einkaufszentren und auf den Firmengeländen, als rollende und fliegende Maschinen. Sie sollen für die Sicherheit der Unternehmen, Besucher und Kunden sorgen. Sie sind autonom bzw. teilautonom oder werden von Menschen oder weiteren Systemen zu Einsatzorten und Problemfällen navigiert. Je nach Zusammenhang werden sie auch als Überwachungsroboter oder Polizeiroboter bezeichnet. Manche von ihnen können mit Hilfe von Kameras und Mikrofonen „sehen" und „hören", einige zudem „riechen", d. h. Gefahrenstoffe und Rauchentwicklung wahrnehmen. Man kann Sicherheitsroboter zu den Servicerobotern zählen.

Serviceroboter sind für Dienstleistungen und Hilfestellungen aller Art zuständig, sie bringen und holen Gegenstände, überwachen die Umgebung ihrer Besitzer oder das Befinden von Patienten und halten ihr Umfeld im gewünschten Zustand. Wenn sie mit Sensoren ausgestattet sind, wenn sie über künstliche Intelligenz und Erinnerungsvermögen verfügen, werden sie nach und nach zu allwissenden Begleitern. Dies ist bei Sicherheitsrobotern durchaus intendiert. Einige Serviceroboter sind als soziale Roboter gestaltet. Manche Sicherheitsroboter sind z. B. humanoid und besitzen natürlichsprachliche Fähigkeiten, mit deren Hilfe sie Rede und Antwort stehen und Informationen übermitteln. Andere dagegen kommen abstrakt bzw. dinglich daher und begnügen sich mit der diskreten Überwachung.

Sicherheitsroboter sind für den Außen- und den Inneneinsatz geeignet; neuere Modelle können mit ihren Rollen und Achsen auch schwieriges Gelände bewältigen. Gebaut und genutzt werden sie u. a. in Kalifornien, vor allem im Silicon Valley. Auch in Dubai wird mit ihnen experimentiert, wie sich überhaupt arabische sowie asiatische Länder interessiert an solchen Technologien zeigen. Diese erwiesen sich als heikel in Gebieten, in denen bereits durch Fußgänger und Fahrradfahrer eine hohe Komplexität und eine gewisse Kollisionstendenz vorhanden sind. Die fliegenden Varianten, also Sicherheitsdrohnen, können den Flugverkehr und Vogelschwärme gefährden, zudem bei einem Absturz Autos treffen und Menschen verletzen oder töten.

Durch Serviceroboter wie Sicherheitsroboter, die sich unter die Menschen mischen, mit ihnen die Wege, Zonen und Plätze teilen, entstehen Herausforderungen in Bezug auf unser leibliches Wohl, unsere körperliche Unversehrtheit und unser Weiterleben, womit moralische und soziale Aspekte angesprochen sind. Sie machen uns unseren Lebensraum streitig, können Stolperfallen und Hindernisse darstellen und benötigen teilweise die gleichen Ressourcen wie wir. Sie vermögen uns zu unterstützen und zu ersetzen. Und sie können uns nebenbei oder gezielt ausspionieren und überwachen. Im vorletzten Problemkreis ist die Wirtschaftsethik einzubeziehen. Eine Frage ist, ob aus dem Umstand, dass Serviceroboter unsere Tätigkeiten übernehmen, nicht nur Risiken resultieren, wie drohende Arbeitslosigkeit, sondern auch Chancen, etwa indem der Betroffene den übermächtigen Brotberuf relativiert und sich an einer anders gelagerten Sinnstiftung probiert. Beim letzten Konfliktbereich ist es naheliegend, die Perspektive der Informationsethik einzunehmen und von ihren Begriffen und Konzepten aus zu denken. Informationelle Autonomie ist die Möglichkeit, selbst auf Informationen zuzugreifen und Daten zur eigenen Person einzusehen und gegebenenfalls anzupassen. Bei Sicherheitsrobotern ist dies besonders wichtig, zumal diese nicht bloß an den Wänden hängen wie Überwachungskameras, sondern uns auch auf Schritt und Tritt folgen können. Insgesamt ist zu erwarten, dass Sicherheitsroboter ebenso wie Pflegeroboter und Transportroboter sowie Desinfektionsroboter eine wichtige Rolle bei Krisen und Katastrophen spielen werden, wo Menschen eingeschränkt handlungs- und leistungsfähig sind. Hier könnten die Chancen die Risiken überwiegen, wobei jederzeit Persönlichkeits- und Menschenrechte einzuhalten sind.

Silicon Valley

Das Silicon Valley ist ein Tal südlich von San Francisco, in dem bedeutende Hightech-, IT- und Internetfirmen ihren Sitz haben. Der englische Begriff „silicon“ verweist auf das Silizium, der „silicon chip“ auf den Siliziumchip, der in Computern steckt. Menlo Park, Mountain View, Sunnyvale und Palo Alto sind bekannte Städte der Region, die von San Mateo bis nach San José reicht und das Santa Clara Valley mit einschließt.

Die berühmte Stanford University hat vom Silicon Valley stark profitiert und beeinflusst es ihrerseits durch Absolventen, Kooperationen und Konferenzen (etwa im Bereich der Künstlichen Intelligenz). Mit dem Geist des Tals werden häufig disruptive Technologien und Plattformkapitalismus verbunden.

Nicht nur im Silicon Valley sind technisch orientierte Einhörner (Start-ups mit einer Marktbewertung von über einer Milliarde US-Dollar vor Börsengang oder Exit) und etablierte Hightech-, IT- und Internetunternehmen angesiedelt, sondern auch in San Francisco (wie

Uber) und in Los Angeles (wie Snap Inc.). Damit ist die ganze Küste von Kalifornien prägend für die Digitalisierung.

Der Boom im Silicon Valley hat dieses mitsamt seinem Umfeld weltweit bekannt gemacht und einigen Unternehmen und Personen großen Wohlstand gebracht. Andere leiden unter den gestiegenen Mieten und dem grundlegenden Umbau der Gegend. Es kommt zu Attacken gegen Busse von Google und Apple, die die Mitarbeitenden in San Francisco einsammeln und auf der Interstate 280 unterwegs sind, und – ausgehend von Taxifahrern, die sich bedroht sehen – zu Blockaden gegen Uber-Fahrzeuge.

Aus dem Silicon Valley und aus anderen Teilen von Kalifornien stammen Serviceroboter und soziale Roboter, die weltweit als Inspiration gesehen werden. Dazu gehören Sicherheitsroboter wie K3 und K5 von Knightscope, Transportroboter wie Relay von Savioke und Sexroboter wie Harmony von RealDoll bzw. Realbotix (die im San Diego County und in Texas entwickelt wird).

Silikon

Silikon wird bei der Herstellung von humanoiden Robotern verwendet, vor allem für Gesichts- und Körperhaut, Zunge und Zähne. Es lässt sich zu weichen oder harten Materialien verarbeiten. Daneben sind Thermoplastische Elastomere (TPE) im Gebrauch, vor allem bei niederpreisigen Liebespuppen.

Singularität

„Singularität" (engl. „singularity") ist ein schillernder Begriff. Die „technologische Singularität" soll nach Catrin Misselhorn den Zeitpunkt bezeichnen, „ab dem Maschinen in der Lage sind, mithilfe künstlicher Intelligenz Maschinen zu schaffen, die weit intelligenter sind als der Mensch".

Anhänger des Transhumanismus hoffen, dass der Mensch von diesem Fortschritt profitieren und beispielsweise länger leben kann. Andere glauben, dass eine künstliche Superintelligenz (engl. „superintelligence") nicht mehr kontrolliert werden kann und gefährlich ist.

Den Begriff der Singularität benutzen auch Einrichtungen wie die kalifornische Singularity University. Diese bietet Bildungsprogramme an und propagiert exponentielles Denken.

Siri

Siri ist ein Sprachassistent von Apple. Sie – die weibliche Version war in den ersten zehn Jahren der Standard – wurde 2011 vorgestellt und ist seitdem auf Plattformen wie Apple iPhone, Apple iPad, Apple TV und Apple Watch eingezogen. Es sind mehrere Stimmen für Siri verfügbar, in ca. 40 Sprachen. Aktiviert wird sie mit „Hey, Siri".

Sprachassistenten sind hinsichtlich Datenschutz und informationeller Autonomie problematisch. Die Gespräche mit ihnen oder auch Gespräche zwischen Menschen können aufgezeichnet und ausgewertet werden. Dies ist ein Thema der Informationsethik.

Sklave

Einige Wissenschaftlerinnen und Wissenschaftler sind der Meinung, dass man soziale Roboter (wenn man diese aus dieser Perspektive überhaupt zulässt) und andere Roboter als Sklaven konzipieren soll – bekannt geworden ist ein Aufsatz von Joanna J. Bryson mit dem Titel „Robots should be slaves" aus dem Jahre 2010 –, andere halten dies für problematisch und plädieren für die Umsetzung als Companion Robots oder als neutrale Werkzeuge.

Die Geschichte der Sklaverei und der Umstand, dass diese nicht vorbei ist, sondern im Gegenteil weltweit mehr Menschen in Unfreiheit und Unterdrückung leben müssen als je zuvor, scheinen gegen Robotersklaven zu sprechen. Diese wären in gewisser Weise eine Fortführung des Konzepts. Allerdings kann man argumentieren, dass man ein solches Sklaventum eben bloß bei Maschinen zulassen will und dies davor bewahrt, in sozialen Robotern und anderen Robotern Freunde und Gefährten zu sehen, also auch bestimmte Emotionen und Empathie für sie zu entwickeln.

Hinzuweisen ist in diesem Zusammenhang nicht zuletzt auf die ursprüngliche Bedeutung des Worts. Dieses geht zurück auf das tschechische „robota" („Frondienst", „Zwangsdienst", „Zwangsarbeit"). Die Bezeichnung „robot" wurde 1920 von Josef Čapek geprägt, einem tschechischen Maler, Zeichner und Schriftsteller. Sein Bruder Karel Čapek, Schriftsteller, Übersetzer und Fotograf, hatte in seinem Drama „R.U.R." („Rossum's Universal Robots") ursprünglich den Namen „labori" für die darin auftretenden künstlichen Arbeiter benutzt, bevor er dann den Begriff wählte, der eine unbeschreibliche Karriere machen sollte.

Smart City

Die Smart City ist die von Informations- und Kommunikationstechnologien und Informationssystemen sowie anderen modernen Technologien durchdrungene und durch diese anscheinend verbesserte Stadt bzw. Agglomeration. Sie entsteht aus der traditionellen Stadt oder wird als „intelligente Stadt" errichtet.

Verkehrsleitsysteme helfen im Zusammenspiel mit modernen Fahrzeugen dabei, Staus zu vermeiden, Beleuchtungsanlagen richten sich in ihrem Betrieb nach Tageszeit, Wetterlage und Anwesenheit von Personen, Solaranlagen auf Hausdächern erlauben eine dezentrale Erzeugung und Einspeisung von Strom, Serviceroboter helfen bei der Reinigung und der Herstellung von Sicherheit.

Befürworter machen geltend, dass die Smart City komfortabler, angenehmer, sicherer und sauberer ist. Gegner wenden ein, dass sie den Angriffen von Hackern ausgesetzt ist und sich eine Abhängigkeit von IT-Systemen und -Anbietern ergibt, mit Blick auf Geräte, Roboter, Sensoren und Software und deren Betrieb und Wartung.

Smart Farming

Der Begriff „Smart Farming" bezeichnet den Einsatz von Informations- und Kommunikationstechnologien, Anwendungssystemen und Robotern in der Landwirtschaft. Es geht um die Automatisierung von Abläufen, verbunden u. a. mit der Erhöhung des Ertrags durch bessere Planung und Bewirtschaftung, mit der Verbesserung der Gesundheit der Pflanzen bei gleichzeitiger Reduzierung von chemischen Stoffen und mit der Erhöhung der Sicherheit von Nutz- und Wildtieren. Ein verwandter Ansatz ist Precision Farming (Teilschlagbewirtschaftung).

Smart Home

Der Begriff „Smart Home" zielt auf das informations- und sensortechnisch aufgerüstete, in sich selbst und nach außen vernetzte Zuhause. Verwandte Begriffe sind „Smart Living" und „Intelligent Home". Enge Beziehungen gibt es im Allgemeinen zum Internet der Dinge und im Speziellen zu Smart Metering, zudem zur Smart City. Angestrebt wird eine Erhöhung der Lebens- und Wohnqualität, der Betriebs- und Einbruchsicherheit und der Energieeffizienz, was sowohl ökonomische als auch ökologische Implikationen hat.

Automatisch gesteuerte Heizungen, Lüftungen, Türen, Fenster, Markisen, Jalousien und Lampen (Gebäude- oder Hausautomation) sowie manuell und auditiv über mobile Geräte wie Smartphones sowie Sprachassistenten kontrollier- und manipulierbare Systeme gehören genauso zum Smart Home wie Smart Metering und Smart Grid. Intelligente Kühlschränke und Kaffeemaschinen (Haushaltsgeräteautomation), die selbst eine Verknappung erkennen und selbstständig eine Bestellung auslösen, werden seit der Jahrtausendwende beschworen, haben sich aber kaum durchgesetzt. Waschmaschinen passen Wasserzufuhr und Waschdauer automatisch an, ohne deshalb zwangsläufig mit anderen Systemen vernetzt zu sein.

Das intelligente Haus war bereits in den 1990er-Jahren eine verbreitete Vision. Auch die regelmäßige Umbenennung des Phänomens hat nicht zu den gewünschten Fortschritten geführt. Manche Komponenten sind inzwischen Standard, ohne dass das große Ganze erreicht wurde, außer in Vorzeigeprojekten und Musterhäusern. Nachteilhaft und Thema der Informationsethik sind der Verlust der informationellen Autonomie und die Möglichkeit des Datenmissbrauchs, auch im Kontext von Big Data. Eine feindliche Übernahme von Systemen ist kaum zu verhindern; diese können unter Umständen an- und ausgeschaltet, fehlbetrieben und überhitzt oder verschlissen werden, was wiederum Informations- und Technikethik auf den Plan ruft.

Smartphone

Das Smartphone ist ein Kleinstrechner und ein Allzweckgerät für das Lesen (von Zeitungen, Zeitschriften und Büchern), Hören (von Musik und Hörspielen und -büchern), Schauen (von Fotos und Videos), Kommunizieren (Texten und Telefonieren) sowie Gamen. Es dient als Transaktionssystem im Mobile Commerce, als Interaktionsmedium im Mobile Learning und als Assistenzgerät im E-Health. Bei Robotern wird es zum Gehirn und zum Gesicht, in Autos zum Navigationssystem und zum Herzen der Musikanlage. Als Software dominieren neben Betriebssystem und Browser native und nichtnative (auf HTML basierende) Apps. Das Smartphone unterstützt und gefährdet die persönliche und informationelle Autonomie. Einerseits hilft es bei einem verantwortungsbewussten, selbstbestimmten Leben, auch und gerade Jugendlichen und Alten, andererseits drohen Zwang zur ständigen Verfügbarkeit und Hang zur totalen Überwachung.

Sociable Robot

Für Cynthia Breazeal, eine Pionierin der Sozialen Robotik, ist ein Sociable Robot (engl. „sociable robot“: „geselliger Roboter“ oder „umgänglicher Roboter“) in der Lage, mit uns zu kommunizieren, uns zu verstehen und sogar eine persönliche Beziehung zu uns aufzubauen.

Dazu muss er anpassungs- und lernfähig sein. Der Sociable Robot hat enge Beziehungen zum Socially Interactive Robot. Beide sind Ausprägungen des sozialen Roboters auf einem hohen Niveau.

Social Bot

Social Bots sind Bots, also Softwareroboter bzw. -agenten, die in sozialen Medien (Social Media) vorkommen. Sie liken und retweeten, und sie texten und kommentieren, können also natürlichsprachliche Fähigkeiten haben. Sie können auch als Chatbots fungieren und als solche mit Benutzern synchron kommunizieren. Nach einem weiteren Begriff sind Social Bots auf soziale Aktivitäten ausgerichtete Softwareroboter, also kompetent in Gespräch und Hinwendung.

Social Bots operieren von Accounts in sozialen Medien aus. Sie geben sich als Menschen aus – in diesem Falle handelt es sich um Fake Accounts mit entsprechenden Profilen – oder als Maschinen zu erkennen. Sie analysieren Posts und Tweets und werden dann, etwa wenn sie auf bestimmte Hashtags stoßen, automatisch aktiv. Social Bots werden zur Sichtbarmachung und Verstärkung von Aussagen und Meinungen eingesetzt. Dabei können sie werbenden Charakter besitzen bzw. politische Wirkung entfalten.

Social Bots wurden in mehreren Wahlkämpfen verwendet, etwa in den USA und in Großbritannien. Sie können, zusammen mit anderen Maßnahmen, sowohl Demokratien als auch Diktaturen schwächen. In jedem Falle vermögen sie ein Instrument der Agitation und Manipulation und – beispielsweise als Münchhausen-Maschinen – eine Quelle für Fake News zu sein.

Die Informationsethik fragt nach den Chancen und Risiken von Social Bots und deren Bedeutung für die Mündigkeit des Netzbürgers sowie die (elektronische) Demokratie, die Maschinenethik nach Regeln, welche die Bots erhalten und einhalten sollen, die Wirtschaftsethik (wie die Politikethik) nach Grenzen im Marketing.

Social Distancing

Mit Social Distancing oder Physical Distancing soll die Ausbreitung von Infektionskrankheiten verhindert oder verlangsamt werden. Man hält untereinander Abstand, berührt möglichst wenig Gegenstände und Lebewesen, die andere berührt haben könnten, und vermeidet den Besuch von Veranstaltungen, Geschäften und (halb-)öffentlichen Einrichtungen wie Schulen, Bibliotheken und Restaurants. So blockiert man die Übertragungswege von Tröpfchen- und Schmierinfektionen. Isolation und Quarantäne sind zu Hause möglich, aber auch in speziell eingerichteten bzw. ausgestatteten Räumen und Gebäuden mit medizinischer Versorgung.

Schon im Mittelalter fand Social Distancing statt, etwa mit Blick auf Pest- und Leprakranke. Während der Influenza-Pandemien zwischen 1918 und 1920 (Spanische Grippe) und in den Jahren 1957 und 1958 (Asiatische Grippe) führten die Behörden u. a. Schulschließungen durch. In der jüngeren Geschichte war COVID-19 mit SARS-CoV-2 Anlass für zahlreiche Maßnahmen (Reisebeschränkungen, Schließungen von Grenzen und Einrichtungen), die enorme gesellschaftliche und wirtschaftliche Folgen hatten. In dieser Zeit etablierte sich der Begriff des Social Distancing auf der ganzen Welt, sofern er nicht schon bekannt war und verwendet wurde. In einigen Ländern unterstützten Serviceroboter das Physical Distancing, wie es auch genannt wurde.

Während mit Social Distancing einerseits Infektionskrankheiten eingedämmt und damit Menschenleben gerettet werden können, entstehen andererseits Probleme wie Einsamkeit, Wegfall von Geselligkeit und Beziehungspflege sowie Minderung der Produktivität. Informations- und Kommunikationstechnologien und Informationssysteme können hier Lösungen sein. So ist es mit ihnen möglich, private und berufliche Kommunikation und Arbeitsprozesse aufrechtzuerhalten. Soziale Roboter mögen zumindest vorübergehend einen Ersatz für Mitmenschen darstellen. Bereichsethiken wie Medizin-, Wirtschafts- und Informationsethik sowie Roboterethik nehmen sich der Herausforderungen an.

Social Enabler

Der Social Enabler (der soziale Befähiger) ermöglicht und lenkt als sozialer Roboter die Interaktion und die Kommunikation des Benutzers. Dieser kann mit seiner Hilfe Beziehungen zu anderen aufbauen und aufrechterhalten. Er kann mit anderen über den Roboter sprechen und ihn zum Vorbild nehmen. Der Social Enabler ist neben dem Companion eine der verbreiteten Rollen eines sozialen Roboters.

Socially Assistive Robot

David Feil-Seifer und Maja J. Matarić definieren Sozial Assistive Robotik als die Schnittmenge von Assistiver Robotik und Sozial Interaktiver Robotik. Der sozial assistive Roboter (engl. „socially assistive robot") ist ein Roboter, der im sozialen Gefüge durch Interaktion und Kommunikation Menschen oder Tiere begleitet.

Socially Interactive Robot

Nach Terrence Fong und seinen Mitautoren haben bei sozial interaktiven Robotern (engl. „socially interactive robots") soziale Interaktionen eine Schlüsselrolle. Sie zeigen etwa Emotionen und nehmen sie wahr, kommunizieren in hochentwickelten Dialogen, lernen und erkennen Modelle anderer Agenten, bauen soziale Beziehungen auf und pflegen sie, verwenden Mimik und Gestik und haben Persönlichkeit und (einen meist positiv konnotierten) Charakter. Zudem verfügen sie über spezifische soziale Kompetenzen.

Softrobotik

Die Softrobotik (engl. „soft robotics") ist ein Teilbereich der Robotik, der von weichen, biegsamen, zuweilen durchlässigen Materialien ausgeht. Sie orientiert sich häufig an dem Aussehen und dem Verhalten von Organismen aller Art. Damit hat sie eine Nähe zur Disziplin der Bionik und zum Arbeitsgebiet der Biomimikry. Die Softrobotik geht mit der Sozialen Robotik in Kreationen wie dem Hugvie zusammen.

Sophia

Sophia ist ein berühmter humanoider Roboter von Hanson Robotics. Sie wird seit 2016 in Videos und auf Veranstaltungen vorgestellt und hat mimische, gestische und – durchaus umstrittene – natürlichsprachliche Fähigkeiten. Sie sieht sehr lebensähnlich aus und kann als Android und als sozialer Roboter eingestuft werden.

Saudi-Arabien verlieh ihr 2017 die Staatsbürgerschaft, wobei dies ein Marketinggag gewesen sein dürfte, da Roboter keine Rechte und Pflichten (im engeren Sinne) wahrnehmen und keine Verantwortung tragen können. Da Frauen in diesem Land unterdrückt und ausgebeutet werden, sorgte der Schritt für Diskussionen.

Sozusagen die Zwillingsschwester von Sophia ist Asha, eine Experimentalversion. Little Sophia, 2021 über Crowdfunding finanziert, ist nach diesem Sprachgebrauch die sehr kleine Schwester von Sophia, gedacht als Spielzeug für Kinder. Der jüngste Zuwachs ist die ausgewachsene Grace aus dem Jahre 2021, ein Android in der Gestalt einer Krankenschwester.

Sound Design

Sound Design (in deutscher Schreibweise „Sounddesign") ist die Gestaltung von Geräuschen, Klängen und Tönen nach theoretischen Erkenntnissen und praktischen Erwägungen. Bei sozialen Robotern spielen Töne eine besondere Rolle, mit denen sie Emotionen zeigen und auslösen. Paradebeispiele hierfür im Science-Fiction sind R2-D2 und BB-8, in der Realität Cozmo und Paro.

Soziale Isolation

Bei der intensiven Nutzung von Informations- und Kommunikationstechnologien, Informationssystemen und Robotern kann eine Form der sozialen Isolation entstehen. Dabei zieht sich der Mensch teilweise oder ganz aus der Gemeinschaft zurück.

Auch beim Einsatz von sozialen Robotern wird von manchen diese Gefahr gesehen. Allerdings können sie auch dabei helfen, zeitweise eine Isolation zu überwinden, und sie stellen einen Gesprächsgegenstand dar, der Menschen zusammenbringt.

Soziale Roboter

Soziale Roboter sind sensomotorische Maschinen, die für den Umgang mit Menschen oder Tieren geschaffen wurden. Sie können über fünf Dimensionen bestimmt werden, nämlich die Interaktion mit Lebewesen, die Kommunikation mit Lebewesen, die Nähe zu Lebewesen, die Abbildung von (Aspekten von) Lebewesen sowie – im Zentrum – den Nutzen für Lebewesen. Bei einem weiten Begriff können neben Hardwarerobotern auch Softwareroboter wie gewisse Chatbots, Voicebots (Sprachassistenten oder virtuelle Assistenten) und Social Bots dazu zählen, unter Relativierung des Sensomotorischen. Die Disziplin, die soziale Roboter – ob als Spielzeugroboter, als Serviceroboter (Pflegeroboter, Therapieroboter, Sexroboter, Sicherheitsroboter etc.) oder als Industrieroboter in der Art von Kooperations- und Kollaborationsrobotern (Co-Robots bzw. Cobots) – erforscht und hervorbringt, ist die Soziale Robotik.

Die Robotik oder Robotertechnik beschäftigt sich mit dem Entwurf, der Gestaltung, der Steuerung, der Produktion und dem Betrieb von Robotern, ihr Teilgebiet der sozialen Robotik (engl. „social robotics") mit Wurzeln in den 1940er- und 1950er-Jahren und einem Boom seit ca. 2000 mit (teil-)autonomen Maschinen, die mit Menschen und Tieren interagieren und kommunizieren – hier ist u. a. die Künstliche Intelligenz gefragt – und zuweilen humanoid oder animaloid realisiert und mobil sind. Ein Teilbereich ist die „emotionale Robotik" oder „sozial-emotionale Robotik" mit ihrem Fokus auf Emotionen (welche Roboter zeigen und erkennen) und Empathie (welche Roboter zeigen). In diesem Zusammenhang ist die Disziplin des Künstlichen oder Maschinellen Bewusstseins von Bedeutung. Wenn die Maschinen zu moralisch adäquaten Entscheidungen fähig sein sollen, ist die Maschinenethik gefragt.

Soziale Roboter zeigen oft Emotionen, ohne solche zu haben. Von den Entwicklern werden positive wie Freude, Begeisterung und Zuneigung bevorzugt. Diese sind in vielen Situationen angemessen, aber nicht in allen. Um z. B. in Notlagen überzeugen zu können oder um den Roboter selbst vielfältiger und lebensechter auszugestalten, kommen negative Gefühle wie Angst, Trauer, Ärger und Wut hinzu. Empathie, also Einfühlungsvermögen, Verständnis und Mitgefühl, kann ebenfalls simuliert werden, wobei es hier wichtig ist, dass die Zustände des menschlichen (oder tierischen) Gegenübers erkannt werden. Eingesetzt werden beim Präsentieren von Emotionen visuelle, auditive und haptische bzw. taktile Mittel. So spielen der Augenausdruck und die Mundbewegung eine große Rolle (Dimension der Abbildung), die Töne, die Stimme und die Sprache (Dimension der Kommunikation) sowie die physische und nichtphysische Aktions- und Reaktionsfähigkeit (Dimension der Interaktion), unter Berücksichtigung von Koexistenz und Kollaboration (Dimension der Nähe).

Soziale Roboter mischen sich unter Menschen und Tiere und gewinnen diese mit wohlvertrauten Verhaltensweisen für sich, ohne ein eigentliches Verhalten in Zeit und Raum, im Spiegel der Mitwelt, erworben zu haben. Aus technischer und funktionaler Sicht sind simulierte Emotionen und simulierte Empathie zur Erreichung des Nutzens für Menschen wichtig, ebenso aus psychologischer, wenn eine Beziehung initiiert und etabliert werden soll. So wäre es merkwürdig, wenn der soziale Roboter, der als Lehrer fungiert, die Schülerin nicht loben, wenn diese fleißig und erfolgreich ist, und wenn er sich an ihre

Person und ihre Aktivitäten nicht erinnern würde. Ebenso seltsam wäre es, wenn der soziale Roboter, der als Rezeptionist fungiert, den Gast nicht freundlich und zuvorkommend behandeln und nicht wiedererkennen würde. Aus philosophischer und speziell ethischer Sicht stellen sich freilich auch Fragen zu Täuschung und Betrug sowie zur informationellen Autonomie. Die Informationsethik kann sich ebenso wie die Roboterethik an Antworten versuchen, die Maschinenethik die sozialen Roboter lehren, auf ihr Maschinensein aufmerksam zu machen, mit dem Menschsein zu rechnen und zu enge Bindungen durch Wort und Tat zu stören.

Soziale Robotik

Die Soziale Robotik (alt. Schreibweise „soziale Robotik"; engl. „social robotics") mit ersten Anfängen in den 1940er- und 1950er-Jahren und einer starken Entwicklung im 21. Jahrhundert beschäftigt sich als Teilgebiet der Robotik mit sensomotorischen Maschinen, die für den Umgang mit Menschen oder Tieren geschaffen wurden und z. T. humanoid oder animaloid gestaltet sind. Beispiele finden sich unter den Pflegerobotern, Therapierobotern und Sexrobotern. Auch Unterhaltungs- und Spielzeugroboter sind zuweilen sogenannte soziale Roboter.

Soziale Roboter können über fünf Dimensionen bestimmt werden, nämlich die Interaktion mit Lebewesen, die Kommunikation mit Lebewesen, die Nähe zu Lebewesen, die Abbildung von (Aspekten von) Lebewesen sowie – im Zentrum – den Nutzen für Lebewesen. Bei einem weiten Begriff können neben Hardwarerobotern auch Softwareroboter wie gewisse Chatbots, Voicebots (Sprachassistenten oder virtuelle Assistenten) und Social Bots dazu zählen, unter Relativierung des Sensomotorischen.

Soziale Roboter täuschen oft Empathie und Emotionen vor, was von der emotionalen Robotik (oder sozial-emotionalen Robotik) behandelt wird, die sich wiederum mit dem Gebiet des Maschinellen Bewusstseins auseinandersetzen muss. Wenn die Maschinen zu moralisch adäquaten Entscheidungen fähig sein sollen, ist die Maschinenethik gefragt. Grundsätzlich trägt die Künstliche Intelligenz zu Robotern bei, die natürlichsprachliche Fähigkeiten haben, Entscheidungen treffen und Probleme lösen sollen.

Die Soziale Robotik gewinnt im 21. Jahrhundert mehr und mehr an Bedeutung. Ihre Prototypen werden aber in vielen Fällen nicht weiterentwickelt, und ihre Produkte kommen nicht immer erfolgreich und längerfristig in den Markt. Mit Blick auf das Zeigen von Empathie und Emotionen stellen sich Fragen zu Täuschung und Betrug, mit Blick auf das Erheben und Verbreiten von Daten zu Datenschutz und informationeller Autonomie. Die Informationsethik kann sich ebenso wie die Roboterethik an Antworten versuchen.

Sozialkreditsystem

Das Sozialkreditsystem (engl. „social credit system") ist ein elektronisches Überwachungs-, Erfassungs- und Bewertungssystem zur Harmonisierung des Verhaltens der Bürger, Behörden und Firmen von China mit den moralischen, sozialen, rechtlichen, wirtschaftlichen und politischen Ansprüchen der Kommunistischen Partei (KP). Es findet ein permanentes Rating und Scoring (engl. „citizen score" bzw. „social scoring") mit Blick auf die Lebenssituation, das Sozialverhalten oder Verwaltungs- und Wirtschaftsaktivitäten statt. Dabei werden vernetzte Datenbanken sowie Bild- und Tonsysteme in Verbindung mit Big-Data-Analysen und Methoden der Künstlichen Intelligenz eingesetzt. Bei Identifizierung, Quantifizierung, Qualifizierung und Evaluierung in öffentlichen Bereichen, etwa über Sprach-, Stimm- und Gesichtserkennung, verbunden mit Emotionserkennung, sind Echtzeitverfahren von Bedeutung.

Im Anschluss an die mehrjährige Testphase – die u. a. in Rongcheng stattfand – sollte das „moralische und soziale Bonitätssystem" (Kai Strittmatter) in den Normalbetrieb übergehen. Das Punktekonto wird je nach Bewertung nach oben oder unten korrigiert. In Rongcheng startete man laut dem Journalisten mit 1000 Punkten, bei über 1050 Punkten galt man als mustergültig, bei weniger als 599 als unehrlich. Es sind einerseits Belohnungen vorgesehen, andererseits Bestrafungen wie Karrierebehinderungen, Reiseverbote, Steuererhöhungen oder Betriebsbeschränkungen. Chinesische Unternehmen wie Huawei, Baidu, Alibaba, Tencent und iFlytek sind nicht nur – neben Bürgern und Behörden – Ziel, sondern auch Teil der Kontrolle. In der Zukunft könnten mobile und soziale Roboter eine Rolle spielen, die die Menschen auf Schritt und Tritt verfolgen und in ihrer Nähe bleiben, sowie Wearables, Brain-Computer-Interfaces und Hirn- und Körperimplantate.

Das Sozialkreditsystem kann als Automatisierung des Totalitarismus gelten. Es führt zu einer völligen Unterwerfung unter die Vorstellungen und Vorgaben von Staat und Gesellschaft. Das nichtkonforme Individuum wird im Extremfall innerhalb der Grenzen der Volksrepublik gefangen gehalten, der konforme Bürger mit einer Freiheit belohnt, die er in erster Linie im Räumlichen und Wirtschaftlichen nutzen wird. Bei Firmen, die dem Scoring und Rating unterzogen werden, kann einerseits Korruption (in der Definition der KP) verhindert, andererseits Innovation behindert werden. Offen ist, was das Sozialkreditsystem für Besucher bedeutet. Die Ethik widmet sich der fragwürdigen Idee einer von oben verordneten und von unten unfreiwillig und unkritisch gestützten Moral von Personen und Einrichtungen, die Wirtschaftsethik der zweifelhaften Rolle der beteiligten Internet- und IT-Firmen. Deren Entwicklungen wendet sich die Informationsethik zu, wobei sie nicht zuletzt nach den Möglichkeiten des Hackens und Manipulierens bzw. Modifizierens fragt.

Speech Synthesis Markup Language

Künstliche Stimmen können mit der Speech Synthesis Markup Language (SSML) modifiziert werden. Dank der Tags, Attribute und Werte ist es möglich, den Hardware- oder Softwareroboter bzw. das Text-to-Speech-System (TTS) zu einer bestimmten Sprechweise und Aussprache zu zwingen und z. B. die Tonhöhe, die Lautstärke, die Betonung und den Ausdruck der Stimme zu verändern.

SSML basiert auf der Extensible Markup Language (XML). Wurzelelement ist der Tag <speak>, der mit </speak> abgeschlossen wird (so wie <html> bzw. </html> bei der Hypertext Markup Language, kurz HTML, der Seitenbeschreibungssprache für das World Wide Web). Es gibt spezifische Elemente, etwa <voice>, die die Kategorie der Sprachsynthese angeben, zudem eben Attribute und die Werte der Attribute.

Über die Werte kann man die synthetische Stimme auch mit einem Ausdruck der Begeisterung oder des Bedauerns respektive einer Spur der Unsicherheit sprechen lassen. Alexa, der virtuellen Assistentin, wurde mithilfe von SSML das Flüstern beigebracht. All diese Möglichkeiten führen dazu, dass die Stimme menschenähnlicher und überzeugender klingt. Wenn noch Pausen, „Ähs" und „Mmhs" hinzukommen sowie Töne und Kopf-, Körper- und Hintergrundgeräusche (Rülpsen, Furzen, Hupen), ist die Illusion fast perfekt.

Sprachassistent

Sprachassistenten sind natürlichsprachliche Dialogsysteme, die Anfragen der Benutzer beantworten und Aufgaben für sie erledigen, in privaten und wirtschaftlichen Zusammenhängen. Sie sind auf dem Smartphone ebenso zu finden wie im Smart Speaker, in Robotern ebenso wie in Fahrzeugen. Sie verstehen mit Hilfe von Natural Language Processing (NLP) gesprochene Sprache und wenden sie selbst an, unter Gebrauch eines Text-to-Speech-Systems. Auf die Stimme der Maschine (oder des Benutzers) zielt „Voicebot" (engl. „voicebot") oder „Voice Assistant" (engl. „voice assistant"). „Virtueller Assistent" oder „Digitaler Assistent" wird als Überbegriff oder Synonym verwendet. Verwandtschaft besteht zu Chatbots, die oft textuell, manchmal auch auditiv umgesetzt sind und eine längere Tradition haben. Sie und Voicebots sind wiederum wie andere natürlichsprachliche Dialogsysteme Conversational Agents bzw. Conversational User Interfaces.

Siri, Cortana und Google Assistant sind bekannte Anwendungen für das Smartphone. Sie werden teils zur Bedienung von Diensten und Geräten (etwa im Smart Home) und in Autos und Shuttles (zur Steuerung der Bordelektronik) eingesetzt. Auch auf Weltraumflügen – etwa zum Mars – sollen sie zur Verfügung stehen. Mit Google Assistant ist das Projekt Google Duplex verbunden. Man teilt, so die Grundidee, bestimmte Daten mit, und die Maschine reserviert telefonisch einen Tisch oder vereinbart einen Termin beim Frisör. Die meisten Sprachassistenten sind, anders als viele Chatbots, nicht grafisch erweitert, haben also keinen Avatar. Hologramme in der Fiktionalität, beispielsweise in Filmen wie „Blade Runner 2049", dienen als virtuelle Assistenten. In der Realität gibt es erste Produkte wie die Gatebox aus Japan mit einem Manga- oder Animemädchen im Inneren des durchsichtigen Behälters. Hier kann man von einem Sprachassistenten mit holografischer Visualisierung sprechen.

Sprachsynthese hat eine lange Geschichte, die bis ins 18. Jahrhundert zurückreicht, wenn man an die Konstruktionen von Wolfgang von Kempelen denkt. Die computerbasierten synthetischen Stimmen, die aus der Mitte des 20. Jahrhunderts stammen, wurden nach und nach immer natürlicher gestaltet. So brachte man Alexa auf Echo von Amazon das Flüstern bei, und Google Assistant streut „Ähs" und „Mmhs" in seine Rede ein. Man versucht also einerseits, typisch menschliche Ausdrucksweisen nachzuahmen, andererseits Imperfektion anzuwenden, um Perfektion (im Sinne von Glaubwürdigkeit und Echtheit) zu erreichen. Synthetische Stimmen können mit der Speech Synthesis Markup Language (SSML) manipuliert werden. Sie klingen dank bestimmter Befehle z. B. weicher, jünger und euphorischer oder verstummen für einen definierten Moment. Oder sie flüstern eben – auch in diesem Fall ist SSML im Spiel. Bei Sprachassistenten herrschen weibliche Stimmen vor. Immer mehr Hersteller verzichten darauf, sie als Standardeinstellung vorzugeben, und es können männliche und neutrale Stimmen ausgewählt werden. Letztere werden von manchen Experten als politisch korrekt angesehen, sprechen aber viele Benutzer nicht an (oder werden von diesen als ungewöhnliche männliche oder weibliche Variante interpretiert).

Sprachassistenten sind längst Alltag geworden und erleichtern diesen in vielfältiger Weise. Problematisch ist eine Aufnahme, die mit Überwachung verbunden ist, etwa in Bezug auf das Gesprochene oder die Stimme. Mit Hilfe von Stimmerkennung kann der Benutzer identifiziert und analysiert werden. In den meisten Fällen ist bei der Verwendung von Sprachassistenten klar, dass es sich um Artefakte handelt, und man bedient sie wie Werkzeuge. Auch bei Telefonsystemen weiß man in der Regel, womit man spricht. Bei SMS-Flirtdiensten wurden bereits um die Jahrtausendwende Automatismen integriert, ohne dass die Benutzer dies immer wussten. Mit Systemen wie Google Duplex kehren sich die Verhältnisse in gewisser Hinsicht um. Man nimmt einen Anruf entgegen, kommuniziert wie gewohnt, hat aber vielleicht, ohne es zu wissen, einen Computer am Apparat, keinen Menschen. Für Chatbots wurde bereits früh vorgeschlagen, dass diese klarmachen sollen, dass sie keine Menschen sind. Möglich ist es zudem, die Stimme roboterhaft klingen zu lassen, sodass kaum Verwechslungsgefahr besteht. Dies alles sind Themen für Informationsethik, Roboterethik und Maschinenethik und allgemein Roboterphilosophie.

Spracherkennung

Spracherkennung (engl. „speech recognition") ist das Erkennen von Inhalten gesprochener Sprache, u. a. von Schlüsselbegriffen. Dank dieser Technologie kann man Sprachassistenten und soziale Roboter aktivieren, mit Zurufen wie „Hey, Siri" (oder „Ok, Siri"), „Hey, Alexa" oder „Ok, Google". Man kann mit ihnen in natürlicher, gesprochener Sprache ein Gespräch führen (wobei ihre gesprochene Sprache auf Sprachsynthese beruht) und ihnen bestimmte Anweisungen geben, die sie „verstehen" und ausführen. Zudem ist es ihnen möglich, das Gesprochene automatisch zu deuten. Damit drohen Überwachung und Verletzung der Privat- und Intimsphäre sowie der informationellen Autonomie. Dies sind Themen der Informationsethik. Die Stimmerkennung fokussiert auf die Analyse der Stimme.

Sprachsynthese

Das erste computergestützte Sprachsynthesesystem wurde Ende der 1950er-Jahre fertiggestellt, das erste volle Text-to-Speech-System (TTS) 1968. John Larry Kelly, Jr. entwickelte 1961 in den Bell Labs mit einer IBM 704 ein Sprachsynthesesystem und ließ es das Volkslied „Daisy Bell" singen. Stanley Kubrick nahm es für seinen Film „2001: A Space

Odyssey" (1968). IBM Watson, ein bekanntes KI-System der Gegenwart, verfügt über eine Text-to-Speech-Engine, mit der der Benutzer seine eigenen Textkreationen in verschiedenen Stimmen und Sprachen sprechen lassen kann, während er die Aussprache und Betonung über die Speech Synthesis Markup Language (SSML) steuert.

In der modernen Sprachsynthese lassen sich zwei unterschiedliche Konzepte unterscheiden: Zum einen kann sich die sogenannte Signalmodellierung auf Sprachaufnahmen (auch Sprachsamples oder Samples genannt) beziehen. Zum anderen kann das Signal durch sogenannte physiologische (artikulatorische) Modellierung vollständig im Computer erzeugt werden. Heute ist das erstgenannte Konzept vorherrschend. Im Laufe der Jahrzehnte wurden Sprachproben von professionellen Sprechern, hauptsächlich Schauspielern und Moderatoren, angefertigt. Ab ca. 2010 wurden neue Konzepte entwickelt. So kann man etwa Spender seiner eigenen Stimme werden.

Die Sprachsynthese wird bei Software- und Hardwarerobotern meist mit einem Text-to-Speech-System realisiert, also mit einem Automaten, der interpretiert und vorliest und sich auf Text bezieht, der beispielsweise in einer Datenbank, einer Wissensbasis oder auf einer Website verfügbar ist. Einige Systeme, wie Chatbots und Sprachassistenten, können Text autonom generieren, aggregieren und reproduzieren. Aus Sicht der Informationsethik stellen sich verschiedene Fragen. Unter welchen Umständen sollte man eine Stimme verstorbener oder lebender Personen nachbilden dürfen? Soll ein System, das menschenähnlich klingt und das einen anruft, deutlich machen, dass es kein Mensch ist?

Spy Creatures

Der Filmemacher John Downer hat künstliche Affen, Wölfe, Flusspferde, Schildkröten, Alligatoren etc. geschaffen, um entsprechende Wildtiere beobachten und spektakuläre Bilder gewinnen zu können. Seine Roboter, die er auch Spy Creatures nennt, sind sehr aufwendig gestaltet und ähneln ihren Vorbildern bis ins Detail.

Die Spy Creatures können häufig die Gliedmaßen bewegen und sich auf vier Beinen vorwärtsbewegen. Hinter den Augen sind Kameras.

Es wird sich mehrheitlich um ferngesteuerte Roboter handeln, aber es spricht nichts dagegen, autonome einzusetzen. Wichtig hierbei ist, dass sich das künstliche Tier immer auf das Objekt der Begierde ausrichtet, um seinen Zweck zu erfüllen.

Stimme

Die Stimme wird mit dem Kehlkopf erzeugt, mit den dort befindlichen Stimmlippen, und in den Mund- und Nasenhöhlen sowie im Rachenraum abgewandelt. Auch der Körper eines Menschen spielt für den Klang und das Volumen eine Rolle. Das Akustische, das mit der Stimme umgesetzt wird, ist neben dem Optischen und dem Olfaktorischen entscheidend bei der Partnerwahl.

Die Stimme ist ein wichtiges Thema der griechischen Mythologie. Die Bergnymphe Echo etwa trat mit ausgestreckten Armen auf den von ihr geliebten Narziss zu. Der entzog sich jedoch ihrer Umarmung. Die Unglückliche versteckte sich daraufhin in einer Höhle und verschmähte die Nahrung, bis sie nur noch aus Stimme bestand. Wir hören sie, wenn wir selbst unsere Stimme erheben.

Mit Hilfe von Sprachsynthese wird eine künstliche Stimme generiert. Diese wird zum bestimmenden Merkmal von Sprachassistenten und zu einem wichtigen Merkmal von sozialen Robotern. Sie kann weiblich, männlich oder neutral, hoch oder tief sein, jung oder alt klingen. Neben der Stimme ist die Sprechweise von Bedeutung. So kann man durch Imperfektion – wie Unterbrechungen, „Ähs" und „Mmhs" – Perfektion erzeugen, also eine hohe Echtheit und Lebensähnlichkeit.

Stimmerkennung

Stimmerkennung (engl. „voice recognition") ist das automatisierte Erkennen von Merkmalen einer Stimme, um die Identität einer Person (engl. „speaker recognition") oder deren Geschlecht, Gesundheit, Herkunft, Alter und Gefühlslage (engl. „emotion recognition") festzustellen. Sie ist zu unterscheiden von Spracherkennung (engl. „speech recognition"), wo es vor allem um die Inhalte des Gesprochenen geht, etwa in Hinsicht auf das „Verstehen" und Befolgen von Sprachbefehlen.

Bei der Stimmerkennung werden wie bei der Gesichtserkennung biometrische Merkmale analysiert. Es handelt sich um eine Anwendung der Mustererkennung, womit sich die Informatik beschäftigt. Es können u. a. Tonhöhe, Stimmlippenspannung, Atmungsaktivität, Lautstärke, Sprechtempo und Aussprache einbezogen werden. Manches davon ist der Stimme zuzuordnen, anderes der Sprechweise. Die Merkmale der Stimme sind wesentlich für die Sprachsynthese, wo sie künstlich erzeugt werden.

Stimmerkennung wird bei Sprachassistenten (Voicebots oder Voice Assistants) verwendet, um Befugte zu authentifizieren und zwischen Benutzern zu differenzieren. Beispielsweise soll in einem Haushalt vermieden werden, dass Unbefugte wie Kinder bestimmte Bestellungen vornehmen oder bestimmte Informationen abfragen. Verbreitet ist sie überdies bei sozialen Robotern, wo sie die gleichen Aufgaben hat, darüber hinaus aber auch häufig der Emotionserkennung dient.

Stimmerkennung ist wie Gesichtserkennung (mit der sie zusammen auftreten kann) ein mächtiges Instrument zur Identifizierung von Personen und zur Analyse von Emotionen. Sie kann damit auch Überwachung ermöglichen und Privat- und Intimsphäre sowie die informationelle Autonomie verletzen. Dies sind Themen der Informationsethik. Wenn Serviceroboter und soziale Roboter mit Stimmerkennung in Einkaufszentren eingesetzt werden, um etwas über Kundenwünsche und -befindlichkeiten herauszufinden, ist zusätzlich die Wirtschaftsethik gefragt.

Systemrelevanz

Systemrelevanz ist die Relevanz (also die Bedeutsamkeit oder Wichtigkeit in einem bestimmten Zusammenhang), die Staaten, Organisationen, Unternehmen, Produkte, Dienstleistungen und Berufsgruppen (respektive ihre Angehörigen) für den Betrieb und die Aufrechterhaltung eines Systems, etwa eines Wirtschafts- oder Gesundheitssystems oder der Grundversorgung, haben.

Kreditinstitute werden häufig als systemrelevant wahrgenommen („too big to fail"), zudem Abfallentsorgung, Einzelhandel, Apotheken und Ärzte sowie Feuerwehr und Polizei, seit dem Ausbruch von COVID-19 auch Pflegeberufe bzw. -kräfte. Die Digitalisierung (mitsamt IT-Infrastrukturen, Telekommunikationsnetzen und Servicerobotern bzw. sozialen Robotern) kann ebenfalls Systemrelevanz aufweisen und in Zukunft bei Krisen und Katastrophen an Bedeutung gewinnen.

Was wirklich systemrelevant ist, wird unterschiedlich gesehen, und die Rettung von Banken mit Steuergeldern kann kritisiert werden. Welches System man wiederum schützen soll, ist ein weiterer Streitpunkt. So können Politik- und Wirtschaftsethik grundsätzlich den Kapitalismus infrage stellen, Technik- und Informationsethik die Abhängigkeit von der Digitalisierung. Umwelt- und Tierethik untersuchen, inwieweit ein System (und dessen Gefährdung) auf der Ausbeutung der Natur und von Lebewesen beruht.

Sonny

Sonny ist ein humanoider Roboter im Film „I, Robot" (2004) von Alex Proyas. Dank einer speziellen zweiten Zentraleinheit verfügt er über Emotionen. Auch zu Träumen ist er fähig. Del Spooner verdächtigt ihn des Mordes an Dr. Alfred Lanning, dem Chefentwickler von U.S. Robotics. Der Detective ermittelt zusammen mit der Roboterpsychologin Dr. Susan Calvin. Sie erkennen, dass Sonny keine bösen Absichten hegte. Sie können alle zusammen gegen das eigentliche Böse ankämpfen und es besiegen. Am Ende wird einer der Träume von Sonny wahr. Er blickt hinunter auf den Lake Michigan, der ausgetrocknet ist, und die humanoiden Roboter, die sich dort befinden, sehen zu ihm hinauf. Inspiriert wurde der Film von Isaac Asimovs gleichnamigem Buch aus dem Jahre 1950.

T

Tablet

Ein Tablet ist ein kleiner, dünner, leichter Computer mit einem Touchscreen. Es verfügt über Kameras, Mikrofon und Lautsprecher sowie eine virtuelle oder mechanische (ergänzbare bzw. abnehmbare, selten auch fest verbaute) Tastatur. Über vorinstallierte Programme und heruntergeladene Apps werden Dienste und Funktionen zur Verfügung gestellt.

Tablets werden wie Smartphones, die geringere Abmessungen haben, zum Betrachten von Fotos und Videos, Informieren und Kommunizieren, Buchen von Hotelzimmern und Mietwagen, Einkaufen und Fotografieren sowie für das Steuern von Geräten eingesetzt. Dabei spielen auditive und visuelle Schnittstellen und spezialisierte Software eine wichtige Rolle.

Manche Tablets eignen sich als Arbeitsgeräte, andere kaum oder nicht, wegen ihrer Größe, ihrer Tastatur und ihres Displays. Sie alle bewähren sich als Medien für den schnellen Konsum, für das Spielen und teils auch das Lernen. Im Haushalt ergänzen sie meist Notebook und Smartphone.

O. Bendel, *300 Keywords Soziale Robotik*,
https://doi.org/10.1007/978-3-658-34833-5_20

In einigen sozialen Robotern sind Tablets für die Texteingabe und -ausgabe verbaut. Separate Gadgets mit speziellen Apps dienen als Spracheingabe- und Sprachausgabegeräte bzw. Texteingabe- und Textausgabegeräte sowie Steuerungssysteme.

Die Vielzahl der Computer ist, im Zusammenhang mit Produktion und Entsorgung, Gegenstand von Wirtschafts- und Umweltethik. Auch die Informationsethik kommt ins Spiel. Sie kann danach fragen, wie der Hype um die Digitalisierung zu der Vielzahl oder Überzahl beiträgt.

Täuschung

Täuschung hängt eng mit Betrug zusammen. Sie ergibt sich infolge eines Willensakts seitens des Täuschenden und einer Unwissenheit, Unerfahrenheit, Unbekümmertheit, Vertrauensseligkeit, Fahrlässigkeit oder Bereitschaft seitens eines Getäuschten. Soziale Roboter täuschen durch ihre äußerliche Gestaltung, durch die Gestaltung von Stimme und Sprechweise sowie durch den Inhalt des Gesagten. Dabei muss nicht zwangsläufig ein Täuschungswillen eines Herstellers oder Entwicklers vorliegen – hier kann es genügen, dass der Benutzer getäuscht werden will.

Technikethik

Die Technikethik bezieht sich auf moralische Fragen des Technik- und Technologieeinsatzes. Es kann um die Technik von Häusern, Fahrzeugen, Robotern (Industrierobotern wie Servicerobotern) oder Waffen ebenso gehen wie um die Nanotechnologie. Zur Wissenschaftsethik und (in der Informationsgesellschaft) zur Informationsethik besteht ein enges Verhältnis. Zudem muss die Technikethik mit der Wirtschaftsethik kooperieren.

Technikfolgenabschätzung (TA), auch Technologiefolgenabschätzung genannt, ist für Analyse und Bewertung der Wirkungen und Folgen einer Technik bzw. Technologie zuständig und ein wichtiges Instrument bei der Beratung der Politik. In Deutschland gibt es das Büro für

Technikfolgen-Abschätzung beim Deutschen Bundestag (TAB), in der Schweiz das Zentrum für Technologiefolgen-Abschätzung TA-SWISS, in Österreich das Institut für Technikfolgen-Abschätzung (ITA). Die Technologiefolgenabschätzung ist interdisziplinär und bedient sich der Methoden verschiedener Wissenschaften, etwa von Soziologie und Philosophie. In moralischen Fragen der Informations- und Wissensgesellschaft trifft sich die TA mit mehreren Bereichsethiken.

Nach Otfried Höffe sind Technikfolgen ein bedeutendes Thema der Ethik geworden, weil die wissenschaftlich geleitete Technik die Arbeits- und Lebenswelt der Menschen immer nachhaltiger beeinflusse, umgestalte und schaffe. Primäre Problemfelder praktischer Verantwortung und ethischer Reflexion seien in diesem Zusammenhang u. a. die Klärung der moralischen Berechtigung der Nutzung von Kernenergie, die Abschätzung von Gefahren und Chancen der Prägung, Bildung, Manipulation und Deformation des Menschen durch die Medien- und Computertechnik sowie „die Sicherung der Humanität der Arbeitswelt im Rahmen der Globalisierung der marktgesellschaftlichen Ökonomie", die durch die neuen Techniken und durch Systeme der Information und Mobilität ermöglicht und vorangetrieben werde. Annemarie Pieper verweist auf die ethischen Voraussetzungen des „Herstellungshandelns" und fordert eine Verantwortungsethik für „jene Personengruppen, die durch die Erzeugung technischer Produkte massiv in unsere Lebensverhältnisse eingreifen".

Mit der Technisierung der unbelebten und belebten Welt, wie sie sich etwa bei den denkenden Dingen, bei cyberphysischen Systemen, in der Gentechnik und im Transhumanismus zeigt, nimmt die Bedeutung der Technikethik zu. Mit der Computerisierung der Technik wächst die Technikethik noch mehr mit der Informationsethik zusammen, die aus der einen Perspektive innerhalb ihrer Grenzen entstanden ist, aus einer anderen sich eigenständig entwickelt und längst als Bereichsethik etabliert hat. Hinsichtlich der Entwicklung und Produktion von Technik und Technologien, im E-Business, in der Industrie 4.0 und überhaupt bei ökonomischer Relevanz ist zudem die Wirtschaftsethik gefragt, bei auf Wissenschaft basierenden (also immer mehr) Erkenntnissen und Produkten die Wissenschaftsethik. Jetzt und in Zukunft geht es darum, Pieper folgend, dass das technisch Machbare durch das ethisch Wünschenswerte restringiert wird. Allerdings ist zu beachten, dass auch das technisch Versäumte unwillkommene Auswirkungen haben kann.

Technikfolgenabschätzung

Die Technikfolgenabschätzung oder Technologiefolgenabschätzung zielt auf Analyse und Bewertung der Wirkungen und Folgen einer Technik bzw. Technologie ab und ist trotz der kaum noch zu übersehenden Problemgebiete und der kaum noch zu bewältigenden Komplexität nach wie vor ein wichtiges Instrument, vor allem bei der Beratung der Politik.

Das Büro für Technikfolgen-Abschätzung beim Deutschen Bundestag (TAB) wird vom Institut für Technikfolgenabschätzung und Systemanalyse (ITAS) des Karlsruher Instituts für Technologie (KIT) unterhalten, auf der Basis eines Vertrags mit dem Deutschen Bundestag. In der Schweiz berät das Zentrum für Technologiefolgen-Abschätzung TA-SWISS im Rahmen seines gesetzlich verankerten Auftrags die Politik. In Österreich ist das Institut für Technikfolgen-Abschätzung (ITA), eine Einrichtung der Österreichischen Akademie der Wissenschaften, für die „Entscheidungsträger" unterwegs.

Die Technologiefolgenabschätzung ist interdisziplinär und bedient sich der Methoden verschiedener Wissenschaften, u. a. der Soziologie, der Psychologie und der Philosophie. Prognostik und Statistik sind elementar für sie. In moralischen Fragen der Informationsgesellschaft trifft sie sich mit der Informationsethik, in moralischen Fragen des Technikzeitalters mit der Technikethik, in technisch-philosophischen Angelegenheiten mit der Technikphilosophie.

Technikphilosophie

Die Technikphilosophie ist eine Disziplin der Philosophie, die sich mit der Bedeutung der Technik für Mensch, Gesellschaft, Umwelt und Welt befasst (was ist und kann Technik). Sie hat Beziehungen zur Technikethik (was soll Technik) und Informationsethik (was soll Informationstechnik) und zur Technikfolgenabschätzung (welche Folgen hat Technik). Ihre Wurzeln liegen in Werken von Platon und Aristoteles („Nikomachische Ethik").

Theoretische Robotik

In der theoretischen Robotik werden mathematische, logische und ethische Modelle entwickelt. In der praktischen Robotik strebt man die technische Umsetzung (technische Robotik) für bestimmte Anwendungsgebiete (angewandte Robotik) an. Die theoretische Robotik wird beeinflusst von Science-Fiction-Büchern und -Filmen. Eine besondere Wirkung haben die Robotergesetze („The Three Laws of Robotics") von Isaac Asimov entfaltet, obwohl sie in der Fiktion zu verorten sind, in der Wissenschaft kontrovers diskutiert werden und – was der Schriftsteller selbst gesehen hat – in der Praxis zu Widersprüchen führen. Eine Disziplin, mit der die theoretische Robotik ebenso wie die praktische Robotik eng zusammenarbeiten muss, vor allem mit Blick auf das „Moralisieren" von Maschinen, ist die Maschinenethik.

Therapieroboter

Therapieroboter unterstützen therapeutische Maßnahmen oder wenden selbst, häufig als autonome Maschinen, solche an. Sie sind mit ihrem Aussehen und in ihrer Körperlichkeit wie traditionelle Therapiegeräte präsent, machen aber darüber hinaus selbst Übungen mit Gelähmten, unterhalten Betagte und fordern Demente und Autisten mit Fragen und Spielen heraus. Manche verfügen über mimische, gestische und sprachliche Fähigkeiten und sind in einem bestimmten Umfang denk- und lernfähig (wenn man diese Begriffe auf Computersysteme anwenden will). Als Therapie bezeichnet man Maßnahmen zur Behandlung von Verletzungen, Krankheiten sowie Fehlstellungen und -entwicklungen. Ziele sind die Ermöglichung oder Beschleunigung einer Heilung, die Beseitigung oder Linderung von Symptomen und die

(Wieder-)Herstellung der gewöhnlichen bzw. gewünschten physischen oder psychischen Funktion. Es bestehen mehr oder weniger enge Beziehungen zur Pflege, und Therapie- und Pflegeroboter können als Verwandte angesehen werden.

Wohlbekannt auch bei nicht betroffenen Personen und Gruppen ist die Kunstrobbe Paro, die seit Jahren im Einsatz ist. Sie versteht ihren Namen, erinnert sich daran, wie gut oder schlecht sie behandelt und wie oft sie gestreichelt wurde, und drückt ihre Gefühle (die sie in Wirklichkeit natürlich nicht hat) durch Töne und Bewegungen aus. Ebenfalls bekannt ist Keepon, ein kleiner, gelber Roboter, der die soziale Interaktion von autistischen Kindern beobachten und verbessern soll und inzwischen auf dem Massenmarkt erhältlich ist. Auch QTrobot ist für diese Zielgruppe gedacht – LuxAI spricht von „special need education". Zora, die auf NAO von Aldebaran bzw. SoftBank basiert und von Zora Robotics (ZoraBots) softwareseitig angepasst wurde, soll junge Menschen zu Fitnessübungen anregen. Automaten, die Patienten massieren und stimulieren, existieren schon seit geraumer Zeit und werden nun durch die Robotik optimiert und im Sinne des Patienten individualisiert. Ein Beispiel ist P-Rob, ein Produkt einer Schweizer Firma, das als automatisierte Lösung für die sogenannte therapeutische Impulsgebung eingesetzt wird.

Vorteile von Therapierobotern sind Einsparmöglichkeiten und Wiederverwendbarkeit, Nachteile eventuell unerwünschte Effekte bei der Therapie und mangelnde Akzeptanz bei Angehörigen. Der Frage der Verantwortung widmen sich Informationsethik und Medizinethik sowie Roboterethik. Der Hersteller (respektive der Entwickler) muss, zusammen mit dem Heim oder der Anstalt bzw. einer sonstigen Einrichtung, die Verantwortung tragen und die Haftung übernehmen. Allerdings kann er sich darauf berufen, dass die Effekte insgesamt positiv sein mögen, und darauf beharren, dass Einzelfälle mit negativen Implikationen in Kauf zu nehmen und zu verkraften seien. Nicht von der Hand zu weisen ist, dass Therapieroboter wie Paro bei mündigen Personen zuweilen Abwehrreflexe hervorrufen. Offenbar wird Patienten etwas vorgegaukelt, wird durch die Äußerlichkeit und die Lernfähigkeit der Maschine suggeriert, dass diese wie ein Mensch oder wie ein Tier reagiert, und unter Ausnutzung der eingeschränkten Fähigkeiten der

Probanden werden diese zufrieden- bzw. ruhigstellenden Scheinwelten errichtet und Emotionen erzeugt und gelenkt.

Tierethik

Die Tierethik beschäftigt sich, um eine Wendung von Ursula Wolf zu bemühen, mit dem Tier in der Moral, genauer mit den Pflichten von Menschen gegenüber Tieren und mit den Rechten von Tieren, ferner mit dem Verhältnis zwischen Tieren und teilautonomen oder autonomen intelligenten Systemen, z. B. Agenten und Robotern, und Maschinen aller Art, etwa Mähdreschern und Windkraftanlagen. Sie hat sich, mit Wurzeln in der griechischen und römischen Antike, bei Pythagoras und Empedokles sowie Plutarch, im 18. und 19. Jahrhundert mit Jeremy Bentham und Arthur Schopenhauer allmählich entwickelt und im 20. Jahrhundert als Bereichsethik voll ausgebildet. Anders als bei jeder anderen Bereichsethik steht nicht der Mensch, sondern das Tier als Objekt der Moral im Vordergrund. Neben Ursula Wolf haben sich u. a. Dieter Birnbacher (mehrere Beiträge), Tom Regan („The Case for Animal Rights" von 1983) und Peter Singer („Animal Liberation" von 1975) einen Namen gemacht. Auch der Karl-May-Experte Hans Wollschläger hat den Diskurs befruchtet („Tiere sehen dich an" von 2002).

Ein wichtiges moralisches und ethisches Argument ist die Leidensfähigkeit. Mit dieser kann man eine artgerechte Haltung (im Gegensatz zur Massentierhaltung) oder sogar ein Verbot der Nutzung begründen. Nach Bentham ist der entscheidende Punkt nicht, ob Tiere denken oder reden, sondern ob sie leiden können. Darüber hinaus ist die Frage, ob sie leben wollen. Mit dem Lebenswillen (der Pflanzen wohl nicht oder nur in spezieller Weise zukommt) lässt sich unter Umständen ein Verbot des Tötens rechtfertigen. Das Tier wird im Allgemeinen als Objekt der Moral angesehen, nicht aber als Subjekt. Menschenaffen und anderen hochentwickelten Lebewesen gesteht man allenfalls eine Vormoral zu, und es ist unbestritten, dass sie weitgehende soziale Fähigkeiten haben. Zudem ist die menschliche Moral aus einer tierischen Vormoral (wenn man sie so nennen will) hervorgegangen.

Die Tierethik muss ihre Stellung innerhalb der Moralphilosophie und ihr Verhältnis zu den Bereichsethiken bestimmen, die sich dem Tier zuzuwenden beginnen. Die Informationsethik thematisiert vor dem Hintergrund, dass Tiere mit Funkchips versehen, mit Überwachungsgeräten verfolgt und von Maschinen betreut werden, die Rechte und Pflichten von Kreaturen in der Informationsgesellschaft und die Möglichkeiten, Technologien und Systeme tiergerecht zu gestalten. Die Roboterethik kann zum letzten Punkt ebenfalls beitragen, etwa mit Blick darauf, wie Tiere auf soziale Roboter reagieren und wie sie sich von ihnen manipulieren lassen. Die Maschinenethik interessiert sich dafür, wie man teilautonome oder autonome Systeme, die in eine Interaktion mit Tieren treten (Tier-Maschine-Interaktion), als moralische Subjekte (der besonderen Art) umsetzen kann. Enge Beziehungen gibt es zur Wirtschaftsethik, mit Blick auf Massentierhaltung und Industrialisierung des Tötens, zudem zu Bio- und Umweltethik (als deren Teilgebiet die Tierethik betrachtet werden kann).

Die Tierethik bekommt neue Impulse durch Tierrechtsbewegungen und vegetarische und vegane Lebensweisen, die immer wieder im Trend liegen oder Kulturen geprägt haben. Dabei muss sie ihre Unabhängigkeit bewahren, ohne in der Beliebigkeit zu versinken. Die politischen Organe kann sie, etwa durch Vertreter einer Ethikkommission, beraten und unterstützen. Im ständigen Dialog ist sie mit der Rechtswissenschaft, beispielsweise in Bezug auf die Frage, ob Tiere lediglich als Sachen oder als fühlende Wesen mit eigenen Interessen und Rechten aufzufassen sind. Mancherorts ist ein Tieranwalt oder Tierschutzbeauftragter tätig, der die Interessen der nichtmenschlichen Kreaturen vertritt und für sie das Wort ergreift. Nicht zuletzt hat die Tierethik sich mit Biologie, Tiermedizin und -psychologie zu verständigen, zudem – über Informations- und Technikethik sowie Maschinenethik als Mittler – mit Ingenieurwissenschaften, Informatik, Wirtschaftsinformatik und Robotik.

Tierfreundliche Maschinen

Tierfreundliche Maschinen sind Maschinen, die etwas tun, das den Tieren mittelbar oder unmittelbar hilft, nämlich ihr Leben schützt und verlängert, sie vor Verletzungen bewahrt, oder sie etwas tun lässt, das sie sonst (als gesunde oder kranke Wesen) nicht tun könnten.

Dazu zählen etwa Artefakte der Maschinenethik, nämlich tierfreundliche Saugroboter wie LADYBIRD und Rasenmähroboter wie HAPPY HEDGEHOG, oder Ergänzungen für Windkraftanlagen in der Art des DTBird, die beim Näherkommen von Vogel- oder Fledermausschwärmen für einen Stopp der Rotoren sorgen.

Tier-Maschine-Interaktion

Die Mensch-Maschine-Interaktion ist – inklusive der spezielleren Mensch-Computer-Interaktion – eine etablierte Disziplin, die sich mit dem Design, der Evaluation und der Implementierung von Maschinen befasst, die in Interaktion mit Menschen treten. Die Tier-Maschine-Interaktion (engl. „animal-machine interaction") ist die Interaktion von Tier und Maschine über eine entsprechende Schnittstelle. In der im Artikel „Considerations about the Relationship between Animal and Machine Ethics" (2013) erwähnten und in anderen Beiträgen skizzierten Disziplin mit dieser Bezeichnung geht es um Design, Evaluierung und Implementierung von Maschinen, die sich in Interaktion mit Tieren befinden. Ansätze einer spezielleren Tier-Computer-Interaktion (engl. „animal-computer interaction") sind im angelsächsischen Sprachraum bereits vorhanden.

Töne

Töne werden akustisch wahrgenommen und sind zu unterscheiden z. B. von Geräuschen und Stimmen. Bei sozialen Robotern sind Töne ein wesentliches Mittel, um Emotionen zu zeigen. Bei Cozmo findet dabei eine Kombination mit Armbewegungen und dem Ausdruck der Augen statt.

Tone of Voice

Der Tone of Voice ist der Tonfall eines Unternehmens, die Art und Weise, wie es über etwas schreibt und spricht, u. U. auch, worüber es schreibt und spricht. Er wird in der Unternehmensstrategie, in den Kommunikationsleitlinien, in den Social-Media-Richtlinien, in der Social-Media-Strategie und in den Dokumenten zur Corporate Identity (CI) festgelegt. Insgesamt sollen Einheitlichkeit, Verständlichkeit und Wiedererkennung resultieren. Ein verwandter Begriff in diesem Zusammenhang ist „Corporate Code".

Mit dem Tone of Voice kann ein Unternehmen seine Haltung und seine Überzeugung vermitteln und sein Kerngeschäft bzw. seine Kundschaft sprachlich angemessen reflektieren oder adressieren. Es klingt beispielsweise in seinen Mitteilungen und Materialien gesetzt und sachlich oder jugendlich und mitreißend, unter Verwendung von Akronymen und Slogans. Zu all dem mag eine passende Bildsprache gehören. Auch Chatbots und Sprachassistenten sowie soziale Roboter kann man mit dem Tone of Voice in geeigneter Weise prägen.

Der Tone of Voice kann eine Möglichkeit sein, das Unternehmen und seine Marken zu positionieren. Im besten Falle stellt er eine hohe Wiedererkennbarkeit und damit verbundene Wirkungskraft her. Er kann zugleich eine Begrenzung der Mitarbeitenden beinhalten, die über ihre eigene Tonalität verfügen und diese mit ihrer Individualität verknüpft sehen. Die Wirtschaftsethik, speziell die Unternehmensethik, nimmt sich solcher Konflikte an.

Transhumanismus

Der Transhumanismus ist eine Bewegung, die die selbstbestimmte Weiterentwicklung des Menschen mithilfe wissenschaftlicher und technischer Mittel propagiert. Er sieht sich damit in der Tradition des

Humanismus – der ihn auch, den Verlust des Menschlichen und den Vorrang des Technischen beklagend, vehement kritisiert – und der Aufklärung.

Eine Möglichkeit ist der Umbau zum Cyborg. Sich etablierende Technologien sind Gehirn-Computer-Kopplung und Gehirnimplantate. Zu den konzeptionellen Technologien ist die „whole brain emulation" (engl.) (auch engl. „mind uploading") zu zählen, eine Vision der Transhumanisten um Ray Kurzweil, sowie der Exocortex, ein künstliches externes Informationsverarbeitungssystem.

Transparenz

Transparenz ist die Nachvollziehbarkeit von Prozessen und die Durchschaubarkeit von Strukturen. Im politischen, medialen und ökonomischen Bereich beinhaltet sie die Offenlegung von Interessen und Abhängigkeiten und die Offenheit der Kommunikation zwischen Akteuren und Betroffenen. Die Verfügbarkeit von Informationen in einem und über einen Markt ist entscheidend für die Markttransparenz.

Informationstransparenz (im Sinne der Informationsfreiheit) bedeutet etwa die Möglichkeit der Einsicht in Dokumente und Akten, vor allem mit Blick auf die Verwaltungstransparenz. Von Internet- und insgesamt IT-Unternehmen wird, auch aus der Informationsethik heraus, Transparenz in Bezug auf die Bereitstellung und Funktionsweise von Diensten und die Nutzung von Daten gefordert.

Transportroboter

Transportroboter befördern Gegenstände aller Art, wie Pakete, Einkäufe und Laborproben, von einem Akteur (oft der Anbieter oder Vermittler) zum anderen (oft der Kunde) oder begleiten und entlasten Fußgänger und Fahrradfahrer. Sie sind autonom oder teilautonom oder werden von Menschen oder weiteren Maschinen von Ort zu Ort navigiert. Sie haben ein Fassungsvermögen von 5 bis 20 Litern. Je nach Zusammenhang werden sie auch als Lieferroboter oder als Paketroboter bezeichnet.

Man kann Transportroboter zu den Servicerobotern zählen. Allerdings ist es ebenso möglich, sie als Industrieroboter zu sehen, wenn sie in der Fabrik tätig sind, unterwegs mit Komponenten auf vorbestimmten Spuren. Manche Geräte bilden Aspekte von Lebewesen ab, etwa mit animierten Augen und Mündern oder mit Tönen, und haben daher eine Nähe zu sozialen Robotern.

Serviceroboter sind für Dienstleistungen und Hilfestellungen aller Art zuständig, sie bringen und holen Gegenstände, überwachen die Umgebung ihrer Besitzer oder das Befinden von Patienten und halten ihr Umfeld im gewünschten Zustand. Wenn sie mit Sensoren ausgestattet sind, wenn sie über künstliche Intelligenz und Erinnerungsvermögen verfügen, werden sie nach und nach zu allwissenden Begleitern. Sie wissen, was ihr Eigentümer oder Gegenüber tut und sagt oder was die Passanten in der Umgebung umtreibt, und melden es womöglich an ihre Betreiber oder an Geräte und Computer aller Art. Einige Serviceroboter sind als soziale Roboter gestaltet. Dies trifft sogar für manche Transportroboter zu, die z. B. auf einem integrierten Display animierte Augen zeigen.

Über Jahre erprobt wurden kleine Transportroboter, die für den Außeneinsatz vorgesehen waren, etwa für die Paketzustellung. Sie erwiesen sich als heikel in Städten, in denen bereits durch Fußgänger und Fahrradfahrer sowie Autos und Busse eine hohe Komplexität und eine gewisse Stolper- und Kollisionstendenz vorhanden sind, und mussten streckenweise manuell gesteuert werden. Alternativ oder zusätzlich können Transportdrohnen verwendet werden. In Räumen und Gebäuden werden teils größere Modelle eingesetzt, bei denen weniger eine Stolper-, sondern mehr eine Kollisionsgefahr besteht. Manche generieren beim erstmaligen Befahren der Räume und Gänge ein 3D-Modell, das von Anwendern einfach modifiziert und konkretisiert werden kann. So kann man Punkt-zu-Punkt-Verbindungen vorgeben. Solche Transportroboter eignen sich u. a. für Dienste in Pflegeheimen, Krankenhäusern und Hotels.

Durch Serviceroboter wie Transportroboter, die sich unter die Menschen mischen, mit ihnen die Wege, Zonen und Plätze teilen, entstehen Herausforderungen in Bezug auf unser leibliches Wohl, unsere körperliche Unversehrtheit und unser Weiterleben, womit moralische und soziale Aspekte angesprochen sind. Sie machen uns unseren Lebensraum streitig, können Stolperfallen und Hindernisse darstellen und benötigen teilweise die gleichen Ressourcen wie wir. Sie vermögen uns zu unterstützen und zu ersetzen. Und sie können uns ausspionieren und überwachen. Im vorletzten Problemkreis ist die Wirtschaftsethik einzubeziehen. Eine Frage ist, ob aus dem Umstand, dass Serviceroboter unsere Tätigkeiten übernehmen, nicht nur Risiken resultieren, wie drohende Arbeitslosigkeit, sondern auch Chancen, etwa indem der Betroffene den übermächtigen Brotberuf relativiert und sich an einer andersgelagerten Sinnstiftung probiert. Beim letzten Konfliktbereich ist es naheliegend, die Perspektive der Informationsethik einzunehmen und von ihren Begriffen und Konzepten aus zu denken. Informationelle Autonomie ist die Möglichkeit, selbst auf Informationen zuzugreifen und Daten zur eigenen Person einzusehen und gegebenenfalls anzupassen. Insgesamt ist zu erwarten, dass Transportroboter ebenso wie Pflegeroboter und Sicherheitsroboter sowie Desinfektionsroboter eine wichtige Rolle bei Krisen und Katastrophen spielen werden, wo Menschen eingeschränkt handlungs- und leistungsfähig sind. Hier könnten die Chancen die Risiken überwiegen, wobei jederzeit Persönlichkeits- und Menschenrechte einzuhalten sind.

Turing-Test

Beim Turing-Test ist ein menschlicher Fragesteller mit einer Maschine und einem Menschen in einem anderen Raum oder hinter einem Vorhang verbunden. Wenn er durch seine Fragen nicht herausfinden kann, wer die Maschine ist, hat diese den Test bestanden und scheinbar ein Denkvermögen vorzuweisen, das dem menschlichen vergleichbar ist oder zumindest ein solches erfolgreich imitiert.

Der Logiker, Mathematiker und Informatiker Alan M. Turing hat die fiktive Konstellation in seinem Artikel „Computing Machinery and Intelligence“ (1950) vorgestellt. Er ging aus von dem bekannten Imitationsspiel (engl. „imitation game“), bei dem man das Geschlecht zweier unbekannter Kommunikationspartner, Mann und Frau, ohne Sicht- und Hörkontakt herausfinden muss.

Der Turing-Test ist für die Maschinenethik von Relevanz, insofern bei teilautonomen und autonomen Systemen das Denkvermögen der Moralfähigkeit vorausgeht und die Moral der Maschinen als Simulation oder Imitation gedeutet werden kann.

U

Ubiquitous Computing

Ubiquitous Computing ist die Allgegenwärtigkeit der Informationsverarbeitung. Informations- und Kommunikationstechnologien werden in beliebige Gegenstände integriert. Die so entstandenen „denkenden Dinge" können ihre Umwelt erfassen, sich austauschen oder Kontakt zu einem zentralen Rechner aufnehmen. Ein verwandter Begriff ist Pervasive Computing.

Überwachung

Unter den Begriff der Überwachung fällt die zielgerichtete Beobachtung von Zuständen, Objekten und Personen ebenso wie die Erhebung von Daten in Bezug auf Personen und Situationen. Überwachung findet auf der Straße statt, in Gebäuden und Verkehrsmitteln, im Intra- und Internet, über Kameras und Mikrofone, über Tracking- und Monitoringsoftware, über Bild- und Gesichtserkennung.

O. Bendel, *300 Keywords Soziale Robotik*,
https://doi.org/10.1007/978-3-658-34833-5_21

Wenn der Staat generell und systematisch seine Bürger observiert, wird er zum Überwachungsstaat und zum Big Brother à la George Orwell („1984"), wodurch er dem Totalitarismus verfällt. Wenn man andere ausspioniert, in sozialen Netzwerken oder mithilfe von Überwachungssoftware, ist man ein aktives Mitglied der Überwachungsgesellschaft, was an Aldous Huxleys „Brave New World" denken lässt. Unternehmen und Einrichtungen können soziale Roboter zur Überwachung missbrauchen.

Überwachung im Sinne von Monitoring kann auch ein selbstständiges Leben unterstützen, wenn man als Alter oder Kranker mit Hilfe von Pflegerobotern, medizinischen Assistenzgeräten bzw. geeigneten Wearables und im Kontext von Quantified Self weiter zu Hause wohnen kann. Die Informationsethik fokussiert in diesem Kontext auf elektronische Überwachung und widmet sich u. a. der informationellen und persönlichen Autonomie; zudem stellt sie den Überwachungsimperativ infrage.

Umarmung

Eine Umarmung ist eine für Menschen und andere Primaten wichtige Berührung, die bei der Begrüßung, zum Ausdruck der Zuneigung oder der Dankbarkeit und zur Herstellung von Geborgenheit stattfindet. Partner setzen dabei mitunter, in Abweichung zu anderen Personen, den ganzen Körper ein, einschließlich des Intimbereichs.

Mehrere soziale Roboter können Menschen umarmen oder von diesen umarmt werden. Dazu gehören PR2 (HuggieBot), ARMAR-IIIb, Telenoid R1 und Hugvie, The Hug und Robovie, zudem der animaloide Probo. Wenn die Arme des Roboters weich und warm sind, erhöht dies die Akzeptanz. Ebenfalls helfen könnten bestimmte Töne und Gerüche. Hier besteht aber noch Forschungsbedarf.

Robotische Umarmungen könnten bei Pandemien ebenso sinnvoll sein wie bei Flügen zum Mars und bei Aufenthalten auf dem Mond oder Mars. In solchen Situationen gibt es nicht genügend Menschen, die man umarmen kann, oder es ist zu gefährlich, sie zu umarmen.

Daneben haben Selbstumarmungen einen gewissen Nutzen – dies ist aber von Person zu Person unterschiedlich.

Umweltethik

Die Umweltethik bezieht sich auf moralische Fragen beim Umgang mit der belebten und unbelebten Umwelt des Menschen. Im engeren Sinne verstanden, beschäftigt sie sich in moralischer Hinsicht mit dem Verhalten – sowohl von Personen als auch von Unternehmen – gegenüber natürlichen Dingen und dem Verbrauch von natürlichen Ressourcen. Im weiteren Sinne umfasst sie auch Tierethik und (sofern man eine solche zulassen will) Pflanzenethik.

Zu den zentralen Fragen der Umweltethik gehört, welche Dinge bzw. Lebewesen einen Wert oder Rechte im moralischen Sinne haben. Üblicherweise gesteht man Tieren durchaus Rechte zu, im Gegensatz zu Pflanzen, Bergen und Seen. Ob diese einen Eigenwert haben, ist umstritten, und man hält sie meist lediglich mit Blick auf den Menschen für schützenswert. Einen solchen Anthropozentrismus kritisierend, bezieht der Physiozentrismus auch Pflanzen (Biozentrismus) oder Berge und Seen ein (Holismus), mit der Gefahr, esoterisch zu wirken. Mit dem Schutz von Arten und Ökosystemen beschäftigen sich Tier- und Pflanzenethik sowie Umweltethik im engeren Sinne.

Die Umweltethik hat Verbindungen mit Umwelt- und Naturschutz. Sie versteht sich als ökologische Ethik und setzt sich in ihrer normativen Ausprägung für den Erhalt von Tieren und Pflanzen bzw. deren Arten und eine Schonung von Ressourcen ein. Wenn sie Unternehmen thematisiert, ist zusätzlich die Wirtschaftsethik gefragt. Wenn sie nicht nur Menschen und Betriebe als moralische Subjekte begreift, die auf die Umwelt einwirken und sie verändern, sondern auch Maschinen, muss sie sich mit der Maschinenethik verständigen, wenn sie nicht nur die natürliche Umwelt meint, sondern auch Artefakte wie Fahrzeuge und Roboter, mit Technik- bzw. Roboterethik. Bei der Gentechnik sind je nach Ausprägung verschiedene Bereichsethiken relevant.

Uncanny Valley

Je mehr ein Avatar oder ein Roboter durch sein Aussehen verspricht, desto perfekter muss er umgesetzt sein, damit er nicht unheimlich wirkt und ins Uncanny Valley gerät, ins unheimliche Tal. Die meisten humanoiden Roboter, die hergestellt werden, insbesondere Androiden, kommen aus diesem nicht heraus. Gegenwärtig erhalten allenfalls Avatare, die sich von Menschen nicht mehr unterscheiden lassen, die notwendige Akzeptanz und das notwendige Vertrauen. Die meisten tierähnlichen Roboter geraten erst gar nicht in das Tal hinein, da sie kaum Erwartungen wecken. Der Effekt, der von Masahiro Mori in den 1970er-Jahren entdeckt wurde, kann auch auf die Emotionen und die Moral der Maschinen übertragen werden. Insofern hat er mit der Maschinenethik zu tun.

Unternehmensethik

Die Unternehmensethik ist ein Teilbereich der Wirtschaftsethik und ein Hauptgebiet der Institutionenethik. Sie widmet sich moralischen Problemen, die sich innerhalb von oder durch Unternehmen ergeben, und fragt nach der Verantwortung, die diese gegenüber Mitarbeitern, Kunden und Umwelt tragen. Sind IT-Unternehmen bzw. Benutzer betroffen, bestehen Überschneidungen mit der Informationsethik.

Utopie

Eine Utopie beschreibt eine politische, wirtschaftliche, technische oder religiöse Entwicklung bzw. Ordnung, die von der gegebenen Wirklichkeit weit entfernt sein kann. Die Figuren und Handlungen werden oft, nach den Bedeutungen der griechischen Bestandteile des Worts („ou“: „nicht“, „tópos“: „Ort“), in einem zeitlichen und räumlichen Nirgendwo angesiedelt. „Utopia“ ist der Titel eines 1516 erschienenen Buchs des Humanisten Thomas Morus, in dem ein idealer republikanischer Staat entworfen wird. Eine Utopie von Ray Kurzweil im Kontext des Transhumanismus beinhaltet das Transferieren des Bewusstseins in digitale Speicher. Die Frage, ob es sich dabei um eine negative (Dystopie) oder positive Utopie (Eutopie) handelt, kann unterschiedlich beantwortet werden. Auch das bedingungslose Grundeigentum, eine Alternative zum bedingungslosen Grundeinkommen, kann man als Utopie bezeichnen.

V

Verantwortung

Verantwortung kann nach Otfried Höffe eingeteilt werden in Primärverantwortung (die man trägt), Sekundärverantwortung (zu der man gezogen wird) und Tertiärverantwortung (zu der man gezogen wird und die mit einer Sanktionierung verbunden ist). Mit der Primär- und Sekundärverantwortung wird der Mensch als Subjekt der Moral sichtbar, mit der Tertiärverantwortung auch als Subjekt (und Objekt) von Recht und Ordnung. Voraussetzung ist die Primärverantwortung, die lediglich (mündigen, urteilsfähigen) Personen zukommt. Eine Wiedergutmachung ist in der Informationsgesellschaft besonders schwierig, etwa wenn sich Falschbehauptungen im virtuellen Raum verbreitet und verselbstständigt haben; dieses Problem wird in der Informationsethik behandelt.

O. Bendel, *300 Keywords Soziale Robotik*,
https://doi.org/10.1007/978-3-658-34833-5_22

Verlässlichkeit

Verlässlichkeit ist etwas, das sich nicht allein auf Menschen bezieht. Auch Software, technische Systeme wie Anwendungs- und Informationssysteme sowie Materialien können diesbezüglich beobachtet und überprüft werden. Es geht darum, dass Versprechungen (im wörtlichen und übertragenen Sinne) eingehalten und Erwartungen erfüllt werden, und zwar über einen gewissen Zeitraum hinweg. Jemand oder etwas ist also verlässlich, und jemand oder etwas wird als verlässlich wahrgenommen. Eng mit dem Begriff der Verlässlichkeit ist der der Zuverlässigkeit verbunden, zudem der der Vertrauenswürdigkeit, und auch „Gründlichkeit", „Sicherheit" und „Sorgfalt" sind nicht weit.

Bei sozialen Robotern ist Verlässlichkeit genauso bedeutsam wie bei anderen technischen Systemen – dort kommt hinzu, dass in besonderer Weise Versprechen gegeben und Erwartungen geweckt werden. Dies hängt mit ihren fünf Dimensionen zusammen und überhaupt mit der Grundidee, dass sie ein Teil im sozialen Gefüge sind. Dass es bedeutsam ist, bedeutet freilich nicht, dass nicht ebenso soziale Roboter denkbar sind, die nicht durch Verlässlichkeit auffallen. Und zu Forschungszwecken könnten diese durchaus wichtig sein – oder in der Praxis, um Menschen blindes Vertrauen in die Technik zu nehmen.

Vertrauen

Vertrauen wird als moralische und als soziale Kategorie aufgefasst. Es dient nach Rainer Kuhlen der Kompensation von Unsicherheit beim Umgang mit sozialen und technischen Systemen. Nach Niklas Luhmann kann man durch persönliches Vertrauen oder das Vertrauen in gesellschaftliche Systeme den Bereich der rationalen Handlungen erweitern, etwa indem man sich auf höhere Risiken einlässt.

Dass man zu Servicerobotern und sozialen Robotern Vertrauen hat, ist ein Anliegen bestimmter Bereiche der Robotik. Ihre Vertrauenswürdigkeit hängt nicht zuletzt von ihrer Gestaltung ab, ihrer Mimik und Gestik und insgesamt ihrer Fähigkeit, Emotionen auszudrücken oder andere Rückmeldungen zu geben. Das Uncanny Valley ist ein Problem in diesem Zusammenhang.

Ob man das Vertrauen gegenüber künstlicher Intelligenz oder sozialen Robotern systematisch aufbauen soll, darf man hinterfragen – es gibt sogar gute Gründe dafür, ein Misstrauen zu entwickeln und mit einem systematischen Zweifel an philosophische Traditionen anzuschließen. Auf jeden Fall muss das menschliche Vertrauen durch den maschinellen Betrieb (mitsamt dem informationellen Gehalt) gerechtfertigt sein.

Vertrauenswürdigkeit

Vertrauenswürdigkeit (engl. „trustworthiness") wird von KI-Systemen wie von Robotern gefordert. Der Begriff wird – wie „Explainable AI" und „Responsible AI" – vielfach im Marketing von Staaten und Verbünden wie der EU, technologieorientierten Unternehmen bzw. Unternehmensberatungen sowie wissenschaftsfördernden Stiftungen verwendet, die sich, ihre Produkte, ihr Consulting und ihr Funding ins rechte Licht rücken wollen.

Vertrauenswürdigkeit kann von manchen Robotern schon im Prinzip nicht hergestellt werden, etwa im Falle von bestimmten Kampfrobotern, die den Gegner in die Irre führen sollen. Auch bei Pflege- und Therapierobotern kann sie in manchen Fällen höchstens eingeschränkt vorhanden sein. Zudem ist Vertrauenswürdigkeit ein Stück weit von Vertrauensseligkeit abhängig. Ein eher taugliches Konzept ist das der Verlässlichkeit, das wiederum mit Vertrauenswürdigkeit und Sicherheit verbunden werden kann.

Virtuelle Realität

Virtuelle Realität (Virtual Reality, VR) ist ein Arbeits- und Forschungsgebiet zur computergenerierten Wirklichkeit mit 3D-Bild und in vielen Fällen auch Ton – bzw. die computergenerierte Wirklichkeit selbst, die über Großbildleinwände, in speziellen Räumen (Cave Automatic

Virtual Environment, kurz CAVE) oder über ein Head-Mounted-Display (Video- bzw. VR-Brille) übertragen wird. Bei Mixed Reality wird entweder Realität erweitert (Augmented Reality), wobei man für die Darstellung und Wahrnehmung eine AR-Brille (oft Datenbrille genannt) benötigt, oder aber Virtualität, im Sinne der Kopplung mit der Realität. Bei einem weiten Begriff kann sie auch VR inkludieren.

Meist gibt es in VR bestimmte Formen der Interaktion, und sei es nur im Sinne der körperlichen Bewegung durch die virtuelle Welt. Zur Interaktion mit Objekten werden neben der Video- oder VR-Brille spezielle Eingabegeräte gebraucht, etwa 3D-Maus und Datenhandschuh. Virtuelle Realität spielt eine Rolle bei der Aus- und Weiterbildung (Benutzung von Flug- oder Operationssimulatoren), bei der Informationsvermittlung (Aufklärung in Bezug auf Massentierhaltung oder Bauvorhaben) und in der Unterhaltung (Erkundung von und Erprobung in Abenteuer- und Fantasywelten, Fortbewegung mit Rennauto und Achterbahn, Stimulation über Pornografie).

Die Immersion, die Erfahrung des Eintauchens in die virtuelle Realität, kann bereichernd und verstörend sein. Während ihrer Dauer wird die normale Wirklichkeit je nach Grad mehr oder weniger zurückgedrängt, und es kann schwierig und aufwendig sein, in diese zurückzukehren und sich wieder in dieser zurechtzufinden, was Thema von Technik- und Informationsethik sein mag. Manchen Benutzern wird schwindlig, insbesondere wenn künstliche und tatsächliche Bewegung bzw. Beschleunigung voneinander abweichen. Die wirtschaftliche Bedeutung von Virtual Reality und Mixed Reality ist hoch, wenn man an die unterschiedlichen Anwendungsgebiete und -systeme und das Engagement von Anbietern und Benutzern denkt.

Virtueller Assistent

Ein virtueller Assistent ist ein natürlichsprachliches Dialogsystem, das Anfragen der Benutzer beantwortet und Aufgaben für sie erledigt, in privaten und wirtschaftlichen Zusammenhängen. Er ist auf dem Smartphone ebenso zu finden wie in Unterhaltungsgeräten und in Fahrzeugen. Ein typischer Vertreter ist der Sprachassistent (Voicebot oder

Voice Assistant). Der Chatbot kann ebenfalls als virtueller Assistent oder als enger Verwandter aufgefasst werden.

Siri, Cortana und Google Assistant sind bekannte Anwendungen für das Smartphone. Sie werden teils zur Bedienung von Diensten und Geräten (etwa im Smart Home) und in Autos und Shuttles eingesetzt. Hologramme in der Fiktionalität, beispielsweise in Filmen wie „Blade Runner 2049", dienen ebenfalls als virtuelle Assistenten. In der Realität gibt es erste Produkte wie die Gatebox aus Japan, in der ein Manga- oder Animemädchen „wohnt".

In den meisten Fällen ist bei der Verwendung von virtuellen Assistenten klar, dass es sich um Artefakte handelt, und man bedient sie wie Werkzeuge. Für Chatbots wurde bereits früh vorgeschlagen, dass diese klarmachen sollen, dass sie keine Menschen sind. Möglich ist es bei Sprachassistenten, die Stimme roboterhaft klingen zu lassen, sodass kaum Verwechslungsgefahr besteht. Dies sind Themen für Informationsethik, Roboterethik und Maschinenethik und allgemein Roboterphilosophie.

W–Z

WALL-E

WALL-E (auch „WALL·E“ geschrieben) ist ein fiktionaler Serviceroboter und zugleich ein fiktionaler sozialer Roboter aus dem Film „WALL·E – Der Letzte räumt die Erde auf“ (2008) von Andrew Stanton. Der Film stammt von den Pixar Animation Studios und der Walt Disney Company. WALL-E hat den Auftrag, Müll zu sammeln, zu pressen und zu stapeln. Er befreundet sich mit EVE, einem fliegenden Roboter mit weiblichen Attributen. Cozmo hat Ähnlichkeiten mit WALL-E, was den Körper anbetrifft, und mit EVE, was die Augen angeht. Seine Augen wurden von früheren Mitarbeitern von Pixar gestaltet.

Werkzeug

Ein Werkzeug ist ein Hilfsmittel, das den Handlungsspielraum erweitert. Es wird von Menschen oder Tieren erschaffen und von diesen genutzt, um ein bestimmtes Problem zu lösen und ein bestimmtes

O. Bendel, *300 Keywords Soziale Robotik*,
https://doi.org/10.1007/978-3-658-34833-5_23

Ziel zu erreichen. Aristoteles beschrieb in seiner „Politik" das Potenzial des Werkzeugs, zum Automaten zu werden: „Wenn nämlich jedes einzelne Werkzeug auf einen Befehl hin, oder einen solchen schon voraus ahnend, seine Aufgabe erfüllen könnte, (…) wenn also auch das Weberschiffchen so webte und das Plektron die Kithara schlüge, dann bedürften weder die Baumeister der Gehilfen, noch die Herren der Sklaven." Der Automat wiederum wird zum teilautonomen oder autonomen Roboter, und wenn dieser als Werkzeug gesehen wird, bedeutet das, dass er keinen Selbstzweck haben, sondern Mittel zum Zweck bleiben soll. Das Werkzeug im ursprünglichen Sinne liegt oft in der Hand seines Benutzers und manipuliert dessen Umwelt: Der Hammer schlägt den Nagel ein, die Zange zieht ihn heraus und drückt ihn gerade.

Wirtschaft

Die Wirtschaft, auch Ökonomie (gr. „oikonomia": „Hausverwaltung" oder „Haushaltsführung") genannt, besteht aus Einrichtungen, Maschinen und Personen, die Angebot und Nachfrage generieren und regulieren. Einrichtungen sind Unternehmen bzw. Betriebe und öffentliche bzw. private Haushalte. Maschinen unterstützen und ersetzen auf Produktion, Transformation, Konsumation und Distribution von Gütern zielende Aktivitäten von Arbeitskräften, Mittelsmännern und Endkunden. Ebenso sind Gewinnung (von Ressourcen aller Art), Werbung (für Produkte und Dienstleistungen) und Entsorgung relevant. Ziel der Wirtschaft ist die Sicherstellung des Lebensunterhalts und, in ihrer kapitalistischen Form, die Maximierung von Gewinn und Lust mithilfe unternehmerischer Freiheit, zugleich die Erzeugung von Abhängigkeit, ob von Anbietern oder Produkten, und Wachstum, bis zum (nicht unbedingt gewünschten, aber erwartbaren) Kollaps des Systems.

Bereits Jäger, Sammler und Hirten bilden traditionelle Wirtschaftsformen aus. Im Vordergrund steht die Eigenversorgung in Sippen und Stämmen an einem festen Ort oder in wechselnden Gegenden (Bedarfswirtschaft). Die Landwirtschaft fördert die Sesshaftigkeit, insofern

Bauern ihre Felder wiederholt bestellen wollen und Flächen zunehmend begehrt und besetzt werden. Die Erwerbswirtschaft ist vom Austausch von Waren bestimmt, auch über größere Distanzen hinweg, und führt nach und nach zur globalen Wirtschaftswelt. Der Händler wird zu einer zentralen Figur. Die beteiligten Parteien erhalten oder entrichten Geld für Erstellung, Vermittlung und Anforderung bzw. Erwerb oder tauschen ihre Eigentümer und Leistungen aus, auch in der digitalen Moderne (Sharing Economy). In der freien Marktwirtschaft wird nur in Ausnahmefällen interveniert, in der sozialen der gesellschaftliche Fortschritt anvisiert. In der Planwirtschaft weist eine zentrale Einheit, die kommunistischen Prinzipien verpflichtet sein kann, Wissen, Arbeit, Kapital und Boden der Produktion zu. Wirtschaftssektoren sind u. a. Primärsektor (Anbau von Getreide, Abbau von Eisenerz und Holzschlag), Sekundärsektor (Industriesektor), Tertiärsektor (Dienstleistungssektor) und Quartärsektor (Informationssektor mit Informations- und Kommunikationstechnologien sowie Informationswesen), Wirtschaftszweige (Branchen) z. B. Gesundheits- und Sozialwesen, Finanz- und Versicherungsindustrie sowie Handel.

Die Ökonomik (Wirtschaftswissenschaft bzw. Wirtschaftswissenschaften) hat die Ökonomie zum Gegenstand. Sie bringt Wirtschaftstheorien wie die neoklassische Theorie, den Marxismus und den Keynesianismus hervor. Die Volkswirtschaftslehre (VWL) widmet sich der Wirtschaft einer Gemeinschaft oder eines Landes, die Betriebswirtschaftslehre (BWL) der Wirtschaft eines Betriebs bzw. Unternehmens. Die Wirtschaftsinformatik verbindet die BWL mit der Informatik. Mithilfe ihrer Kenntnisse und Fähigkeiten werden Informationssysteme als soziotechnische Systeme geplant, umgesetzt und betrieben. In der Wirtschaftsethik werden die moralischen Implikationen der Wirtschaft untersucht. Die Unternehmensethik fragt nach der Verantwortung und der Haftung des Unternehmens und seiner Gründer und Manager, die Konsumentenethik nach der Verantwortung der Konsumenten. Die Wirtschaftsphilosophie behandelt die Grundlagen der Wirtschaft und die Methoden der Wirtschaftswissenschaften. Weitere Disziplinen sind Wirtschaftsrecht, -geschichte, -soziologie und -pädagogik.

Der Mensch ist zum Homo oeconomicus geworden, der wesentlich durch ökonomische Denkweisen und Interessenabwägungen bestimmt wird, sei es als Anbieter, als Mittler oder als Nachfrager. Er wird in der Informationsgesellschaft zum Zahlungsmittel, durch seine Daten, und zum Produkt, das verkauft und verbraucht wird. Nicht bloß in Unternehmen, sondern auch in Bildungseinrichtungen und Verwaltungseinheiten wird der Wirtschaftlichkeitsnachweis zum alles beherrschenden Kriterium, die Kosten-Nutzen-Analyse zur allem vorausgehenden Prämisse. In der Industrie 4.0 werden Wirtschaftssektoren, werden Automatisierung, Autonomisierung (von Maschinen), Flexibilisierung (von Produktionen) und Individualisierung auf bislang nicht gekannte Art und Weise miteinander verbunden, zum Zwecke der Effizienzsteigerung und des Effektivitätsgewinns. Die Wertschöpfung der IT- und Internetwirtschaft und die (Gratis-)Nutzung durch den technikaffinen Konsumenten, der immer wieder selbst zum Produzenten wird, zum Prosumenten, werden kritisch von Wirtschaftsethik, Informationsethik, Technikethik und Technikfolgenabschätzung reflektiert, ebenso wie Überwachung, Hacking und andere mit Informations- und Kommunikationstechnologien verbundene Phänomene. Der Raubbau an der Natur, den das ständige Wachstum der Wirtschaft und der Bevölkerung nach sich zieht, ist Thema von Wirtschafts- und Umweltethik.

Wirtschaftsethik

Die Wirtschaftsethik hat die Moral (in) der Wirtschaft zum Gegenstand. Dabei ist der Mensch im Blick, der wirtschaftliche Interessen hat, der produziert, handelt, führt und ausführt (verschiedene Formen der Individualethik) sowie konsumiert (Konsumentenethik), und das Unternehmen, das Verantwortung gegenüber Mitarbeitern, Kunden und Umwelt trägt (Unternehmensethik als Hauptgebiet der Institutionenethik). Zudem interessieren die moralischen Implikationen von Wirtschaftsprozessen und -systemen sowie von Globalisierung und Monopolisierung (Ordnungsethik). In der Informationsgesellschaft ist die Wirtschaftsethik eng mit der Informationsethik verzahnt.

Wirtschaftsinformatik

Wirtschaftsinformatik ist die Wissenschaft von Entwurf, Entwicklung und Einsatz betrieblicher und kommerzieller Informations- und Kommunikationssysteme und verbindet Informatik und Betriebswirtschaftslehre. Galt früher vor allem die Beschäftigung mit ERP-Systemen als typisch für Wirtschaftsinformatiker, traten später faktisch Aktivitäten rund um E-Business und E-Commerce dazu. Inzwischen ist der Gegenstandsbereich der Disziplin sehr groß geworden.

Wissen

Wissen ist im Vergleich zu Informationen eher statisch (z. B. als persönliche Erfahrung oder als Text in einem Buch). Es besteht aus wahren oder für wahr gehaltenen Aussagen, aber auch aus bestimmten Bildern und Tönen. Es gibt „falsches Wissen", wobei es in dem Moment, wo man erkennt, dass es falsch ist, kein Wissen mehr ist. Zu unserem Wissensschatz gehört, dass die Erde rund ist, durch die Evolution die heutigen Tiere und der Mensch entstanden sind und Penicilline gegen bakterielle Krankheitserreger wirken (es sei denn, es haben sich Resistenzen entwickelt). Die wahren und für wahr gehaltenen Aussagen des Wissens sind auf eine eindeutige und verständliche Sprache ebenso angewiesen wie auf eine angemessene textliche und grafische Darstellung. Orte des Wissens sind Bibliotheken, Archive und Hochschulen. Wissenschaft bringt Wissen hervor und hinterfragt es.

Wissenschaft

Die Wissenschaft strebt Erkenntnisgewinn (Forschung) und -vermittlung (Lehre) an, wobei sie anerkannte und gültige Methoden benutzt und Resultate veröffentlicht bzw. einbezieht. Sie ist in gewissem Sinne voraussetzungslos und ergebnisoffen, anders als etwa die christliche Theologie. Die westliche Philosophie kann als Mutter mehrerer

Einzelwissenschaften gelten. Diese zeichnen sich durch einen klar benennbaren Gegenstandsbereich aus. So widmet sich die Physik der unbelebten Natur, die Biologie der belebten, die Psychologie dem menschlichen Erleben, Verhalten und Bewusstsein. Es finden sich bei ihnen rationale oder empirische, generelle oder spezifische Methoden, die in der Wissenschaftstheorie (einem Teilgebiet der Philosophie) erklärt und begründet werden.

Die westliche Philosophie, wie sie sich im antiken Griechenland herausgebildet hat, wendet sich von religiösen Erklärungsmodellen ab. Sie beinhaltet u. a. Wissenschafts- und Erkenntnistheorie, Ontologie und Ethik und hat starke Bezüge zu Mathematik und Naturwissenschaft, mit Protagonisten wie Thales, Pythagoras und Demokrit. Die von Platon im Jahre 387 v. u. Z. gegründete Schule in Athen (Platonische Akademie) gilt als einer der ersten Lehrbetriebe. Sein Schüler Aristoteles ist einer der wichtigsten Philosophen überhaupt und in manchen Aspekten einer der ersten modernen Wissenschaftler. Die Wissenschaft hatte in der Renaissance einige Höhepunkte, ebenso im 19., 20. und 21. Jahrhundert; im Orient war das Mittelalter ihre Blütezeit.

Die Wissenschaftsfreiheit (oder akademische Freiheit) hat ihren Ursprung in der Platonischen Akademie und umfasst die Freiheit von Forschung und Lehre sowie des Lernens. Sie ist ein Grundrecht und in Deutschland, Österreich und der Schweiz in der Verfassung verankert. Forschungsfreiheit bedeutet, dass Forschende das Recht haben, inhaltlich und methodisch selbstbestimmt nach wissenschaftlichen Erkenntnissen zu streben, akademische Institutionen die Pflicht, den geeigneten Rahmen dafür zu schaffen. Während Forschung und Entwicklung bis auf wenige Ausnahmen frei zu sein haben, kann die Anwendung durchaus reguliert werden. Die Lehrfreiheit (eine Form der Redefreiheit) ist das Recht der Dozierenden, die Lehre inhaltlich und didaktisch eigenständig auszugestalten.

Die Wissenschaft kann auf eine jahrtausendealte Erfolgsgeschichte zurückblicken. Sie hat Krankheiten besiegt und Behinderungen beseitigt, das Flugzeug, den Computer und den Roboter ermöglicht sowie den Weltraum erobert, sie ist Basis und Motor der Wirtschaft und, wie die Kunst, eine Quelle des Glücks. Zugleich ist sie mehr denn je Anfeindungen ausgesetzt, durch Politikstrategen, Meinungsmacher, Verschwörungstheoretiker, Fundamentalisten und Esoteriker – und gerät in Zwänge und Abhängigkeiten. Genau dagegen richtet sich ernsthafte Kritik, ebenso gegen Versuche und Ergebnisse, die Tieren und Menschen schaden. Wissenschaftsbetrieb und -kommunikation sind offenbar neu auszurichten. Die Wissenschaftsethik mag den Nährboden, die Rahmenbedingungen und die Grenzlinien der Wissenschaft sowie die Folgeerscheinungen einer Pseudowissenschaft herausarbeiten.

Wissenschaftsfreiheit

Die Wissenschaftsfreiheit (oder akademische Freiheit) hat ihren Ursprung in der von Platon im Jahre 387 v. u. Z. gegründeten Schule in Athen (Platonische Akademie) und umfasst die Freiheit von Forschung und Lehre sowie des Lernens. Sie ist ein Grundrecht und in Deutschland, Österreich und der Schweiz in der Verfassung verankert. Forschung und Lehre sollen ohne Abhängigkeit von Staat und Kirche sowie Wirtschaft, aber auch ohne Bevormundung innerhalb der Wissenschaft vonstattengehen. Es ergeben sich bei Personen (Forschenden, Lehrenden und Studierenden) und Institutionen (wie Universitäten und Fachhochschulen) sowohl Rechte als auch Pflichten.

Forschungsfreiheit bedeutet, dass Forschende das Recht haben, inhaltlich und methodisch selbstbestimmt nach wissenschaftlichen Erkenntnissen zu streben, akademische Institutionen die Pflicht, den geeigneten Rahmen dafür zu schaffen. Die Lehrfreiheit (eine Form der Redefreiheit) ist das Recht der Dozierenden, die Lehre inhaltlich und methodisch (didaktisch) eigenständig auszugestalten. Dazu gehört nicht zuletzt die Wahl der Lehrmittel. Die akademische Einrichtung kann Themen setzen (beispielsweise durch ein Curriculum), darf aber nicht die Vermittlung vorschreiben, von Präsenzpflicht, Respektsbezeugung etc. abgesehen. Lernfreiheit ist das Recht der Studierenden, die Angebote der Lehre wahrzunehmen, welches Geschlecht und welche Herkunft man auch hat, und sich inhaltlich und methodisch auszuprobieren.

Hinweise auf die Wissenschaftsfreiheit finden sich in Artikel 27 der Allgemeinen Erklärung der Menschenrechte und in Artikel 15 des UNO-Menschenrechtsabkommens. Artikel 5 Absatz 3 Satz 1 des Grundgesetzes für die Bundesrepublik Deutschland bestimmt: „Kunst und Wissenschaft, Forschung und Lehre sind frei. Die Freiheit der Lehre entbindet nicht von der Treue zur Verfassung.", Artikel 20 der Bundesverfassung der Schweizerischen Eidgenossenschaft: „Die Freiheit der wissenschaftlichen Lehre und Forschung ist gewährleistet.". Artikel 17 des Staatsgrundgesetzes über die allgemeinen Rechte der Staatsbürger schützt in Österreich die Freiheit der Wissenschaft („Die Wissenschaft und ihre Lehre ist frei."). Zudem stellt das Universitätsgesetz fest, dass zu den leitenden Grundsätzen für die Universitäten bei der Erfüllung ihrer Aufgaben die Freiheit der Wissenschaften und ihrer Lehre zählt. Hochschulen bekennen sich häufig in ihren Strategien und Statuten zur akademischen Freiheit.

Die Wissenschaftsfreiheit darf nur in Ausnahmefällen eingeschränkt werden. So kann eine Ethikkommission die Einbeziehung von Tieren (Tierversuche) bzw. Menschen (embryonale Stammzellen) untersagen, oder ein Gericht die Ausübung verfassungsfeindlicher Praktiken. Faktisch gefährden Auslegungen und Auswirkungen der Bologna-Reform, Standardisierungen und Prozessoptimierungen, Missbrauch von Hierarchien im Wissenschafts- und Verwaltungsapparat, Beeinflussung durch Politik und Wirtschaft und andere Entwicklungen die akademische Freiheit. Die Wissenschaftsethik reflektiert diese Probleme und schlägt Maßnahmen für Schutz und Ausgleich vor, die Rechtsethik fundiert die Grundidee der Freiheit von Forschung und Lehre. Politik- und Wirtschaftsethik fragen nach der Verantwortung der entsprechenden Akteure, etwa von Regulatoren und Sponsoren.

Wizard of Oz

Ein sozialer Roboter wird in Tests und Studien oftmals teilweise oder vollständig ferngesteuert, um dem Teilnehmer gegenüber den Eindruck fortgeschrittener Fähigkeiten der Interaktion und Kommunikation zu vermitteln. Er wird in solchen Fällen als Wizard of Oz bezeichnet, nach der Figur des Buchs „The Wonderful Wizard of Oz" (1900) von Lyman Frank Baum, die eigentlich gar kein Zauberer, sondern ein weiser, alter Mann ist, bzw. als mechanischer Türke („mechanical turk"), nach dem Pseudoroboter von Wolfgang von Kempelen aus dem 18. Jahrhundert.

Zertifizierung

Zertifizierung umfasst Beglaubigung oder Bescheinigung. Zertifikate können sich auf Unternehmen, Hochschulen, Produkte, Maßnahmen und Personen beziehen. Zertifizierungen spielen in der Mensch-Computer-Interaktion eine wichtige Rolle, zunehmend auch in der Künstlichen Intelligenz. Im Bereich der Ethik sind sie ebenfalls zu finden, wobei sie häufig auf wirtschaftliche Interessen des Zertifizierenden und des Zertifizierten zurückzuführen sind.

Zora

Zora von ZoraBots ist eine Software für NAO von SoftBank. Die Zora-Suite umfasst eine Führungsfunktion, Fitness- und Tanzübungen, Spieleanwendungen, das Vorlesen von Geschichten und Nachrichten sowie Quizfragen. Im Gesundheitsbereich gehört Zora zu den etablierten Anwendungen.

Verwendete Literatur

Alpaydin, E. (2008). *Maschinelles Lernen.* Oldenbourg.
Anderson, M., & Anderson, S. L. (Hrsg.). (2011). *Machine ethics.* Cambridge University Press.
Becker, J. (2018). Maschinensteuer. In *Gabler Wirtschaftslexikon.* Springer Gabler, Wiesbaden. https://wirtschaftslexikon.gabler.de/definition/maschinensteuer-37000.
Bendel, O. (2003). *Pädagogische Agenten im Corporate E-Learning.* Dissertation. Difo, St. Gallen.
Bendel, O. (2010). Netiquette 2.0 – Der Knigge für das Internet. *Netzwoche, 5,* 40–41.
Bendel, O. (2012). *Die Rache der Nerds.* UVK/UTB.
Bendel, O. (2014). Soziale Robotik. In *Gabler Wirtschaftslexikon.* Springer Gabler, Wiesbaden. http://wirtschaftslexikon.gabler.de/Definition/soziale-robotik.html.
Bendel, O. (2016). Considerations about the relationship between animal and machine ethics. *AI & SOCIETY, 31*(1), 103–108.
Bendel, O. (2017). LADYBIRD: The animal-friendly robot vacuum cleaner. In *The 2017 AAAI Spring symposium series. AAAI Press, Palo Alto* (S. 2–6).
Bendel, O. (2018a). Towards animal-friendly machines. *Paladyn. Journal of Behavioral Robotics, 9*(1), 204–213. https://www.degruyter.com/view/journals/pjbr/9/1/article-p204.xml.
Bendel, O. (Hrsg.). (2018b). *Pflegeroboter.* Springer Gabler.

O. Bendel, *300 Keywords Soziale Robotik*,
https://doi.org/10.1007/978-3-658-34833-5

Bendel, O. (2018c). From GOODBOT to BESTBOT. In *The 2018 AAAI Spring symposium series. AAAI Press, Palo Alto* (S. 2–9).

Bendel, O. (2018d). The uncanny return of physiognomy. In *The 2018 AAAI Spring symposium series. AAAI Press, Palo Alto* (S. 10–17).

Bendel, O. (Hrsg.). (2019a). *Handbuch Maschinenethik*. Springer VS.

Bendel, O. (2019b). *400 Keywords Informationsethik: Grundwissen aus Computer-, Netz- und Neue-Medien-Ethik sowie Maschinenethik* (2. Aufl.). Springer Gabler.

Bendel, O. (2019c). *350 Keywords Digitalisierung*. Springer Gabler.

Bendel, O. (Hrsg.). (2020a). *Maschinenliebe: Liebespuppen und Sexroboter aus technischer, psychologischer und philosophischer Sicht*. Springer Gabler.

Bendel, O. (2020b). Soziale Roboter. In *Gabler Wirtschaftslexikon*. Springer Gabler, Wiesbaden. https://wirtschaftslexikon.gabler.de/definition/soziale-roboter-122268.

Bendel, O. (Hrsg.). (2021). *Soziale Roboter: Technikwissenschaftliche, wirtschaftswissenschaftliche, philosophische, psychologische und soziologische Grundlagen*. Springer Gabler.

Bendel, O., & Hauske, S. (2004). *E-Learning: Das Wörterbuch*. Sauerländer.

Bendel, O., Schwegler, K., & Richards, B. (2017). Towards Kant Machines. In *The 2017 AAAI Spring symposium series. AAAI Press, Palo Alto* (S. 7–11).

Bendel, O., Graf, E., & Bollier, K. (2021). The HAPPY HEDGEHOG Project. *Proceedings of the AAAI 2021 Spring Symposium „Machine Learning for Mobile Robot Navigation in the Wild". Stanford University, Palo Alto, California, USA (online)*. https://drive.google.com/file/d/1SvaRAI71wthGeB9uSAYvL5WOzLI2mul/view.

Breazeal, C. (2004). *Designing sociable robots*. A Bradford Book/MIT Press.

Bryson, J. J. (2010). Robots should be slaves. In Y. Wilks (Hrsg.), *Engagements with artificial companions: Key social, psychological, ethical and design issues* (S. 63–74). John Benjamins Publishing Company.

Capurro, R. (2003). *Ethik im Netz. Schriftenreihe zur Medienethik* (Bd. 2). Franz Steiner.

Christaller, T., et al. (2001). *Robotik: Perspektiven für menschliches Handeln in der zukünftigen Gesellschaft*. Springer.

Drux, R. (Hrsg.). (1999). *Der Frankenstein-Komplex: Kulturgeschichtliche Aspekte des Traums vom künstlichen Menschen*. Suhrkamp.

Feil-Seifer, D., & Matarić, M. J. (2005). Defining socially assistive robotics. In *Proceedings of the 2005 IEEE 9th International Conference on Rehabilitation Robotics, Chicago, IL, USA* (S. 465–468).

Fong, T., Nourbakhsh, I., & Dautenhahn, K. (2003). A survey of socially interactive robots: Concepts, design, and applications. *Robotics and Autonomous Systems, 42*(3–4), 142–166.

Hackl, B., & Wagner, M. (2017). *New Work: Auf dem Weg zur neuen Arbeitswelt: Management-Impulse, Praxisbeispiele, Studien.* Springer Gabler.

Heckmann, H. (1982). *Die andere Schöpfung: Geschichte des frühen Automaten in Wirklichkeit und Dichtung. Mit einem Vorwort von Heinz Streicher und einer notwendigen Nachbemerkung des Autors.* Umschau.

Hegel, F., Muhl, C., Wrede, B., Hielscher-Fastabend, M., & Sagerer, G. (2009). Understanding social robots. In IEEE Computer Society (Hrsg.), *Second international conferences on advances in computer-human interactions, Cancun, Mexico* (S. 169–174).

Hertzberg, J., Lingemann, K., & Nüchter, A. (2012). *Mobile Roboter: Eine Einführung aus Sicht der Informatik.* Springer.

Höffe, O. (2008). *Lexikon der Ethik* (7., neubearb. und erweit. Aufl.). Beck.

Höffe, O. (Hrsg.). (2011). *Aristoteles. Politik* (2., bearb. Aufl.). Akademie.

Höffe, O. (2013). *Ethik: Eine Einführung.* Beck.

Kuhlen, R. (2004). *Informationsethik. Umgang mit Wissen und Informationen in elektronischen Räumen.* UVK/UTB.

Kurzweil, R. (1999). *Homo sapiens: Leben im 21. Jahrhundert. Was bleibt vom Menschen?* (2. Aufl.). Kiepenheuer & Witsch.

Lanier, J. (2010). *Gadget: Warum die Zukunft uns noch braucht.* Suhrkamp.

Lanier, J. (2018). *Zehn Gründe, warum du deine Social Media Accounts sofort löschen musst.* Hoffmann und Campe.

Lee, A. (2. November 2013). Welcome to the Unicorn club: Learning from billion-dollar startups. In *TechCrunch.* https://techcrunch.com/2013/11/02/welcome-to-the-unicorn-club/.

Lee, K. M., Peng, W., Jin, S.-A., & Yan, C. (2006). Can robots manifest personality? An empirical test of personality recognition, social responses, and social presence in human-robot interaction. *Journal of Communication, 56*(4), 754–772.

Lieto, A. (2021). *Cognitive design for artificial minds.* Routledge.

Luhmann, N. (2012). *Vertrauen: Ein Mechanismus der Reduktion sozialer Komplexität* (5. Aufl.). UVK/UTB.

Marsh, A. (2018). Elektro the moto-man had the biggest brain at the 1939 world's fair. In *IEEE Spectrum.* https://spectrum.ieee.org/tech-history/dawn-of-electronics/elektro-the-motoman-had-the-biggest-brain-at-the-1939-worlds-fair.

Misselhorn, C. (2018). *Grundfragen der Maschinenethik*. Reclam.

Nachtigall, W. (2013). *Bionik: Grundlagen und Beispiele für Ingenieure und Naturwissenschaftler* (2. Aufl.). Springer.

Paetzel, M., Perugia, G., & Castellano, G. (2020). The persistence of first impressions: The effect of repeated interactions on the perception of a social robot. In *HRI '20: Proceedings of the 2020 ACM/IEEE international conference on Human-Robot Interaction* (S. 73–82).

Pariser, E. (2011). *The filter bubble: What the internet is hiding from you.* Penguin Press.

Phillips, E., Zhao, X., Ullman, D., & Malle, B. F. (2018). What is human-like? Decomposing robot human-like appearance using the Anthropomorphic roBOT (ABOT) Database. HRI '18.

Pieper, A. (2007). *Einführung in die Ethik* (6., überarb. u. akt. Aufl.). A. Francke.

Ramb, B.-T. (2018). Regulierung. In *Gabler Wirtschaftslexikon*. Springer Gabler, Wiesbaden. https://wirtschaftslexikon.gabler.de/definition/regulierung-46038.

Regenbogen, A., & Meyer, U. (Hrsg.). (2013). *Wörterbuch der philosophischen Begriffe*. Meiner.

Repschläger, J., Pannicke, D., & Zarnekow, R. (2010). Cloud Computing: Definitionen, Geschäftsmodelle und Entwicklungspotenziale. *HMD Praxis der Wirtschaftsinformatik, 47*(5), 6–15.

Stocker, L., Korucu, Ü., & Bendel, O. (2021). In den Armen der Maschine: Umarmungen durch soziale Roboter und von sozialen Robotern. In O. Bendel (Hrsg.), *Soziale Roboter: Technikwissenschaftliche, wirtschaftswissenschaftliche, philosophische, psychologische und soziologische Grundlagen.* Springer Gabler.

Straubhaar, T. (Hrsg.). (2008). *Bedingungsloses Grundeinkommen und Solidarisches Bürgergeld – Mehr als sozialutopische Konzepte*. Hamburg University Press.

Strittmatter, K. (2018). *Die Neuerfindung der Diktatur: Wie China den digitalen Überwachungsstaat aufbaut und uns damit herausfordert*. Piper.

Thaler, R. H., & Sunstein, C. R. (2010). *Nudge: Wie man kluge Entscheidungen anstößt*. Ullstein Taschenbuch.

Turing, A. M. (1950). Computing machinery and intelligence. *Mind, 49*, 433–460.

Völker, K. (1976). *Künstliche Menschen: Dichtungen und Dokumente über Golems, Homunculi, Androiden und liebende Statuen*. DTV.

Weizenbaum, J. (1978). *Die Macht der Computer und die Ohnmacht der Vernunft*. Suhrkamp.
Wieringa, M. (2020). What to account for when accounting for algorithms: A systematic literature review on algorithmic accountability. In *Proceedings of the 2020 conference on fairness, accountability, and transparency, Barcelona, Spain* (S. 1–18).
Wirtz, M. A. (Hrsg.). *Dorsch: Lexikon der Psychologie.* https://dorsch.hogrefe.com.
Zhang, S. (5. Februar 2015). No, women's voices are not easier to understand than men's voices. In *Gizmodo.* https://gizmodo.com/no-siri-is-not-female-because-womens-voices-are-easier-1683901643.